W0196552

BusinessVillage

Inhaltsverzeichnis

Über die Autoren

Matthias Clesle machte sich bereits während seines wirtschaftswissenschaftlichen Studiums an der Universität Hohenheim als HR Consultant selbstständig. Zusätzliches Assessment-Center-Know-how erwarb der zertifizierte Coach und Berater unter anderem im Psychologiestudium an der Fernuniversität Hagen und im Master in Speech Communication and Rhetoric an der Universität Regensburg. Schon mehrere Hundert Kandidaten konnten mit seinen Tipps und Tricks ihr Assessment-Center erfolgreich bestehen.

Kontakt:
Internet: www.matthiasclesle.de
E-Mail: mc@matthiasclesle.de

Dr. Martin Emrich ist promovierter Diplom-Psychologe und gilt laut *Handelsblatt* als »führender Experte für Assessment-Center in Deutschland«. Der Berater und zertifizierte Coach promovierte über das Thema »Assessment-Center« an der Universität Tübingen und unterstützt seit über zehn Jahren Führungskräfte dabei, Assessment-Center mit Bravour zu meistern. Dr. Emrich ist Autor von über fünfzig Büchern und Zeitschriftenpublikationen.

Kontakt:
Internet: www.emrich-consulting.de
E-Mail: emrich@emrich-consulting.de

Vorwort

Wir (Matthias Clesle und Dr. Martin Emrich) haben dieses Buch geschrieben, weil viele unserer Kunden den Wunsch nach einem Buch zu unseren Vorbereitungscoachings geäußert haben. Uns wurde widergespiegelt, dass es aktuell kein Buch auf dem Markt gebe, das so viele und einfach umzusetzende Methoden bieten würde, wie wir sie in unseren Einzel- oder Gruppentrainings präsentieren würden. Auch wir haben uns schwergetan, eine klare Buchempfehlung auszusprechen.

In diesem Buch finden Sie die besten Methoden und Strategien, die wir in vielen Jahren erarbeitet und stets optimiert haben. Besonders hilfreich war dabei, dass wir selbst Assessment-Center konzipieren und diese als Moderator oder Beobachter begleiten. So konnten wir feststellen, aus welchen Gründen eigentlich gute Kandidaten den Auswahlprozess dennoch nicht bestanden haben. Ebenso hilfreich war das tolle Feedback von mittlerweile vielen Hundert Kunden, die uns bestätigten, wie wirksam und einfach diese Methoden sind.

An dieser Stelle möchten wir all den Personen danken, die uns bei der Erstellung dieses Buches tatkräftig unterstützt haben. Besonders Swen Golling, dem Chefkoch der Teamwelt im Südschwarzwald, der das Kapitel zu möglichen Kochevents inhaltlich bereichert hat; Antonia Bader, die uns bei Übungen unterstützt hat und Elke Clesle, Manfred Frank, Christian Geerkens, Melanie Hanselmann und Julia Taran, die viele Wörter und Sätze mit Liebe zum Detail hinterfragt haben und uns immer wieder an eine gute Lesbarkeit erinnert haben.

An dieser haben wir uns beim Schreiben dieses Buches stets orientiert, weshalb wir unter anderem ausschließlich die männliche Anrede/Schreibweise benutzen. Selbstverständlich möchten wir mit diesem Buch gleichermaßen alle Leserinnen ansprechen. Nur liest sich der »Bewerber« angenehmer als etwa »Bewerberinnen und Bewerber«, »Bewerber(innen)« oder »Bewerb*«.

Ihre persönlichen Erfahrungen und Meinungen zu diesem Buch interessieren uns sehr, besonders wie schnell und einfach Sie die vorgestellten Methoden in Ihrem Assessment-Center und Berufsalltag umsetzen konnten. Wir freuen uns über Erfahrungsberichte, Anregungen und Fragen an *mc@matthiasclesle.de* oder *emrich@emrich-consulting.de*.

Für Ihr anstehendes Assessment-Center wünschen wir Ihnen viel Erfolg und einen stets kühlen Kopf.

Ihr

Matthias Clesle

und

Martin Emrich

Für Ihre ideale Vorbereitung finden Sie auf der beiliegenden CD eine Vielzahl an unterschiedlichen Übungen und Vorlagen. Zusätzlich können Sie sich diese Dateien unter www.topfit-durchs-assessment-center.de im Downloadbereich herunterladen. Nutzen Sie dazu das Passwort: **Topfit-AC**.

1.
Wie dieses Buch Sie topfit fürs Assessment-Center macht

● ● ● ● ● ● ● ● ● ● ● ● ● ● ● ● ● ● ● ●

»Eine Investition in Wissen bringt noch immer die besten Zinsen.«

Benjamin Franklin (1706 bis 1790), Gründervater der Vereinigten Staaten

Herzlichen Glückwunsch zum Kauf dieses Buches. Mit diesem Buch haben Sie die Chance, sich vollumfassend auf Ihr anstehendes Assessment-Center vorzubereiten. Zusätzlich bereitet dieses Buch Sie auch auf Ihren beruflichen Alltag als Führungskraft vor. Nahezu alle Methoden sowie Tipps und Tricks können Sie eins zu eins in Ihrem Arbeitsalltag umsetzen. Beispielsweise besteht kein methodischer Unterschied zwischen einem Mitarbeitergespräch in einem Assessment-Center und jenen, die Sie nach einem erfolgreichen Auswahlprozess in Ihrem Wunschunternehmen führen werden.

Doch bis dahin ist es ein weiter Weg, der mit einem gelungenen Assessment-Center für Sie endet. Damit Sie den nächsten Schritt Ihrer beruflichen Karriere meistern, bieten wir Ihnen in diesem Buch drei Erfolgsfaktoren für einen erfolgreichen Auswahlprozess an:

• Orientierung,
• methodische Vorbereitung und
• mentale Vorbereitung.

Wenn Sie in diesen drei Facetten der Vorbereitung topfit sind, kann Sie in Ihrem Assessment-Center nichts mehr überraschen und Ihre Chancen auf einen Einstieg oder Aufstieg in Ihrem Wunschunternehmen sind sehr hoch.

Orientierung

Es ist für Sie wichtig, dass Sie wissen, was in einem Assessment-Center auf Sie zukommt und was Unternehmen dabei über Sie als Kandidat erfahren möchten. Denn Ihr Endergebnis ist direkt durch Sie aktiv beeinflussbar. Dazu müssen Sie lediglich Ihr Verhalten an die Erwartungen der Unternehmen anpassen. Aus diesem Grund ist es so wichtig, dass Sie wissen, wie ein

Assessment-Center in der Regel aufgebaut ist und auf welche Beurteilungs-dimensionen Ihr Wunschunternehmen bei Ihnen achtet.

Methodische Vorbereitung

Für Ihre ideale Vorbereitung ist es wichtig, dass Sie Ihren Methodenkof-fer mit neuen Tools auffüllen und die bereits vorhandenen Arbeitsweisen optimieren. Kein Assessment-Center ist wie ein anderes, weshalb Sie sich nicht auf bestimmte Inhalte oder Abfolgen vorbereiten können. Eine ideale Vorbereitung schafft deshalb Grundlagen, die Sie leicht auf jede Übung anpassen können. So sind Sie in der Lage, jede Aufgabenstellung sicher zu meistern und nicht nur bestimmte Inhalte, die Sie auswendig gelernt haben.

In diesem Buch werden Sie zahlreiche Methoden kennenlernen, die logisch aufgebaut, leicht verständlich und direkt umsetzbar sind. Mit etwas Übung haben Sie nach dieser Lektüre Verhaltensweisen an der Hand, mit denen Sie jede Assessment-Center-Übung strukturieren und erfolgreich beenden können.

Mentale Vorbereitung

Neben einer großen Methodenvielfalt benötigen Sie einen wachen und fo-kussierten Geist in Ihrem Assessment-Center. Meist sind die Kandidaten, die ihren Stresshaushalt gut meistern können, auch die, die im Auswahl-verfahren am besten abschneiden. Aus diesem Grund beinhaltet eine gute Vorbereitung für ein Assessment-Center auch Techniken, die Sie dabei unterstützen, Ihre volle Leistungsfähigkeit am Tag der Entscheidung ab-rufen zu können.

Hinweis: Die Performance in einem Assessment-Center hängt maßgeblich davon ab, ob die Kandidaten
• **die Erwartungen der Unternehmen widerspiegeln,**
• **Methoden zur Bewältigung der Übungen haben und**
• **im Assessment-Center voll fokussiert arbeiten können.**

2.
Hintergrundwissen – was Sie wissen müssen

In diesem Kapitel

- erfahren Sie, wann Sie mit einem Assessment-Center rechnen müssen,

- lernen Sie, wie Sie ein Assessment-Center einordnen müssen,

- lernen Sie alles, was Sie über den Aufbau von Assessment-Centern wissen müssen und

- erfahren Sie, was Sie sich gefallen lassen müssen und was nicht.

»Wer nichts weiß, muss alles glauben.«

Marie von Ebner-Eschenbach (1830 bis 1916), Schriftstellerin

Für eine ideale Vorbereitung auf Ihr anstehendes Assessment-Center ist es wichtig, dass Sie einen groben Überblick über die Intention und Vorgehensweise der Unternehmen haben. Wer weiß, was auf ihn zukommt und worauf die Beobachter achten, hat bessere Chancen, das Verfahren erfolgreich abzuschließen. Wie Sie noch erfahren werden, ist es gar nicht so einfach herauszufinden, was Unternehmen wirklich wollen und wie sie dies testen möchten.

Jedes Unternehmen verwendet seine eigenen Verfahren und Vorgaben, weshalb wir uns im Folgenden auf die großen Schnittmengen konzentrieren und nur das herausgreifen, was Sie als Kandidat nutzen können.

2.1 Viele Namen für ein Verfahren

Assessment-Center haben einen schlechten Ruf, weshalb einige Unternehmen versuchen, die Hemmschwelle zur Teilnahme abzubauen, indem Sie den Namen ändern. Anstelle von einem Assessment-Center treffen Sie in diesen Fällen beispielsweise auf ein Development-Center, eine Management-Potenzialanalyse, ein Personal Audit, ein Simulationsinterview, ein Orientierungscenter oder eine Qualifikationsermittlung. Doch das Verfahren wird im Kern immer das gleiche sein, auch wenn es unterschiedliche Ausrichtungen hat. Sobald Sie von Beobachtern beurteilt werden, sind Sie de facto in einem Assessment-Center.

In diesem durchlaufen Sie überwiegend Übungen, die Aufgaben aus Ihrem späteren Berufsalltag simulieren sollen, beispielsweise Gruppendiskussionen oder Gesprächssimulationen. Zusätzlich zu diesen Übungen ist es wahrscheinlich, dass Sie ein Interview durchlaufen und gegebenenfalls ein Testverfahren absolvieren müssen. Dabei werden Sie in der Regel von späteren Vorgesetzten, Mitarbeitern aus dem Personalwesen oder externen Eignungsdiagnostikern beobachtet und später beurteilt.

Diese Form der Personalauswahl ist eine junge Disziplin, die erst seit circa sechzig Jahren in Unternehmen praktiziert wird. Zusätzlich ist die Wirksamkeit von solchen Verfahren schwer beurteilbar und messbar. Vertiefende Kenntnisse zu den Schwächen eines Assessment-Centers sind für Sie nicht wichtig, da Sie es absolvieren müssen – ganz egal, ob es valide Ergebnisse hervorbringt oder nicht. In unseren Methoden und Tools für dieses Buch haben wir die verschiedenen Schwachstellen der Verfahren berücksichtigt und geben Ihnen situationsgenaue Hinweise, wie Sie diese gezielt zu Ihrem Vorteil ausnutzen können.

2.2 Was Unternehmen von Ihnen wollen

Mehrere Tausend Unternehmen in Deutschland nutzen Assessment-Center zur Personalauswahl oder zunehmend in den letzten Jahren als Vorstufe zur Personalentwicklung. Dabei kontrollieren Sie, inwieweit ein Kandidat einem Soll-Profil entspricht. Dieses wird auch Anforderungsprofil genannt.

Dieses Anforderungsprofil ist in seriös konstruierten Assessment-Centern der Dreh- und Angelpunkt für den weiteren Aufbau des Verfahrens. Vereinfacht dargestellt gelangen Unternehmen in vier Schritten zum Anforderungsprofil:

1. Feststellung der Aufgaben, die der zukünftige Stelleninhaber im Rahmen seiner Anstellung ausführen soll.
2. Festlegung der Kompetenzen, die zur Erfüllung der wichtigsten und häufigsten Aufgaben erforderlich sind.
3. Clustern in Schlüsselkompetenzen, die ein Stelleninhaber erfüllen muss.

4. Beschreiben der Schlüsselkompetenzen, sodass sie auch beobachtbar sind.

Die meisten Aufgaben einer Führungskraft sind generalisiert dargestellt:
• Mitarbeiter fördern,
• den Unternehmensgewinn mehren,
• Systeme schaffen, die die Arbeitserfüllung erleichtern,
• die Ergebnisse kontrollieren,
• jegliche Konflikte managen und
• über ausreichend Fach- und Branchenkenntnisse verfügen.

Natürlich ist diese Aufgabenaufstellung für Ihre spezielle Stelle spezifischer und genauer.

Im zweiten Schritt wird recherchiert und analysiert, welche Kompetenzen ein Angestellter benötigt, um diese Aufgaben zu erfüllen. Diese recht umfangreiche Aufstellung könnte wie folgt aussehen:

Beispiel für detaillierte Anforderungen an eine Führungskraft

Akquisition	Informationsverhalten	PowerPoint
Analyse des Kundenbedarfs	Problemlösung	Access
wirtschaftliches Wissen	Improvisationstechniken	Word
technisches Wissen	kritische Reflexion	Einwandbehandlung
Branchenkenntnisse	Orientierungsfähigkeit	Authentizität
Marktexpertise	konzeptionelles Arbeiten	Verhandlungsführung
Sprachkenntnisse	Inhaltliche Flexibilität	Überzeugungskraft
Zeitmanagement	Entspannungstechniken	Durchsetzungsfähigkeit
Priorisierung	Stressmanagement	Argumentation
Zeitdisziplin	Umgang mit Zeitdruck	Beziehungsaufbau
Strukturiertes Vorgehen	kritische Reflexion	Networking-Fähigkeit
Selbstorganisation	Konsensfähigkeit	schriftlicher Ausdruck
Zielmanagement	Konfliktmanagement	Leadership
Zielvereinbarung	Allgemeinbildung	Mitarbeitersteuerung
Ergebnis-/Zielorientierung	Rechnen	Führungsverhalten
Selbstreflexion	Lesen	Motivationsfähigkeit
Arbeitsplanung	Schreiben	Führung von Teams
Prozessmanagement	Excel	Delegation
Kooperationsfähigkeit	Selbstsicherheit	Authentizität
Loyalität	Entscheidungsfähigkeit	Souveränität
Toleranz	Eigeninitiative	Motivation
Offenheit	selbstständige Arbeitsweise	Engagement
Empathie	Proaktivität	Flexibilität (zeitlich, räumlich)
Entscheidungsfähigkeit	Selbstdisziplin	Selbstreflexionsfähigkeit
Verantwortungsbereitschaft	Pünktlichkeit	schnelle Lernbereitschaft
Feedbackkompetenz	Sorgfalt	Kundenorientierung
Frustrationstoleranz	Genauigkeit	Dienstleistungsorientierung
Selbstbeherrschung	Natürlichkeit	Serviceorientierung

Da jedoch in keinem Assessment-Center so viele Dimensionen getestet werden können, werden nur die Schlüsselkompetenzen herangezogen und anschließend geclustert. Diese Vereinfachung für unsere Führungskraft könnte so aussehen:

Methoden-kompetenz	Persönliche Kompetenz	Soziale Kompetenz	Führungs-kompetenz
Selbst-management	analytische Fähigkeit	Teamfähigkeit	Motivations-fähigkeit
Projekt-management	Kunden-orientierung	Überzeugungs-vermögen	Mitarbeiter-steuerung
Präsentations-kompetenz	Verantwortungs-bereitschaft	Konsensfähigkeit	Überzeugungs-kraft
Gesprächsführung	Belastbarkeit	Kommunikations-geschick	Inspirations-fähigkeit
Moderations-management	Loyalität		

Doch selbst diese reduzierte Sammlung an wichtigen Dimensionen ist noch zu umfangreich für ein Assessment-Center, weshalb Unternehmen aus dieser Liste nur die vier bis acht wichtigsten Schlüsselkompetenzen herausgreifen, auf die Sie in Ihrem Auswahlverfahren getestet werden.

Da jeder Mensch unter diesen Schlüsselkompetenzen etwas anderes versteht, werden diese in einem letzten Schritt durch beobachtbares Verhalten beschrieben. Beispielsweise könnte eine Aufzählung für die Dimension »Gesprächsführung« wie folgt aussehen:

• Geht auf den Gesprächsbedarf anderer ein
• Gibt Gesprächen eine Struktur
• Führt Gespräche zielorientiert
• Stellt weite Fragen und bezieht den Gesprächspartner mit ein

- Sorgt aktiv für eine konstruktive Gesprächsatmosphäre
- Baut einen Dialog auf und hält diesen aufrecht

Diese Dimensionen stehen später auf einem sogenannten Beobachterbogen. Auf diesem werden sich Ihre Assessoren Notizen machen und Sie anschließend beurteilen.

Soweit zumindest die gekürzte Theorie. Hingegen werden in der Praxis häufig qualitative Abstriche bei der Erstellung des Assessment-Centers gemacht. Schon häufiger hatten wir Einblicke in Auswahlverfahren, die nur wenigen Qualitätsanforderungen genügten. Sollte dies der Fall sein, ist das Verfahren in der Regel anfälliger für Fehler, die Sie ausnutzen können. Wie Ihnen das gelingt, erfahren Sie in den Kapiteln zu den jeweiligen Übungen.

2.3 Aufbau von Assessment-Centern

Unternehmen oder externe Agenturen stehen nach der Erstellung des Anforderungsprofils vor der Aufgabe, diese in Übungen sichtbar werden zu lassen. Das heißt, sie konstruieren Aufgaben, in denen die erforderte Dimension von Kandidaten unter Beweis gestellt werden kann. Dabei wird nicht jede gewünschte Kompetenz in jeder Übung getestet. Für unser Beispiel aus dem letzten Kapitel könnte eine sogenannte Anforderungs-/Verfahrensmatrix wie folgt aussehen:

	Interview	Verkaufs- gespräch	Mitarbeiter- gespräch	Gruppen- diskussion
Projektmanagement	×			×
Gesprächsführung		×	×	×
Kundenorientierung	×	×		
Konsensfähigkeit	×		×	×
Führungsstärke	×	×	×	×

In diesem Szenario wird ein Kandidat im Assessment-Center nur auf die fünf Dimensionen Projektmanagement, Gesprächsführung, Kundenorientierung, Konsensfähigkeit und Führungsstärke hin getestet. Seine Kompetenzen muss er dabei in vier verschiedenen Übungen unter Beweis stellen. So wird der Teilnehmer in unserem Muster in einem simulierten Verkaufsgespräch auf die Dimensionen Gesprächsführung, Kundenorientierung und Führungsstärke von den Assessoren beurteilt.

Da mehrere Übungen parallel stattfinden, erhält jeder Kandidat eine individuelle Agenda. Die Agenda für einen Kandidaten könnte wie folgt aussehen:

Ablaufplan eines Assessment-Center-Tages (für einen Kandidaten)	
Uhrzeit	**Übung oder Tagespunkt**
09:00 - 09:30	Vorstellungsrunde
09:30 – 10:00	Vorbereitung Verkaufsgespräch
10:00 – 10:30	Durchführung Verkaufsgespräch
10:30 – 10:45	Kaffeepause
10:45 – 11:15	Vorbereitung Mitarbeitergespräch
11:15 – 12:00	Durchführung Mitarbeitergespräch
12:00 – 13:30	Mittagessen
13:30 – 14:00	Vorbereitung Gruppendiskussion
14:00 – 14:45	Durchführung Gruppendiskussion
14:45 – 15:00	Kaffeepause
15:00 – 15:45	Interview
15:45 – 16:00	Weiteres Vorgehen und Verabschiedung

Je nach Unternehmen und zu besetzender Stelle variieren die Dauer und die Anzahl der Übungen in einem Assessment-Center. Es ist möglich, dass Sie fünfzehn Übungen an drei Tagen durchlaufen müssen oder dass Ihr Assessment-Center nur einen halben Tag dauert und Sie lediglich ein Rollenspiel und ein Interview zu absolvieren haben.

2.4 So entscheiden sich Unternehmen

Nach einem Assessment-Center finden sich die Assessoren zu einer sogenannten Beobachterkonferenz zusammen. Hier werden die Eindrücke des Tages besprochen und entschieden, wer das Verfahren bestanden hat.

In der Regel sollen sich die Beobachter erst hier über die Kandidaten austauschen. Dazu erklären Sie, wie sie die einzelnen Kandidaten erlebt haben und wie sie diese beurteilt haben. Normalerweise steht es jedem Beobachter frei, seine Einschätzung nochmals zu revidieren oder vor den anderen Assessoren zu verteidigen. Gerade deshalb ist es für Sie wichtig, dass Sie bei der Verabschiedung einen positiven Eindruck hinterlassen. Die Wahrscheinlichkeit, dass dies bis in die Beobachterkonferenz nachhallt und Sie besser beurteilt werden, ist hoch. Weiterführende Informationen finden Sie in Kapitel 4.2 *Die Fehler der Beobachter* ab Seite 70.

In der Regel vergeben die Beobachter am Ende Punkte oder Noten, die darüber entscheiden, wer das Assessment-Center bestanden hat und wer durchgefallen ist.

Falls den Kandidaten im Anschluss Feedback gegeben werden soll, werden die einzelnen Punkte parallel zum Benotungsprozess gesammelt und dokumentiert.

2.5 Das Gesetz auf Ihrer Seite

Mitte 2006 trat das Allgemeine Gleichbehandlungsgesetz (AGG) in Kraft. Es verbietet eine Diskriminierung im gesamten Auswahlprozess wegen Geschlecht, Alter, Rasse, ethnischer Herkunft, Religion oder Weltanschauung, sexueller Orientierung und Behinderung.

Sollten Sie das Gefühl haben, dass Sie wegen einem dieser Punkte diskriminiert werden, dürfen Sie rein rechtlich offiziell eine Übung aussetzen oder eine Frage in einem Interview unwahrheitsgemäß beantworten. Dadurch darf Ihnen kein Nachteil entstehen.

Auf der anderen Seite können Sie sich sicher sein, dass ein Unternehmen einen objektiven Grund finden wird, der gegen Ihre Einstellung spricht, wenn Sie eine Übung wegen Diskriminierungsverdachts aussetzen. Wenn Sie die Stelle wirklich anstreben, empfehlen wir Ihnen, von diesem Recht keinen Gebrauch zu machen. Hingegen sollten Sie unserer Meinung nach den Auswahlprozess abbrechen, wenn Sie sich durch das Setting deutlich unwohl fühlen. Stellen Sie sich die Frage, ob Sie in einem Unternehmen arbeiten möchten, welches Ihnen schon im Auswahlprozess fragwürdig erscheint.

Wenn Sie den Verdacht haben, dass Sie aufgrund einer Diskriminierung eine Absage erhalten haben, sollten Sie sich fragen, ob Sie sich juristischen Rat einholen. Einerseits können Sie bis zu drei Monatsgehältern Schadensersatz einklagen. Andererseits sollten Sie genau überlegen, wie klein und gesprächsfreudig Ihre Branche ist. Kein Unternehmen beschäftigt bevorzugt Mitarbeiter, die ein anderes Unternehmen schon einmal verklagt haben.

3.
Die ideale Vorbereitung

In diesem Kapitel

- erfahren Sie, was über Erfolg und Misserfolg in Ihrem Assessment-Center entscheidet,
- finden Sie heraus, was Unternehmen von Ihnen erwarten,
- machen Sie sich bewusst, was Sie sich von einem Traumjob erwarten,
- gleichen Sie ab, ob Ihr Job zu Ihnen passt,
- setzen Sie sich mit Ihre Stärken und Schwächen auseinander,
- erfahren Sie, wie Ihre innere Einstellung Ihr Ergebnis beeinflussen wird
- und lernen Sie, worauf es bei der Wahl eines externen Assessment-Center-Coach ankommt.

»Das Glück bevorzugt den, der vorbereitet ist.«

Louis Pasteur (1822 bis 1892), Pionier der Schutzimpfung

Allein der Gedanke an ein anstehendes Assessment-Center kann schon für ein flaues Gefühl im Magen sorgen. Es ist kein Geheimnis, dass all Ihre Aus- und Weiterbildungen, bisherigen Karriereschritte, besonderen Verdienste und Vorgesetztenbeurteilungen nur die Eintrittskarte in Ihr Assessment-Center waren. Aus Sicht der Beobachter spielt die Vergangenheit in Ihrem Assessment-Center keine Rolle. Allein Ihre Tagesperformance entscheidet darüber, ob Sie den Job bekommen oder ohne Vertragsangebot nach Hause fahren. Wer es an diesem meist einzigen Tag schafft, sein volles Potenzial abzurufen, hat gute Chancen auf ein Jobangebot. Wer hingegen unsicher wirkt, nicht weiß, was er machen soll und schlicht unvorbereitet ist, wird es extrem schwer haben.

Wer sich auf sein Assessment-Center vorbereitet, hat nachweislich bessere Chancen auf ein Vertragsangebot. Doch eine gute Vorbereitung ist zeit-intensiv. So mancher Kandidat stellt sich dabei die Frage, ob sich die investierte Zeit überhaupt rentieren wird oder ob dies zeitlich neben Familie und Beruf überhaupt möglich sei. Für Ihre individuelle Klärung sollten Sie zwei Fragen für sich beantworten:

• Möchte ich den Job wirklich?
• Möchte ich mich besser kennenlernen und methodisch verbessern?

Wenn Sie eine der beiden Fragen bejahen, sollten Sie sich ausgiebig auf Ihre anstehenden Assessment-Center vorbereiten. Falls Sie nur sehr wenig Zeit zur Vorbereitung zur Verfügung haben, sollten Sie dieses Kapitel über-springen und sich direkt mit den hilfreichen Tipps und Tricks der anderen Kapitel vertraut machen.

In diesem Kapitel werden wir Ihr Gehirn ganz auf Assessment-Center trimmen und dies mit Ihrem Lebensplan kombinieren.

3.1 Was möchten Sie beruflich erreichen?

Sicherlich fragen Sie sich schon, was Unternehmen von Ihnen erwarten, und wie Sie Ihr Assessment-Center-Ergebnis positiv beeinflussen können. Mit diesen Themen befasst sich das gesamte Buch. Doch es ist mindestens genauso wichtig sich zu fragen: »Aus welchen Gründen möchten Sie arbeiten?«, »Warum möchten Sie eine neue Stelle?«, »Wie kommen Sie zu Ihrem Wunschunternehmen?«

Einige Menschen arbeiten, um ein gutes Gehalt zu bekommen, ihrer Familie eine gute Zukunft zu ermöglichen oder ihren gesellschaftlichen Status zu erhöhen. Die Motivation für den nächsten Karriereschritt liegt überwiegend bei einem höheren Gehalt und weiteren Vorteilen. Andere hingegen erwarten sich durch die neue Stelle persönliches Wachstum, ein spannenderes Aufgabengebiet oder neue Herausforderungen und für eine weitere Gruppe ist es schlicht die Liebe zum gewählten Beruf. Ganz gleich, was Ihre Motivation für einen Stellenwechsel ist, Sie sollten Klarheit darüber haben, warum Sie die Strapazen eines Auswahlprozesses auf sich nehmen. Seien Sie in diesem ersten Schritt ehrlich zu sich selbst.

Häufig erleben wir in unseren Vorbereitungscoachings, dass Menschen sich auf einen neuen Job bewerben und gar nicht wissen, aus welchen Gründen sie das tun. Häufig hören wir schwammige Aussagen, dass es eben der nächste logische Schritt sei oder es Zeit für etwas Neues sei. Doch kaum einem Bewerber ist bewusst, was er sich für die Zukunft wünscht und was ihm wirklich wichtig im Beruf oder Privatleben ist. Mit mehr Klarheit in diesen Bereichen ändern sich aber häufig die individuellen Karrierewünsche und ein ursprünglich angestrebter Job kann plötzlich uninteressant werden. Aus unserer Coaching-Praxis wissen wir auch, was für gravierende

Folgen eine falsche Jobentscheidung auf das Leben haben kann. Lustlosigkeit, Sinnkrisen, Probleme in der Familie, Burn-out oder Bore-out sind nur wenige Folgen, die durch eine falsche Jobwahl auftreten können. Uns ist es wichtig, Sie nicht nur für das nächste Assessment-Center fit zu machen, sondern wir möchten ganz bewusst mit Ihnen den Blick weiten und den angestrebten Karriereschritt als Baustein der persönlichen Lebensplanung betrachten. Unsere Überzeugung ist, dass, je klarer Sie Ihre Lebensziele sehen und je besser Sie erkennen können, welche Jobs und welche Unternehmen zu Ihnen passen, die Assessment-Center-Vorbereitung umso besser gelingt. Gleichzeitig ist die Wahrscheinlichkeit größer, dass Sie bei Erfolg in den neuen Positionen auch zufrieden sind. Lassen Sie uns also reflektieren und einen Blick auf das werfen, was Sie wirklich vom Leben wollen.

Zwölf Fragen mit großer Wirkung

Menschen, die zu uns kommen, stellen wir vor der ersten Sitzung zwölf Fragen, die bei einigen große Veränderungen bewirkt haben. Es handelt sich um Fragen, die sich sowohl auf Ihre aktuelle Situation beziehen als auch Wünsche an Ihre Zukunft offenlegen. Beantworten Sie die Fragen für einen maximalen Lernerfolg schriftlich und ausführlich. Versuchen Sie dabei ehrlich zu sich selbst zu sein. Schreiben Sie nicht nur die positiven Dinge auf, auch unangenehme Antworten sollten schriftlich erfasst werden. Denn die Schriftform bewegt Sie automatisch dazu, sich intensiv mit den Dingen zu beschäftigen, die für Sie wirklich wichtig sind. Ein einfaches Überfliegen und gedankliches Beantworten ist leider zu oberflächlich und nicht zielführend. Eine Stunde Zeit sollten Sie für diesen Arbeitsschritt mindestens einplanen – besser sind zwei Stunden, in denen Sie idealerweise nicht unterbrochen werden.

Frage 1: Was haben Sie bisher in Ihrem Leben erreicht und worauf sind Sie besonders stolz?

Wer beruflich vorankommen möchte, darf gerne auch mal einen Blick in die Vergangenheit werfen. Vielleicht finden Sie neue Ressourcen, die Ihnen noch gar nicht bewusst waren.

Frage 2: Welchen Fähigkeiten und Fertigkeiten verdanken Sie Ihren Erfolg?

Werden Sie sich Ihrer Stärken bewusst. Vielleicht besitzen Sie auch Stärken, die Sie in der jüngsten Vergangenheit nicht mehr einsetzen konnten.

Frage 3: Was hat Ihnen in Ihrem Leben am meisten Freude bereitet?

Vielleicht haben Sie dabei viele berufliche oder private Gedanken. Verschaffen Sie sich Klarheit darüber, was es genau war, was Ihnen Freude bereitete.

Frage 4: Was schätzen Sie an Ihrer bisherigen Arbeit am meisten?

Es gibt sicherlich Aufgaben oder Situationen, die Sie an Ihrem bisherigen Job mögen.

Frage 5: Bei welchen beruflichen Aufgaben sind sie im Flow und können alles um sich herum vergessen?

Im Flow sind Sie in einem Zustand völliger Vertiefung, die Zeit vergeht wie im Fluge, Sie gehen restlos in Ihrer Arbeit auf und sind dabei glücklich. Diese Momente sollte auch Ihr neuer Job mit sich bringen.

Frage 6: Aus welchen Gründen möchten Sie andere Menschen führen?

Als Führungskraft werden Sie einen beachtlichen Teil Ihrer Arbeitszeit in den Umgang mit anderen Menschen investieren. Es ist hilfreich zu wissen, was genau den Reiz für Sie ausmacht.

Frage 7: Wie viel Zeit möchten Sie mit Ihren liebsten Menschen verbringen?

Die nächsthöhere Hierarchiestufe verlangt häufig ein höheres Zeitinvestment Ihrerseits. Wo wollen Sie diese Zeit einsparen?

Frage 8: Was hat Sie bisher an einer Beförderung/einer neuen Stelle gehindert?

Es ist hilfreich zu wissen, was Ihre Karrierebremser sind, um daraus Schlüsse für das spätere Leben zu ziehen.

Frage 9: Was versprechen Sie sich von Ihrem restlichen Leben?

Wer seinen Beruf planen möchte, sollte sein Privatleben dabei nicht vernachlässigen.

Frage 10: Was wollten Sie gerne als Kind werden?

Häufig sind die Wünsche und Bedürfnisse aus unserer Kindheit der Schlüssel für zukünftige Entscheidungen.

Frage 11: Als was würden Sie gerne arbeiten, wenn Sie bei jedem Job der Welt das gleiche Gehalt bekämen?

Mehr Geld kann eine Motivation für einen weiteren Karriereschritt sein. Doch was würden Sie tun, wenn Sie als Raumpfleger oder Musiker das Gleiche wie ein Vorstandsvorsitzender verdienen würden?

Frage 12: Was möchten Sie gerne einmal Ihren Enkelkindern erzählen?

Werfen wir noch einen Blick weit in die Zukunft. Überlegen Sie sich, auf was Sie im hohen Alter einmal stolz sein möchten.

Nachdem Sie sich mit den Fragen intensiv beschäftigt und diese ausführlich schriftlich beantwortet haben, ziehen Sie anschließend die Quintessenz für Ihre Berufswahl heraus. Beantworten Sie dazu die drei abschließenden Fragen ebenfalls ausführlich und schriftlich:

1. Was war überraschend?
2. Welche neuen Einsichten ergeben sich für Ihre berufliche Planung?
3. Was hat sich konkret durch die Beantwortung der Fragen bei Ihnen verändert?

Wie zufrieden sind Sie aktuell mit Ihrem Leben?

Nachdem wir offene Fragen gestellt haben, betrachten wir jetzt einzelne Lebensbereiche genauer. Das Lebensrad (siehe folgende Abbildung) bietet Ihnen die Möglichkeit, Ihre Zufriedenheit mit Ihrem Leben auf vier unterschiedlichen Dimensionen mit je drei Unterkategorien zu analysieren.

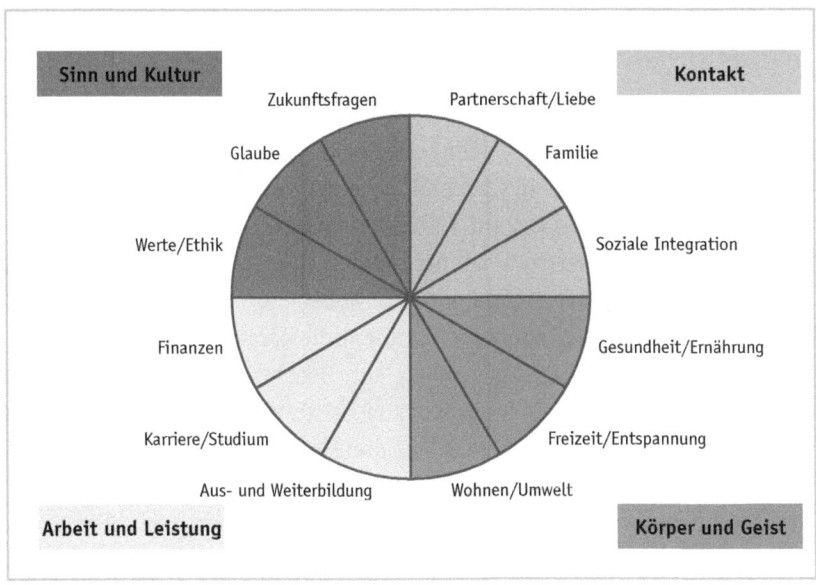

Abbildung 1: Lebensrad zur persönlichen Standortbestimmung

Sie erhalten dadurch eine aktuelle Standortaufnahme von Ihrem Leben. Um sich beruflich verändern zu können, müssen Sie wissen, wo Sie gerade im Leben stehen.

Beginnen Sie mit der Unterkategorie *Partnerschaft/Liebe*. Vielleicht fragen Sie sich gerade, was dies mit Ihrer Berufswahl zu tun hat. Nun, eine ganze Menge. Wir können unseren Beruf nicht losgelöst von anderen Lebensbereichen betrachten. Wir verbringen einen großen Teil unseres Lebens mit unserer Arbeit, weshalb sie sich auf alle Lebensdimensionen auswirken wird. Arbeiten Sie lange? Reisen Sie viel? Können Sie gedanklich nach der Arbeit abschalten? All das wird sich beispielsweise auf Ihre Partnerschaft auswirken und umgekehrt wird sich die Qualität einer privaten Beziehung immer auch auf Ihre berufliche Performance auswirken.

 Das Lebensrad finden Sie ebenfalls auf der beigelegten CD-ROM. Dort können Sie es öffnen und sich ausdrucken, wenn Sie nicht ins Buch schreiben möchten.

Also, wie zufrieden sind Sie aktuell in Ihrem Leben mit dieser Kategorie auf einer Skala von null bis zehn? Null bedeutet, dass Sie mit dieser Dimension total unglücklich sind und es nicht schlimmer werden könnte. Zehn bedeutet, dass Sie absolut zufrieden sind und es auch nicht ein winziges Stückchen besser sein könnte. Tragen Sie Ihren Wert durch einen Querstrich in das Tortendiagramm ein, wobei die Null in der Mitte des Kreises liegt und die Zehn durch die Außenlinie dargestellt wird. Füllen Sie anschließend das entstandene Dreieck aus. Beachten Sie, dass es sich um Ihre Zufriedenheit handelt und nicht um Leistung. Beispielsweise können sowohl ein Single als auch jemand mit dreißig Ehejahren in dieser Dimension absolut zufrieden oder extrem unzufrieden sein. Wichtig ist immer Ihr persönliches Empfinden. Wiederholen Sie diese Schritte mit allen zwölf Dimensionen, bevor Sie weiterlesen.

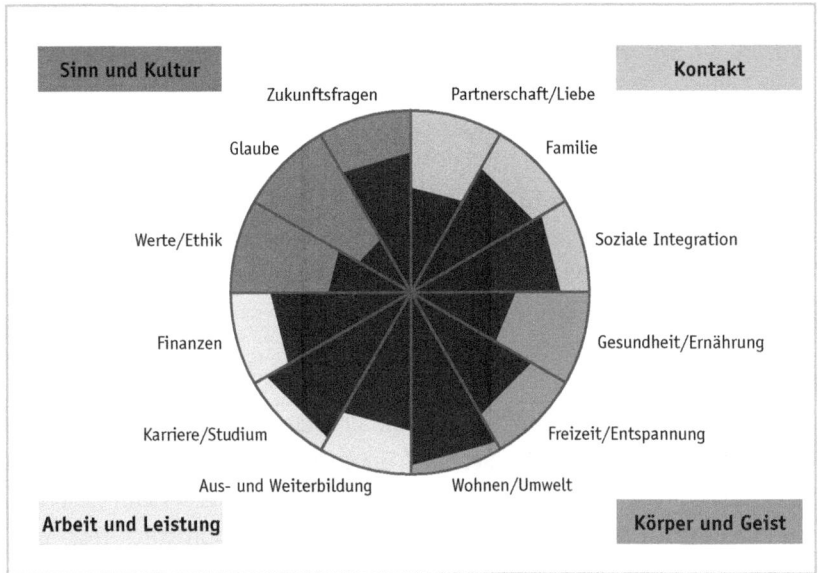

Abbildung 2: Beispiel eines ausgefüllten Lebensrades

Sie haben sich jetzt auf jeder Dimension eingeschätzt. Zeit, sich Ihr Gesamtwerk mit etwas Distanz anzuschauen. Legen Sie Ihr Lebensrad auf einen Tisch und gehen Sie zwei Schritte zurück und lassen Sie Ihr Lebensrad auf sich wirken.

- Wir rund läuft Ihr Leben gerade?
- Welche Bereiche beeinflussen sich gegenseitig?
- Welche Bereiche beeinflussen Ihre Gesamtzufriedenheit am meisten?
- Wie geht es Ihnen mit dem Gesamtergebnis?
- Welche Bereiche würden Sie gerne verändern?
- Wie verändern sich die Bereiche, wenn Sie Ihr Assessment-Center erfolgreich bestehen?
- Welche Auswirkungen hat dies auf Ihre Karriereplanung?

Nachdem Sie die Gesamtheit mit ihren Wechselwirkungen analysiert haben, klären wir die Bedeutung der einzelnen Dimensionen. Dabei ist der reine Zahlenwert irrelevant. Viel eher kommt es auf die individuelle Bedeutung des Wertes an. Fragen Sie sich:

- Wie sind Sie auf Ihren Wert gekommen und an welchen konkret beobachtbaren Gegebenheiten können Sie das festmachen?
- Woran merken Sie oder Freunde und Kollegen, dass Sie Ihren Zahlenwert leben?
- Wie begründen Sie Ihren Wert?

Notieren Sie sich Ihre Gedanken. Fragen Sie sich im Anschluss, was für Sie anders wäre, wenn Sie nicht mehr auf Ihrem Wert stehen würden, sondern auf Ihrem Wert plus eins, beispielsweise nicht mehr auf einer Fünf, sondern auf einer Sechs? Halten Sie Ihre Ergebnisse ebenfalls schriftlich fest. Wiederholen Sie diese zwei Schritte mit allen zwölf Feldern.

 Auf der CD-ROM finden Sie auch eine beispielhafte Notation für ein Lebensrad. Erstellen Sie damit Ihr persönliches Lebensrad und erkennen Sie, welche Vorteile es hat, Klarheit über die eigene Position zu bekommen!

Wunschzettel zum Traumjob

Jetzt drehen wir den Bewerbungsprozess einmal um. Nicht das Unternehmen beschreibt, was ein Kandidat können muss, sondern Sie beschreiben, was ein Unternehmen für Sie bieten muss, damit Sie den Arbeitsvertrag unterschreiben. Dazu zählen neben einem guten Gehalt sicherlich auch soziale und aufgabenbezogene Erwartungen. Die Zeiten, in denen Unternehmen ihre Wunschliste den potenziellen Kandidaten aufzwingen konnten, sind lange vorbei. Bewerber sind heute ebenfalls in der Lage, verschiedene Unternehmen auszusuchen und Erwartungen an diese zu stellen. Es tobt ein Kampf um gute Führungskräfte auf dem Arbeitsmarkt, weshalb Unternehmen häufig guten Bewerbern in ihren Erwartungen entgegenkommen.

Doch es gilt: Ebenso wenig, wie Unternehmen ihren absoluten Traumkandidaten finden, werden Bewerber wohl nie ihren Traumarbeitsplatz finden. Aber Sie haben die Chance, möglichst nahe an dieses Ideal heranzukommen. Dazu müssen Sie erst einmal herausfinden, was Sie sich von Ihrer Anstellung versprechen.

Es wäre schade, wenn Sie sich auf ein Assessment-Center intensiv vorbereiten, um einen Job zu bekommen, bei dem Sie unglücklich werden. Und das mindestens vierzig Stunden die Woche.

Auf Ihrem Wunschzettel zum Traumjob werden Sie lediglich vier Fragen beantworten.

1. Welche Themen bereiten Ihnen Freude?
2. Welche Arbeiten erledigen Sie am liebsten?
3. Wie und mit welchen Personen arbeiten Sie am liebsten?
4. Welche Erwartungen haben Sie an das Unternehmen?

Diese Liste nehmen Sie bei jedem Stellenangebot zur Hand und kontrollieren, ob die Stelle zu Ihnen passt. Halten Sie ab heute die Augen nach Angeboten offen, die Ihren Idealvorstellungen wirklich nahekommen. Sie möchten doch nicht die nächsten Jahre in einem Job verbringen, der Sie nicht erfüllt – oder?

Durch Tests erfahren, wer Sie sind und was Sie möchten

Wenn Sie sich noch genauer selbst kennenlernen möchten, dann können Sie heute auch auf kommerzielle Angebote zurückgreifen. Moderne Testverfahren sind eine hervorragende Möglichkeit, in einen Selbstreflexionsprozess einzutauchen und sich selbst besser kennenzulernen. Doch Vorsicht: Jedes Testverfahren ist immer nur ein Einstieg in die Selbstreflexion. Echte Selbstreflexion ist ein länger andauernder Entwicklungsprozess. Einige Anbieter auf dem Markt versprechen Ihnen, dass Sie nach dem Test wissen, wer Sie wirklich sind oder welchen Job Sie wählen sollten. Das ist natürlich

Blödsinn. Ein Test wertet Fragen aus, die Sie in einer bestimmten Verfassung, an einem bestimmten Ort, zu einer bestimmten Uhrzeit beantwortet haben. Damit kann es maximal eine Momentaufnahme sein und selbst diese ist sehr vage. Wenn Sie dieses aber berücksichtigen, können Sie jedoch aus unterschiedlichen Testverfahren eine Menge über sich selbst erfahren und ein klareres Bild von der eigenen Persönlichkeit erhalten. Gerade wenn Sie noch nie einen Test ausgefüllt und anschließend ausgewertet haben, kann das sehr bereichernd sein. Doch Vorsicht: Für ein wirkungsvolles Ergebnis müssen Sie die Fragen ehrlich beantworten, auch wenn die Wahrheit manchmal unangenehm ist. Allzu schnell geben wir bei solchen Tests vermeintlich sozial erwünschte Antworten, die das Testergebnis verzerren. Sie werden durch ein Testverfahren keinen Mehrwert haben, wenn Sie sich bei der Beantwortung der Fragen selbst belügen.

Testverfahren gibt es in zwei Varianten – mit und ohne Auswertungsgespräch. Wenn Sie noch nie eine professionelle Testauswertung mit Auswertungsgespräch erlebt haben, empfehlen wir Ihnen, letztere Variante zu wählen. Wenn Sie schon einige Auswertungsgespräche hatten und die Testergebnisse nur zur erneuten Selbstreflexion nutzen möchten, können Sie gerne auf das Auswertungsgespräch verzichten. Der zusätzliche Mehrwert der persönlichen Auswertung wird vermutlich die Kosten nicht rechtfertigen.

Tests ohne Auswertungsgespräche sind deutlich günstiger und manchmal sogar kostenfrei. Kostenfreie Angebote im Internet finden Sie, wenn Sie in Ihrer präferierten Suchmaschine nach »Berufsprofiling-Test«, »Interessentest« oder »Persönlichkeitstest« suchen.

 Fassen wir noch einmal zusammen: Tests sind eine hervorragende Möglichkeit in die Selbstreflexion einzusteigen, wobei sie nur aus testdiagnostischer Perspektive beschreiben, wie Sie wirklich sind.

Mit dem Karriereberater zum Traumjob?

Selbsttests und eigenständige Beantworten wichtiger Lebensfragen sind nicht jedermanns Sache. Wenn Sie sich also mit den vorgestellten Fragen und auch kommerziellen Tests schwertun und verspüren, dass diese Schritte Ihnen nicht so richtig weiterhelfen, dann bietet es sich an, das Gespräch mit einem Dritten zu suchen. Der Vorteil liegt darin, dass Sie eben nicht alleine vor sich hinwurschteln, sondern durch passende Fragen und bei unangenehmen Dingen durch das richtige Nachfassen vielleicht schneller und besser zu klaren Ergebnissen kommen.

Individuelle Karriereberatung ist aber keineswegs trivial und nicht zu Unrecht die Königsdisziplin der Laufbahnplanung. Ein guter Karriereberater stellt Ihnen zur richtigen Zeit die richtigen Fragen und hilft Ihnen dabei Ideen zu generieren, auf die Sie ohne seine Unterstützung vermutlich nicht so schnell oder nie gekommen wären. Doch wer ist der richtige Berater für Sie? Auf dem Markt tummeln sich unzählige Berater mit unzähligen unterschiedlichen Ausrichtungen. Die Internetpräsenzen ähneln sich ebenso wie die Versprechen. Vielleicht irritiert es Sie bereits, dass manche Anbieter als Berater und mal als Coach ihre Dienstleistung anpreisen. In diesem Bereich besteht jedoch kein Unterschied zwischen den beiden Begriffen. Der durchschnittliche Karrierecoach arbeitet identisch wie ein durchschnittlicher Karriereberater. Sie können sich beruhigt auf die Suche nach beiden Berufen begeben.

Wichtigstes Kriterium sollte sein, dass Sie zu Ihrem Coach einen guten Draht haben. Wenn Ihnen Ihr Coach suspekt oder unsympathisch ist, werden Sie niemals das bestmögliche Ergebnis für sich erarbeiten können. In der Karriereberatung müssen Sie sich Ihrem Berater öffnen, und wenn dies nicht möglich ist, kann der Prozess nicht ideal verlaufen. Bestehen Sie also auf ein kostenfreies Vorabgespräch oder auf die Möglichkeit, die Sitzung nach der ersten Stunde ohne Bezahlung und ohne Angabe von Gründen verlassen zu können. Einen Neuwagen werden Sie vermutlich auch nicht kaufen, weil er auf einer Homepage gut beschrieben war. Nein, Sie werden Probe fahren.

Haken Sie nach, was den Berater für seinen Job qualifiziert. Verlassen Sie sich nicht ausschließlich auf Zertifikate und Referenzen auf der Homepage. Diese sind manchmal mehr Schein als Sein und entpuppen sich bei Nachfragen lediglich als Teilnahmebescheinigungen von Seminaren. Leider werden heutzutage auch Referenzen gefälscht oder stammen aus ganz anderen Bereichen. Der Schein kann trügen, weshalb Sie bei dieser Frage bissig bleiben sollten. Dasselbe gilt für große Versprechen, die Sie hören. Bleiben Sie deshalb in der Anfangsphase immer skeptisch und neugierig zugleich.

Der durchschnittliche Coaching-Stundensatz im Privatbereich lag 2014 laut einer Erhebung des Büros für Coaching und Organisationsberatung bei 130 Euro netto pro Stunde. Ein Top-Berater sollte nicht mehr als 300 Euro netto pro Stunde kosten.

Wie viele Stunden Karriereberatung Sie benötigen, hängt von individuellen Faktoren ab. Entscheidend ist das Ergebnis: Nach der Konsultation des Karriere-Coachs Ihrer Wahl sollten Sie wirklich für sich Klarheit gewonnen haben, wir Ihr Weg aussehen soll und im Idealfall dieses auch schriftlich vorliegen haben. Wenn Sie aus den Gesprächen nur mitnehmen, dass Sie Ihre Zeit mit einem angenehmen Gesprächspartner verbracht haben, in der Sache selbst aber immer noch nicht klar sehen, dann haben Sie nicht den richtigen Berater gefunden.

Einige Coachs am Markt verlangen vor dem Beratungsprozess eine Anzahlung oder gar den vollen Betrag. Von solchen Angeboten raten wir Ihnen ab, auch wenn Sie einen Vertrag unterschreiben, der Ihnen zusichert, dass Sie Ihr Geld in bestimmten Fällen zurückbekommen. Was bezahlt wurde, ist erst einmal weg und nur schwer wieder einzutreiben. Wählen Sie in solchen Fällen lieber einen anderen Berater.

3.2 Was Ihr Unternehmen von Ihnen erwartet

Unternehmen erwarten von Ihnen eine einzige Sache: Sie sollen maximal effizient alle Probleme und Aufgaben lösen, die mit Ihrer Stelle verbunden sind. Wir sprechen dabei auch von Handlungskompetenz. Doch um dieser Erwartungshaltung zu genügen, müssen Sie einer eierlegenden Wollmilchsau nahekommen. In dieser Utopie sollten Sie ein unendlich großes Wissen haben, sollten empathisch die Bedürfnisse anderer Menschen erkennen, sollten jeden nur erdenklichen Prozess steuern und jedes gesteckte Ziel erreichen. Dass dies nicht möglich ist, wissen Unternehmen, weshalb Sie die Erwartungshaltung reduziert haben. Machen Sie sich aber bewusst, dass diese Erwartungshaltung es auch in der reduzierten Variante in sich hat. In einem Anforderungsprofil (siehe auch *Kapitel 2.2 Was Unternehmen von Ihnen wollen* ab Seite 21) ist das Wunschprofil des zukünftigen Stelleninhabers festgehalten. Für eine ideale Vorbereitung müssen Sie dieses Anforderungsprofil möglichst vollständig verstehen. Nur wenn Sie wissen, was von Ihnen im Assessment-Center abverlangt wird, können Sie sich darauf zielgerichtet vorbereiten.

Beachten Sie immer, dass jede Organisation ganz individuelle Erwartungen an Sie hat. Wenn Sie bei zwei unterschiedlichen Firmen die identische Aufgabe identisch lösen, können Sie recht sicher sein, dass Sie zwei unterschiedliche Bewertungen erhalten – es kommt eben immer auf die Beurteilungsdimensionen und die Assessoren an. Vielleicht würden Sie bei einem Unternehmen den Job bekommen und beim anderen Unternehmen eine Absage erhalten. Jede Organisation hat Ihre ganz individuellen Erwartungen an eine Führungskraft. Für Sie als Bewerber besteht die Aufgabe darin, dieses individuelle Idealbild bereits im Vorfeld möglichst genau zu erkennen.

Ihre Hauptinformationsquelle ist die Stellenausschreibung. In dieser finden Sie zahlreiche Erwartungen, die firmenseitig an Sie gestellt werden. Die Chance ist recht groß, dass Sie in diesen oder ähnlichen Dimensionen auch in Ihrem Assessment-Center getestet werden. Analysieren Sie Ihre Stellenausschreibung im Detail. Welche Erwartungen formuliert Ihr Wunschunternehmen offen an Sie? Diese Dimensionen sollten der Dreh- und Angelpunkt Ihrer Vorbereitung sein.

Doch damit ist es noch nicht getan. In der Regel finden Sie in der Stellen- ausschreibung viele leere Worthülsen wie Teamfähigkeit, Flexibilität oder es wird nach einer charismatischen Führungskraft gesucht. Um diese Be- griffe mit Leben zu füllen, müssen Sie das Unternehmen besser kennen- lernen. Was sind gelebte Firmenwerte? Wie ist der Umgangston? Wie ist die Organisation hierarchisch aufgebaut? Nutzen Sie zuerst die offiziel- len Kanäle eines Unternehmens. Viele Informationen finden Sie in den Führungsleitlinien eines Unternehmens, der Unternehmensmission und -vision, dem Leitbild, der Karriere-Webseite, dem Jahresgeschäftsbericht und im Pressebereich auf der Homepage. Durchstöbern Sie alles, was Sie zu Ihrem Wunschunternehmen finden. Legen Sie einen besonderen Fokus auf die Organisationskultur. Es macht einen großen Unterschied, ob Sie sich bei einem agilen Start-up mit flachen Hierarchien oder einem recht starren Großkonzern bewerben. Stellen Sie sich beispielsweise Fragen wie: »Gibt es flache Hierarchien?«, »Wie intensiv wird Qualitätsmanagement be- trieben?«, »Wie ist der Umgang unter Kollegen?«, »Wie groß ist der interne Konkurrenzkampf?« oder »Wie eigenverantwortlich wird gearbeitet?«

Doch bei all diesen Kanälen sind Sie auf die Außendarstellung der Unter- nehmen angewiesen und die wird in der Regel gründlich aufpoliert sein. Ergreifen Sie deshalb die Möglichkeit, einen Insider der Organisation zu interviewen, wenn sich die Chance bietet, oder Sie greifen einfach zum Telefonhörer und rufen in der Personalabteilung an. In einigen Fällen wird diese Ihnen bereitwillig weitere Informationen zur Verfügung stellen. Dazu müssen Sie sich jedoch gut vorbereiten und wissen, was Sie wirklich in Erfahrung bringen möchten. Einige Unternehmen sind mittlerweile sehr offen und teilen den Bewerbern sogar die genauen Beobachtungsdimensio- nen mit. Für Sie kann daher ein Anruf schnell lohnenswert sein.

Falls Sie die Chance haben, eine Person zu interviewen, die ein Assessment-Center in Ihrer Wunschfirma durchlaufen hat, sollte Sie diese befragen. Sie kann Ihnen sicherlich einen guten Überblick über den Ablauf und Beurteilungsdimensionen geben. Vielleicht hat Sie sogar ein schriftliches Feedback bekommen, dass sie Ihnen zeigen kann. Dort würden Sie dann die realen Beurteilungsdimensionen erfahren.

Vorsicht ist bei Aussagen über Ihre Wunschfirma auf Bewertungsportalen und in Foren im Internet geboten. Ein einzelner unzufriedener Mitarbeiter kann sofort das Gesamtbild ins Wanken bringen und auf der anderen Seite beeinflussen Unternehmen auch hier schon aktiv ihr Image, indem sie Mitarbeiter zu guten Bewertungen anhalten, während sie noch in einem Arbeitsverhältnis stehen.

Worthülsen mit Inhalten füllen

Sie können sicherlich bis zu dreißig Dimensionen finden, die in Ihrem Anforderungsprofil stehen könnten, besonders wenn Sie Unternehmenswerte in Ihre Liste aufnehmen. Nehmen wir für ein verkürztes Beispiel an, Sie haben für Ihre Traumstelle folgende fünf Dimensionen gefunden:

• Fach- und Branchenkenntnisse,
• Führungserfahrung,
• Zuverlässigkeit,
• Teamfähigkeit
• und ausgeprägtes kommunikatives Geschick.

Alle Beurteilungsdimensionen, die Sie finden konnten, bringen Sie in einem nächsten Schritt in eine Reihenfolge. Fragen Sie sich dabei, was vermutlich die wichtigste Dimension für Ihren beruflichen Erfolg ist. Tragen Sie nun die Dimensionen in die Tabelle, die Sie auf der CD-ROM finden als PDF und auch als Word-Datei finden. Beginnen Sie mit der wichtigsten Dimension und hören Sie mit der unwichtigsten Dimension auf. Entscheiden Sie einfach aus dem Bauch heraus, die Reihenfolge muss nicht der Realität entsprechen. Sie soll nur eine grobe Orientierung sein, die Ihnen die Vorbereitung erleichtert. In unserem Beispiel könnte das so aussehen:

Dimension	Wahrnehmbare Merkmale
Führungserfahrung	
Ausgeprägtes kommunikatives Geschick	
Fach- und Branchenkenntnisse	
Teamfähigkeit	
Zuverlässigkeit	

Die Tabelle finden Sie ebenfalls auf der beiliegenden CD-ROM zum Ausdrucken.

Jetzt gilt es, diese leeren Wortphrasen mit Leben zu füllen. Woran könnten Sie konkret erkennen, dass Sie dieser Dimension genügen und woran könnten es Assessoren in Ihrem Assessment-Center feststellen? Füllen Sie dazu in der Tabelle die Spalte »Wahrnehmbare Merkmale« aus. In unserem Beispiel könnte die Tabelle wie folgt aussehen:

Dimension	Wahrnehmbare Merkmale
Führungserfahrung	• Schafft Vertrauen im Team und unter anderem durch Lob und Anerkennung ein lernförderliches Arbeitsumfeld. • Kann Ziele bewusst machen und andere zu tatkräftigen Handlungen bewegen. • Formuliert Ziele und delegiert Aufgaben sowie Verantwortung angemessen. • Kontrolliert regelmäßig den Grad der Zielerreichung. • Treibt Projekte durchsetzungsstark voran, nimmt Herausforderungen und unpopuläre Entscheidungen an. • Setzt (zeitliche, monetäre, personelle usw.) Ressourcen sinnvoll und effizient ein.
Ausgeprägtes kommunikatives Geschick	• Besitzt einen überdurchschnittlichen Grundwortschatz und beherrscht sicher die deutsche Grammatik. • Argumentiert zielgruppengerecht und situationsangemessen. • Ist fair und respektvoll im Umgang mit anderen Menschen. • Bleibt in schwierigen Situationen ruhig, beweist Einfühlungsvermögen, sorgt für eindeutige Verständigung und vermeidet Missverständnisse, ohne Spannungsfelder zuzudecken. • Wirkt bei Konflikten souverän, offen und glaubwürdig im Auftreten.
Fach- und Branchen-kenntnisse	• Verfügt über fundiertes Fachwissen. • Beschäftigt sich mit gegenwärtigen Problemen und Sachverhalten, um fachlich auf dem aktuellen Stand zu sein. • Versteht aktuelle Themen im eigenen Wirkungsfeld oder Einflussbereich.

Teamfähigkeit	• Hat die Bereitschaft zur Zusammenarbeit in Teams sowie zu Kompromissen und besitzt die nötige Einsicht und Toleranz, andere Interessen unvoreingenommen zu prüfen und die eigene Sichtweise kritisch zu hinterfragen. • Steht hinter getroffenen Kompromissen zum Gesamtwohl, selbst wenn diese seine Meinung nicht voll widerspiegeln. • Ist fair und respektvoll im Umgang mit anderen Menschen.
Zuverlässigkeit	• Hält verlässlich alle Zusagen ein, die er einem anderen gegenüber gemacht hat. • Stellt Aufgaben innerhalb des vorgegebenen Zeitraums fertig. • Besitzt eine hohe Eigenverantwortung und (Arbeits-) Disziplin und lässt sich nicht elementar von der relevanten Arbeitserfüllung ablenken. • Handelt besonnen (erst denken, dann handeln) und ist sich seiner Verantwortung im Unternehmen bewusst.

Die wahrnehmbaren Beobachtungen hängen natürlich stark von der jeweiligen Organisation und Branche ab.

 Auf der beiliegenden CD-ROM finden Sie weitere Beispiele, was sich hinter vielen Beobachtungsdimensionen verbergen kann.

Es lohnt sich für eine gute Vorbereitung, sich einmal in die Situation einer Personalabteilung zu versetzen und zu hinterfragen, wie bestimmte erwünschte Eigenschaften eines Kandidaten valide ermittelt werden können. So manche Frage von Assessment-Center-Neulingen, warum denn diese oder jene Übung überhaupt notwendig sei, klärt sich, wenn man sich selbst fragt, wie man Kandidaten denn wirklich auf ihre Kompetenzen hin überprüfen kann.

Jetzt wissen Sie, was Ihre neue Stelle Ihnen abverlangen wird und was in Ihrem Assessment-Center abgeprüft werden kann. Ihr natürliches Verhalten können Sie nun leicht anpassen, um diesem Ideal möglichst nahezukommen. Zeigen Sie im Assessment-Center das, was Ihre Assessoren sehen möchten, haben Sie den Job. Doch Vorsicht! Deutlich übertriebene schauspielerische Darstellungen enden häufig ohne Jobangebot, da sie unnatürlich wirken und deshalb die Assessoren abschrecken.

3.3 Bereit zur Traumhochzeit?

Fassen wir zusammen: Sie wissen nun klar, was Sie sich von Ihrem Berufsleben versprechen und wissen auch, was das Unternehmen von Ihnen erwartet. Bleibt nur noch die Frage, ob Sie zum Unternehmen passen und das Unternehmen zu Ihnen.

Erfüllt das Unternehmen Ihre Erwartungen?

Stellen Sie sich die ersten hundert Tage auf Ihrer neuen Stelle vor. Mit welchen Aufgaben verbringen Sie 80 Prozent der Arbeitszeit? Wie lange arbeiten Sie an welchem Platz? Mit welchen Menschen haben Sie es zu tun? Welche Aufgaben erledigen Sie, die Ihnen keine Freude bereiten und wie viel Zeit verbringen Sie mit diesen?

Sicherlich können Sie nur erahnen, was auf Sie zukommt. Aber diese Übung reicht aus, um einen ersten Eindruck zu bekommen. Fragen Sie sich nun, welche Informationen Ihnen noch fehlen, damit Sie das Bild vervollständigen können und wie Sie an diese Informationen gelangen. In einigen Fällen ist es sinnvoll, die Personalabteilung vor Ihrer Bewerbung zu kontaktieren. Neben den weiteren Informationen haben Sie so zusätzlich einen Aufhänger für Ihr Anschreiben in den Bewerbungsunterlagen. Einige Informationen bekommen Sie hingegen nur aus der Fachabteilung. Hier bietet Ihr Einstellungsinterview hervorragende Möglichkeiten, um an zusätzliche Informationen zu gelangen. In fast jedem Interview haben Sie die

Chance, eigene Fragen zu stellen. Nutzen Sie diese Chance auch. Wir sind immer wieder überrascht, wie wenig einige Führungskräfte über ihren Job wissen, bevor sie ihn antreten. Wenn Sie sich unangenehme Überraschungen in den ersten Wochen nach Ihrem Stellenantritt ersparen möchten, informieren Sie sich im Vorfeld.

Nachdem Sie alle Informationen haben – jedoch spätestens, bevor Sie Ihren Arbeitsvertrag unterzeichnen – nehmen Sie sich Ihre Wunschliste zur Hand und wägen ab, ob die Abweichungen tolerierbar sind oder nicht. Rufen Sie sich immer wieder ins Gedächtnis, dass es ein zweiseitiger Auswahlprozess ist. Das Unternehmen entscheidet, ob Sie das Assessment-Center bestehen. Sie hingegen entscheiden, ob Sie den Arbeitsvertrag unterzeichnen. Das Unternehmen muss sich Ihnen ebenfalls beweisen.

Erfüllen Sie die Erwartungen der Unternehmen?

Die Entscheidung, ob Sie ein Jobangebot bekommen, treffen natürlich Ihre späteren Assessoren und nicht wir in diesem Buch. Doch Sie können sich selbst dieser Entscheidung annähern, indem Sie Ihre Verbesserungspotenziale identifizieren.

 Nehmen Sie dazu die im vorherigen Kapitel erarbeiteten Beurteilungsdimensionen und tragen Sie diese in die folgende Tabelle ein, die Sie für eigene Ausdrucke auf der beiliegenden CD-ROM finden.

Beurteilungs-dimension	Note	Verbesserungs-potenzial	Maßnahmen

Bewerten Sie sich selbst und ehrlich in der Tabelle mit Schulnoten von 1 bis 6, wobei 1 bedeutet, dass Sie diese Kompetenz hervorragend bedienen und 6 bedeutet, dass Sie außer dem Namen noch nie etwas davon gehört haben. Benoten Sie sich zunächst in allen Dimensionen, bevor Sie die nächsten Spalten ausfüllen.

Welche Verbesserungspotenziale schlummern in Ihnen? Als Nächstes füllen Sie die Spalte »Verbesserungspotenzial« aus. Fragen Sie sich, was Sie konkret verbessern müssten, um sich selbst besser zu beurteilen. Sollte Ihnen das schwerfallen, können Sie sich zuerst fragen, was Sie tun müssten, um sich schlechter zu beurteilen. Diese Frage wirkt sicherlich paradox, doch Menschen sind viel kreativer, wenn es darum geht, Dinge zu verschlechtern. Das Verbesserungspotenzial liegt häufig in der Umkehrung der Verschlechterung.

Wenn wir uns nochmals das Beispiel aus dem letzten Kapitel in unser Gedächtnis rufen, könnte das verkürzt so aussehen wie in der folgenden Tabelle dargestellt:

Beurteilungs-dimension	Note	Verbesserungspotenzial	Maßnahmen
Führungserfahrung	3	• Probleme bei der Delegation (zu wenig Kontrolle) • Überzeugungskraft fehlt manchmal in kritischen Situationen • Probleme bei der Einteilung von ...	
Ausgeprägtes kommunikatives Geschick	4	• Gebe manchmal zu schnell nach • Lasse mich zu schnell für neue Ideen begeistern • Das Fingerspitzengefühl fehlt manchmal	

Ergänzen Sie dieses Selbstbild durch mehrere Fremdbilder, wenn Sie die Möglichkeit dazu haben. Durchforsten Sie Ihren Arbeits- und Freundes-kreis nach Personen, die Ihre Kompetenzen einschätzen können. Legen Sie ihnen die gleiche Tabelle vor und seien Sie auf Abweichungen zu Ihrer Selbsteinschätzung gespannt.

Als letzten Schritt füllen Sie die Spalte Maßnahmen aus. Welche konkreten Maßnahmen wollen Sie bis zu Ihrem Assessment-Center durchführen, um Ihre Verbesserungspotenziale zu verwirklichen?

Das kann beispielsweise der Besuch eines speziellen Trainings, das Lesen dieses Buch oder auch ein Gespräch mit Ihrem Vorgesetzten sein. Ihrer Kreativität sind hier keine Grenzen gesetzt, solange die Maßnahme wirk-sam ist.

Hinweis: In den meisten Fällen helfen ausgetüftelte Methoden, wie wir sie in diesem Buch verwenden, um Schwächen auszugleichen. Je größer Ihre Methodenvielfalt ist, umso flexibler können Sie auf unterschiedliche Herausforderungen reagieren und Ihr Assessment-Center souverän meistern. Lernen und verinnerlichen Sie bis zu Ihrem Assessment-Center daher so viele Methoden wie möglich.

3.4 Illusion Objektivität: Was wirklich im Assessment-Center zählt

Verabschieden Sie sich von der Illusion von objektiven Assessment-Centern, in denen der am besten qualifizierte Kandidat den Job bekommt. Vielleicht irritiert Sie diese Aussage, da Assessment-Center gerade für eine möglichst objektive Beurteilung eingesetzt werden. Doch »möglichst objektiv« ist in einem Auswahlprozess sehr weit von »wirklich objektiv« entfernt. Das hat drei entscheidende Gründe.

Zum einen ist das Anforderungsprofil, auf dessen Grundlage Sie beurteilt werden, eine extreme Vereinfachung der benötigten Kompetenzen und dabei kommt es in der Praxis zu vielen Fehlern. Das heißt, Sie werden vielleicht auf Dimensionen getestet, die nicht zwingenderweise zu einer Schlüsselkompetenz Ihrer späteren Tätigkeit gehören müssen. Zum Beispiel haben wir bei einer großen staatlichen Behörde die Dimension »Gender Sensivity« im Anforderungsprofil gefunden, was sicherlich nicht zu den Schlüsselqualifikationen eines Behördenleiters gehört.

Zweitens werden Sie von Menschen beurteilt, die alles andere als objektiv beurteilen. Neben Vorurteilen und persönlichen Präferenzen beeinflussen auch Gefühlslagen der Beobachter Ihr Endergebnis. Nehmen wir an, Sie werden nur von einem Beobachter beurteilt und dieser hat sich am Vorabend von seiner Frau getrennt. Ganz sicher wird Ihre Beurteilung anders ausfallen als an einem anderen Tag. Entweder deutlich schlechter oder deutlich positiver – wahrscheinlich aber nicht gleich. Maßgeblich wird sein, ob Ihr Beobachter traurig und verärgert ist oder erleichtert und glücklich. Schließlich sind wir Menschen und keine Maschinen.

Wie Sie die häufigsten Beobachtungsfehler der Assessoren ausnutzen können, lesen Sie in *Kapitel 4.2 Die Fehler der Beobachter* auf Seite 70 nach.

Und zu guter Letzt kommt es nicht nur auf Ihre fachlichen Qualifikationen an. Wie wir noch sehen werden, spielen diese sogar eine untergeordnete Rolle. Viel wichtiger ist es, ob Sie menschlich zum Unternehmen passen und ob Ihre Beobachter das Gefühl haben, dass Sie den Job wirklich wollen. Kein Unternehmen der Welt ist gerne nur eine Notlösung oder ein Trittbrett für die nächste Karrierestufe.

Für ein erfolgreiches Assessment-Center ist es daher wichtig, dass Sie in drei Bereichen überzeugen: Handlungskompetenz, Motivation und Charakter. Das heißt, dass Ihre Assessoren nicht nur bewerten, ob Sie die entsprechende Handlungskompetenz besitzen, sondern darauf achten, ob Sie das Unternehmen ernsthaft voranbringen möchten und ganz besonders, ob Sie in die Firmenkultur passen.

Der von den Assessoren empfundene Charakter beeinflusst, ob Sie Ihr Assessment-Center bestehen oder nicht. Ihre Beobachter sind anfällig für Beurteilungsfehler, weshalb Sie immer auch nach Sympathie bewertet werden. So kann es gut sein, dass ein sympathischer und mittelmäßig qualifizierter Kandidat die ausgeschriebene Stelle bekommt, während ein eher unsympathischer und hoch qualifizierter Kandidat ohne Arbeitsvertrag nach Hause muss. Dies ist durch mehrere Studien belegt. Beispielsweise konnte Murray Barrick von der Texas A & M University nachweisen, dass die Assessoren bei einem Interview in den ersten drei Minuten entschieden, ob der Kandidat kompetent ist und dadurch später die Stelle bekommt. Das ist besonders erstaunlich, wenn man beachtet, dass in den ersten drei Minuten noch keine fachlichen Fragen gestellt werden, sondern Small Talk betrieben wird. Unter anderem deshalb schätzen wir, dass der Charakter einer Person mehr als 50 Prozent zum Endergebnis in einem Assessment-Center beiträgt; gefolgt von der Motivation und das Schlusslicht mit dem kleinsten prozentualen Anteil sind die Qualifikationen. Sie sehen, dass es gar nicht so wichtig ist, was Sie in Ihrem Assessment-Center tun, sondern dass das Wie viel gewichtiger für das Endergebnis ist. Häufig hören wir, dass dies doch ungerecht sei. Wir sehen das nicht so, da es nicht nur im Assessment-Center auf Ihre Ausstrahlung ankommt, sondern auch später im Berufsleben im Umgang mit Kunden oder Mitarbeitern. Es wird also unbewusst ein wichtiger Erfolgsfaktor getestet: Ihre Wirkung.

Zu einer sympathischen Ausstrahlung fühlen sich Menschen besonders hingezogen. Diesen Personen wird von Anfang an großes Vertrauen entgegengebracht, weshalb sie beispielsweise in einem Assessment-Center nicht mehr viel Überzeugungsarbeit für sich leisten müssen. Auf der anderen Seite erhalten unsympathische Menschen selbst unter größten Anstrengungen nur sehr selten einen Job.

Trainieren Sie für Ihren Erfolg Ihre positive Wirkung auf andere Menschen. Wenn sie positiv auf Ihre Assessoren wirken, haben Sie gute Chancen, Ihre Assessment-Center souverän zu meistern.

Bei den Methoden in diesem Buch haben wir diesen Effekt bestmöglich berücksichtigt. Beispielsweise werden Sie durch eine klare und einfache Struktur vermutlich organisiert und souverän auf Ihre Beobachter wirken.

Innere Einstellung gleich äußere Wirkung

Ihr Verhalten können Sie anpassen, um sympathisch zu wirken. Sie können lächeln, geradestehen und Ihren Gesprächspartner mit festem Händedruck begrüßen. Alles ist richtig. Aber Menschen sind nicht in der Lage, ihr Verhalten auf allen Ebenen kontinuierlich zu reflektieren und anzupassen. Dafür reichen unsere kognitiven Ressourcen auf Dauer nicht aus. Wenn wir wissen, dass unsere innere Einstellung unser Verhalten massiv beeinflusst, können wir direkt an unserer inneren Einstellung ansetzten. Die innere Einstellung beschreibt all unsere Werte, Glaubenssätze und Motive. Am besten finden sich diese in den Sätzen wieder, die Sie innerlich zu sich selbst sagen. Was sagen Sie zu sich? Positive Sätze wie »Ich bin gut, so wie ich bin.«, »Ich kann alles erreichen.« und »Ich wäre ein echter Gewinn für das Unternehmen.« oder negative Sätze wie »Ich darf nicht versagen.«, »Ich schaffe das bestimmt nicht.«, »Die anderen sind besser als ich.« »Ich darf keine Fehler machen.«, »Ich kann nicht präsentieren.« und »Mein Wert als Mensch hängt von meiner Leistung ab.«?

Wenn wir positive Sätze, wie »Ich kann alles erreichen.« zu uns selbst sagen, macht sich dies langfristig in unserer Körpersprache bemerkbar. Wir stehen aufrechter, haben eine feste Stimme und können freier gestikulieren. Die Chance, dass wir dadurch unsere Ziele erreichen, ist hoch. Wenn dies eingetreten ist, festigt sich unser Glaubenssatz »Ich kann alles erreichen.« weiter, wodurch wir in der nächsten Situation noch selbstsicherer wirken. Diese selbsterfüllende Prophezeiung bestärkt sich somit selbst kontinuierlich.

Wenn wir hingegen viele negative Sätze wie »Du bist ein Versager.« zu uns selbst sagen, spiegelt sich das ebenfalls in unserem Verhalten wider. Wir stehen mit eingefallenen Schultern, sprechen einschläfernd und haben eine eingefallene Mimik, die Selbstaufgabe oder Traurigkeit signalisiert. Würden Sie so jemanden einstellen? Die Chance, eine Absage zu bekommen, ist deutlich höher, wodurch ebenfalls eine selbsterfüllende Prophezeiung in Gang gesetzt wird. Aus unserer Beratungspraxis wissen wir, dass Kandidaten, die zuversichtlich in ein Assessment-Center gehen, uns fast immer rückmelden, dass sie den Job bekommen haben. Diejenigen, die keinen Job erhalten haben, waren sich dessen meistens auch schon vorher bewusst. Aus welchen Gründen sollte ein Unternehmen auch jemanden einstellen, der sich selbst für ungeeignet hält?

Achten Sie die nächsten Tage auf Ihre Gedanken. Einige Kandidaten manövrieren sich durch eine ungesunde innere Einstellung selbst auf das Abstellgleis, sodass keine Methode oder Verhaltensänderung noch etwas an ihrem Scheitern ändern kann. Häufig sind wir uns unserer Gedanken nicht bewusst. Wenn Sie sich häufiger dabei ertappen, dass Sie nicht gut zu sich selbst sprechen, versuchen Sie ein Experiment. Ändern Sie die Aussagen einfach ab. Einige Beispiele finden Sie in der folgenden Tabelle:

Alte Aussage	Neue Aussage
Das schaffe ich nie.	Ich kann das schaffen.
Ich tauge einfach nichts.	Ich habe besondere Stärken. Beispielsweise kann ich ... besonders gut.
Die anderen sind viel besser als ich.	Ich kann das schaffen und werde immer sicherer.
Die Welt ist ungerecht.	Die Welt ist sehr gerecht und ich hole mir jetzt das, was mir zusteht.
Das Leben ist schwer.	Ich habe auch schon erlebt, dass es ganz leicht ging. Beispielsweise ... Es kann also auch ganz leicht sein.
Dafür bin ich zu alt.	Mit meiner Lebenserfahrung kann ich diese Aufgabe am besten lösen.
Ich darf nicht beim Assessment-Center durchfallen.	Ich bin zuversichtlich, dass ich das Assessment-Center schaffe. Andernfalls bleibt es so, wie es gerade ist.
Ich bin unbeliebt.	Menschen, die zu mir passen, sind sehr gerne mit mir zusammen.

Unsere negativen Glaubenssätze sind auf ein festes Fundament an Erfahrungen gebaut. Dieses negative Fundament kann beseitigt werden, wenn der Fokus der Gedanken verändert wird. Aus diesem Grund glauben auch viele Menschen an Wünsche, die sie ins Universum schicken oder Ähnliches.

Wir sind uns sicher, dass jeder Mensch sein Leben selbst bestimmt und nicht das Universum, auch wenn es Krankheiten und Katastrophen gibt. Aber durch diese Wünsche und den Glauben an die Erfüllung ändert sich der Fokus der betroffenen Personen, wodurch die negative selbsterfüllende Prophezeiung durchbrochen wird. Das ist der Grund, weshalb viele Menschen berichten, dass die Wünsche ans Universum ihr Leben verändert hätten. Ganz einfach deshalb, weil sie selbst besser über sich gedacht haben.

Eine einfache Möglichkeit, dies anzuwenden, ist die Autosuggestion. Sprechen Sie dazu am besten unmittelbar vor dem Schlafengehen Ihre Zielsätze mindestens dreißig Mal laut aus. Beispielsweise:»Ich freue mich auf mein Assessment-Center. Dort werde ich zeigen, was ich kann und ich bin zuversichtlich, dass ich die Stelle bekomme.« Beginnen Sie damit circa zwei Wochen vor Ihrem Termin. Achten Sie besonders darauf, dass dieser Satz positiv formuliert ist. Das menschliche Gehirn ist nicht in der Lage, Negationen in der Vorstellung auszublenden. Versuchen Sie beispielsweise jetzt, nicht an einen Elefanten zu denken. Natürlich denken Sie jetzt an einen Elefanten. Denken Sie jetzt unter gar keinen Umständen an einen rosa Elefanten. Und, hat es geklappt?

Sie sind noch skeptisch, ob dies bei Ihnen wirkt und nicht nur esoterischer Blödsinn ist, da Sie in der Medizin auch nicht an den Placebo-Effekt glauben? Dann lade ich Sie auf ein Gedankenexperiment ein. Stellen Sie sich vor, Sie hätten eine saftige Zitrone in Ihren Händen liegen. Erinnern Sie sich daran, wie sich eine Zitrone anfühlt. Riechen Sie an der Zitrone in Ihren Händen. Teilen Sie die Zitrone mit einem Messer in zwei Hälften. Drücken Sie nun eine der Hälften leicht zusammen und nehmen Sie wahr, wie der Saft aus der Zitrone läuft. Riechen Sie noch einmal daran und nehmen Sie wahr, wie deutlich Sie die Säure riechen können. Beißen Sie jetzt herzhaft in die Zitrone. Konnten Sie sich das vorstellen? Vermutlich können Sie jetzt zwei Dinge an sich beobachten. Zum einen haben Sie mehr Speichel in Ihrem Mund und zum anderen hat sich Ihre Gesichtsmuskulatur angespannt. Autosuggestion ist nichts anderes, mit dem Unterschied, dass

Sie im Assessment-Center nicht mehr Speichel im Mund haben und Ihre Muskulatur angespannter ist, sondern Sie selbstsicherer und freundlicher auf Ihr Umfeld wirken.

Um Missverständnissen vorzubeugen: Wir glauben nicht, dass man ein Assessment-Center besteht, nur weil man es sich wünscht und eingeredet hat. Aber die Wissenschaft bestätigt heute, dass Mentaltechniken wie die Autosuggestion funktionieren und spätestens seitdem Jogi Löw unter anderem mit Hilfe von Mentaltechniken die Fußballweltmeisterschaft mit seinen Jungs gewonnen hat, ist die Verwendung hoffähig geworden und kann nicht länger als Esoterik abgetan werden. Neben fachlichen Vorbereitungen sind mentale Vorbereitungen ein sehr wirkungsvoller Weg zu besseren Ergebnissen im Assessment-Center. Versuchen Sie es bitte einfach. Was haben Sie außer Ihrer Skepsis zu verlieren?

Eine zweite Stellschraube für Ihre innere Einstellung ist Ihre Körperhaltung. Beispielsweise konnte Amy Cuddy von der Harvard Business School nachweisen, dass eine veränderte Körperhaltung von lediglich zwei Minuten einen großen Einfluss auf unsere Gemütslage hat und sogar in unserem Hormonhaushalt deutlich nachweisbar ist. Die Kandidaten mussten für zwei Minuten eine Körperpose einnehmen, die Macht symbolisieren sollte. Wir nennen diese Haltung auch Power-Pose. Beispielsweise dadurch, dass die Arme in V-Form nach oben gestreckt oder vor der Brust verschränkt wurden, aufrecht gestanden oder gesessen wurde und eine entschlossene und siegessichere Mimik eingenommen wurde. Nach nur zwei Minuten stieg der Spiegel des Machthormons Testosteron um circa 20 Prozent an, der Cortisolspiegel, ein Stresshormon, sank hingegen um circa 25 Prozent – und das alles in nur zwei Minuten.

Um diesen Effekt für sich nutzbar zu machen, sollten Sie am Tag des Assessment-Centers direkt nach dem Aufstehen eine Power-Pose für mindestens zwei Minuten einnehmen, dann noch mal, bevor Sie losgehen und am besten bei jeder Gelegenheit während des Assessment-Centers, beispielsweise in einer Pause auf der Toilette. Achten Sie dabei immer darauf, dass Sie kein anderer Teilnehmer oder ein Beobachter sehen kann. Sicherlich würde es merkwürdig wirken, wenn Sie wie Superman zwei Minuten im Gang stehen. Vielleicht haben Sie noch Zweifel und denken, dass dies zwar nett sei, aber in einem Auswahlprozess nichts bringe. Weit gefehlt. Amy Cuddy testete dies auch in Jobinterviews mit dem Ergebnis, dass die Personen, die vor dem Interview zwei Minuten eine Power-Pose einnahmen, von unwissenden Beobachtern deutlich souveräner empfunden wurden und häufiger den fiktiven Job bekommen hätten.

Wertschätzung für den Prozess als Eintrittskarte

Wir hören es immer wieder, dass viele Kandidaten dem Thema Assessment-Center sehr kritisch gegenüberstehen. Wir hören immer wieder, dass dies nur ein Affentanz oder ein Assassination-Center (Ermordungscenter) sei oder auch dass die Personaler als Protagonisten der Methode doch gar keine Ahnung von der Arbeit in den Fachabteilungen hätten und sich somit nur profilieren wollten. Besonders kritisch wird das Feedback bei dem Einsatz von Assessment-Centern auch bei firmeninternen Auswahlverfahren. Hier beschweren sich dann meist die Mitarbeiter, dass es doch nicht sein könne, dass jetzt jemand ihre über Jahre erworbene Qualifikation und Kompetenz an nur einem Tag beurteile und dann über die weitere Karriere entscheide. Der Chef kenne ein doch viel länger und könne eine bessere und validere Einschätzung vornehmen. Nicht ohne Grund habe er bereits eine Potenzialaussage getroffen. Sicherlich ist hier einiges dran und viele Assessment-Center haben durch eine stümperhafte Vorbereitung oder Durchführung nahezu keinen beruflichen Vorhersagecharakter.

Doch was gewinnen Sie durch diese negative Einstellung? Wie glauben Sie, reagieren Ihre Assessoren, wenn Sie Ihnen kontinuierlich spiegeln, dass Sie keine Lust auf das Testverfahren Assessment-Center haben? Seien Sie sich sicher, dass auch Ihre Assessoren nur Menschen sind und jemanden weniger gut beurteilen werden, wenn sie durch ihn kontinuierlich verdeckt attackiert werden. Feindseligkeit war noch nie ein großer Sympathiebringer. Das gilt gleichermaßen für die Assessment-Center-Konstrukteure, die ebenfalls bei der Durchführung anwesend sein können.

Stimmen Sie sich daher als Erstes dem Prozess gegenüber positiv ein. Sehen Sie das Assessment-Center nicht als notwendiges Übel in einem Auswahl-prozess, sondern als Möglichkeit, sich zu beweisen und weiterzuentwickeln. An einem Tag haben Sie mit ähnlich starken Kandidaten die Möglichkeit, Ihren Marktwert im direkten Wettkampf herauszufinden. Sie bekommen in der Regel von erfahrenen Diagnostikern qualitatives Feedback, was Sie per-sönlich und beruflich voranbringen kann. Auch wenn vielleicht nicht alles stimmt, erfahren Sie so sicherlich einiges über sich und entdecken das ein oder andere Verbesserungspotenzial in Ihnen. Unabhängig von Ihrem Er-gebnis können Sie sich dadurch langfristig verbessern. Ebenfalls investiert die Organisation sehr viel Geld in diesen Auswahlprozess, was Sie als eine Form der vorzeitigen Wertschätzung Ihnen gegenüber deuten können.

Als Zweites sollten Sie Ihre Assessoren positiv wertschätzen. Finden Sie dazu direkt zu Beginn des Assessment-Centers mindestens eine positive Eigenschaft an jedem Assessor. Überlegen Sie sich, was Sie an dieser Person auf Anhieb schätzen oder was Sie vermutlich von dieser Person später im Job noch lernen könnten. Unsere Intuition bietet uns eine große Auswahl an möglichen Eigenschaften. Andernfalls können Sie auch einfach Hypo-thesen bilden, beispielsweise: »Mein Beobachter, Herr Maier, ist bestimmt eine hervorragende Führungskraft, die sich um die Belange seiner Mitarbei-ter durchsetzungsstark einsetzt.« Seien Sie sich sicher, dass Sie auf eine Person ganz anders wirken, wenn Sie positiv über Sie denken. Zusätzlich macht es auch für Sie einen Unterschied, ob Sie denken, dass Ihnen ein inkompetenter Taugenichts gegenübersitzt und Sie bewertet oder ob Sie durch eine kompetente und freundliche Führungskraft beurteilt werden. Unsere Gedanken prägen massiv unser Handeln auf vielen unterschiedli-chen Ebenen. Es sind häufig nur kleine Bewegungen in der Mimik, die wir bewusst gar nicht wahrnehmen können. Doch unbewusst haben wir immer sofort ein Gefühl, ob uns eine Person wohlgesonnen ist oder nicht. Es ist sehr schwer, jemandem Sympathie vorzuspielen und gleichzeitig recht einfach, sie zu empfinden.

3.5 Praktisch üben mit einem AC-Coach

Alle Methoden und Tipps, die wir Ihnen in diesem Buch vorstellen, sollen Sie vor Ihrem nächsten Assessment-Center-Termin praktisch üben. Die Erfahrung zeigt, dass Erfolg versprechende Verhaltens- und Lösungswege nach praktischer Übung auch leichter in einer Realsituation abgerufen werden können. Am besten üben Sie bestimmte Szenarien mit Personen, die in einem Unternehmen mindestens eine Hierarchieebene über Ihnen stehen. So haben Sie die Möglichkeit, weitere Tipps und Tricks aus deren beruflicher Praxis und Feedback zu Ihrem Vorgehen zu erhalten.

Wenn Sie Ihrem Assessment-Center-Erfolg noch ein wenig mehr nachhelfen wollen, bietet sich ergänzend ein professionelles Assessment-Center-Training bei einem spezialisierten Coach (AC-Coach) an. Mit ihm können Sie beispielsweise ein Rollenspiel oder ein Interview unter realen Bedingungen durchspielen, erhalten anschließend qualifiziertes Feedback zu Ihrer Performance und bekommen Ratschläge, wie Sie bei den Beobachtern durch kleine Veränderungen besser punkten können. Gute AC-Coaches verfügen über ein solides Wissen der gängigen Testmethoden und wissen vor allem, wo für Kandidaten typische Fettnäpfchen lauern. Das einzige Problem ist, Sie können keinem Dienstleister direkt ansehen, wie gut und seriös er ist. Um sich AC-Coach nennen zu dürfen, braucht man keine speziellen Schulungen und muss niemandem Wissen nachweisen. Das kann irritierend für Sie sein. Aber egal welche Qualifikationen Sie haben, ab morgen könnten Sie sich AC-Coach nennen und niemand könnte dagegen etwas unternehmen.

 Link: Die Stiftung Warentest hat objektiv verschiedene Assessment-Center-Trainings getestet. Das Ergebnis finden Sie im Internet unter: *https:// www.test.de/Assessment-Center-Ueben-fuer-den-Stresstest-4749823-0*

Ein guter AC-Coach hat nachweisbare Kenntnisse und eine mehrjährige Expertise in drei Bereichen: Eignungsdiagnostik, Kommunikation und Coaching. Achten Sie als Erstes bei der Coachsuche darauf, ob Ihr potenzieller Coach auch selbst Assessment-Center konzipiert, durchführt und ausgewertet hat beziehungsweise dieses auch heute noch aktiv tut. Dieses ist ein gutes Indiz dafür, dass der Anbieter wirklich etwas von der Sache versteht und auch über das Wissen verfügt, Sie besser zu machen. Dies sollte eigentlich logisch sein. Ist es aber leider nicht. Einige AC-Coachs auf dem Markt haben selbst nie Assessment-Center konzipiert, sondern einige Jahre in Personalabteilungen gearbeitet. Wenn dann dort Assessment-Center nicht von ihnen selbst, sondern, wie das vielfach üblich ist, von externen Spezialisten realisiert wurden, ist die vorhandene Expertise begrenzt. Für ein allgemeines Training sind derartige Anbieter daher weniger geeignet, aber auch Sie haben ihre Berechtigung im Markt. Zu diesen Coachs raten wir Ihnen, wenn Sie sich bei genau einem Unternehmen, das der Coachs aus eigener Erfahrung sehr gut kennt, beworben haben.

Assessment-Center bestehen überwiegend aus Kommunikation. Ganz gleich ob im Interview, im Rollenspiel, in einer Gruppendiskussion oder während der Präsentation: Sie kommunizieren immer mit anderen Menschen. Aus diesem Grund muss Ihr Coach auch in diesem Bereich Kompetenzen aufweisen. Kitzeln Sie diese in einem Vorgespräch aus diesem heraus und geben Sie sich nicht mit einem einfachen Rhetorikkurs an der Volkshochschule zufrieden.

Als drittes Wissensgebiet sollte Ihr AC-Coach auch mindestens eine Coaching-Ausbildung durchlaufen haben. Ganz gleich, ob Sie die Passgenauigkeit der Stelle für sich prüfen möchten oder Sie Prüfungsangst haben. Ihr Coach sollte Sie in jedem Thema, das während der Vorbereitung auf ein Assessment-Center aufkommen kann, unterstützen können.

Sicherlich sind Ihnen nicht alle drei Bereiche in der Vorbereitung gleich wichtig und auf der anderen Seite sind auch nicht alle Coachs in allen drei Bereichen gleich stark ausgebildet. Suchen Sie sich einen AC-Coach, der Ihre Bedürfnisse bestmöglich bedient.

 Tipp: Achten Sie darauf, ob Ihr Coach offene Trainings anbietet. Hier haben Sie die Möglichkeit, ihn für verhältnismäßig wenig Geld kennenzulernen und schon kritische Fragen zu stellen.

Kandidaten wissen nicht, was sie beruflich erreichen möchten.	Schaffen Sie persönliche Klarheit darüber, was Sie sich von einem Jobwechsel versprechen.
Stellenaspiranten sind sich ihrer Stärken und Schwächen nur unzureichend bewusst.	Erarbeiten Sie sich ein aussagekräftiges und stellenbezogenes Stärken- und Schwächenprofil.
Teilnehmer haben sich unzureichend auf die Erwartungen der Unternehmen vorbereitet.	Finden Sie heraus, welche Erwartungen das Unternehmen an Sie stellt und versuchen Sie, diese zu erfüllen.
Bewerber wissen nicht, welche Aufgaben sie bei einem Stellenantritt erwarten.	Stellen Sie sich die ersten hundert Tage im neuen Job vor. Wie viel Zeit verbringen Sie mit welchen Aufgaben?
Aspiranten versetzen sich während der Vorbereitung nicht in die Sichtweise der Unternehmen.	Erarbeiten Sie konkrete Mehrwerte für das Unternehmen, die mit Ihrer Einstellung einhergehen.
Kandidaten verwenden unreflektiert Methoden und Verhaltensweisen.	Achten Sie stets drauf, dass neue Methoden und Verhaltensweisen zu Ihrer Persönlichkeit passen.
Bewerber gehen unvorbereitet in ein Assessment-Center.	Bereiten Sie sich gut auf Ihr Assessment-Center vor und steigern Sie dadurch Ihre Erfolgschancen.

Dos and Don'ts bei der Vorbereitung

4.
Generelle Strategien

In diesem Kapitel lernen Sie

- wie viel Sie in einem Assessment-Center schauspielern dürfen,
- wie Sie Beobachtungsfehler Ihrer Assessoren ausnutzen können,
- wie Sie die bestmögliche Wirkung bei Ihren Assessoren erzielen,
- wie Sie Ihr Stresslevel in den Griff bekommen und
- wie Sie mit Blackouts umgehen können.

»Man muss schon etwas wissen, um verbergen zu können, dass man nichts weiß.«

Marie von Ebner-Eschenbach (1830 bis 1916), Schriftstellerin

Eine Fülle an unterschiedlichen Methoden können Sie in vielen Assessment-Center-Übungen gleichermaßen einsetzen. Hierzu zählen besonders Ihr Umgang mit den Assessoren, Ihre argumentativen Fähigkeiten, Ihre Zielklarheit für jede Übung und Ihr Umgang mit Ihrem Stresslevel.

Zu jedem dieser Themenblöcke finden Sie in den folgenden Unterkapiteln hilfreiche Tipps und Tricks, die Sie in vielen Übungen einsetzen können.

4.1 Schauspielerei oder Authentizität?

Oft hört man von Personen, die ein Assessment-Center zu absolvieren haben, Sätze wie:»Ich bin, wie ich bin, deshalb bereite ich mich auf das AC nicht vor!« oder »Wenn ich ganz authentisch bin, habe ich die besten Chancen.« Das ist höchstwahrscheinlich nicht richtig. Da ein Assessment-Center aus ganz verschiedenartigen Übungen zusammengesetzt ist, verlangt es vom Bewerber auch in jeder Übung ein ganz anderes Verhalten: Beispielsweise in einer Präsentationsübung Entertainer-Qualitäten und in einem Rollenspiel empathisches Zuhören. Natürlich sollte das Verhalten nicht aufgesetzt oder künstlich wirken. Aber das Spektrum der Verhaltensweisen, welches von den Beobachtern als authentisch empfunden wird, ist weitaus breiter als Kandidaten normalerweise denken.

Wir raten Ihnen, Ihre schauspielerischen Qualitäten zu nutzen, aber dabei noch Sie selbst zu bleiben. Machen Sie sich bewusst, dass es bei einem Job als Führungskraft nicht oder nicht immer darauf ankommt, authentisch zu sein. Ihre Aufgabe besteht in erster Linie darin, Ihre Rolle als Führungskraft auszufüllen. Je nach Situation werden von Ihnen bestimmte Verhaltensweisen gefordert, um Ihrer Rolle gerecht zu werden. In diesem Sinne haben Führen und Schauspiel durchaus Gemeinsamkeiten. Nicht in jeder Situation können Sie ganz Sie selbst sein. Später wird es eine Ihrer Aufgaben sein, Menschen das zu geben, was sie gerade benötigen. Beispielsweise wenn Sie auf einen Mitarbeiter sauer sind, müssen Sie ihn vielleicht gleichzeitig emotional aufbauen oder wenn ein wichtiger Kunde etwas von Ihnen möchte, können Sie sich häufig nicht so verhalten, wie Sie es von Natur aus getan hätten.

Gleichzeitig erwarten auch Unternehmen, dass Sie sich verstellen, auch wenn sie Ihnen etwas anderes mitteilen. Jeder erfahrene Assessor ist sich im Klaren darüber, dass kein komplett authentisches Verhalten von Kandidaten gezeigt wird.

Aber beachten Sie, dass Sie sich in Ihrer Rolle wohlfühlen müssen. Wenn Sie sich als komplett umdefinierter Mensch präsentieren, wird Ihnen das auf Dauer nicht gelingen, da es viel kognitive Energie bindet, wenn man sich verstellt. Ich erinnere mich noch gut an einen Kandidaten, der uns in einem Interview mit den Worten »Guten Morgen meine Herren, ich wünsche Ihnen einen fantastischen Morgen.« begrüßte und dabei durch seine Stimme und Körpersprache unsicher wirkte. Gleichzeitig betrat er den Raum mit unnatürlichen – schon fast tapsigen – Bewegungsabläufen. Alles an ihm wirkte inkongruent, beispielsweise sah seine Augenpartie ängstlich aus und doch lächelte er uns mit breitem Grinsen an oder seine Stimme war am Satzanfang viel zu laut und am Satzende viel zu leise. So spiegelten sich viele Widersprüche in seiner Körperphysiologie und auch in seinen Inhalten widersprach er sich, als wir seine vermeintlichen Heldentaten kritisch hinterfragten. Ein absolutes Desaster. Nach circa einer Viertelstunde sprach ihn ein Kollege auf diese Inkongruenz an. Paradoxerweise schien in diesem Moment eine gewaltige Last von seinen Schultern zu fallen. Er erzählte uns, dass er einen Ratgeber gelesen hätte und dort stand, was er alles machen und sagen müsse, wenn er den Job haben wolle. Da er zuvor schon eine Absage erhalten hatte und die Stelle unbedingt haben wollte, versuchte er verzweifelt eine Rolle zu spielen, die aber seine Persönlichkeit nicht im Ansatz widerspiegelte. Dieses Vorgehen war zum Scheitern verurteilt und so wird es Ihnen auch ergehen, wenn Sie sich zu sehr verbiegen.

Ihr Verhalten passen Sie idealerweise soweit an die Wünsche des Unternehmens an, wie Sie sich in Ihrer Haut noch wohl fühlen. Zeigen Sie sich von Ihrer besten und nicht von einer vermeintlich besseren Seite, die kein Teil von Ihnen ist. Die besten Chancen auf ein erfolgreiches Assessment-Center haben Sie, wenn Sie authentisch Ihr Verhalten flexibel anpassen können und es gleichzeitig noch zu Ihrer Persönlichkeit passt.

4.2 Die Fehler der Beobachter

Beobachter sind auch nur Menschen und die machen bekanntlich Fehler. Einige dieser Fehler können Sie als Kandidat in einem Assessment-Center bewusst ausnutzen. Wir stellen Ihnen sieben typische Fehler Ihrer Assessoren vor und zeigen Ihnen, wie Sie diese für sich nutzen können. Diese sind:

1. Cognitive Miser
2. Gedächtnisfehler
3. Fundamentaler Attributionsfehler
4. Sympathieeffekt
5. Attraktivität
6. Ersteindruck
7. Kontrastfehler

Cognitive Miser
Menschen sind geistige Geizkragen (cognitive Miser). Das heißt, dass wir immer nur so viel kognitive Kapazität wie nötig investieren möchten.

Sie sollten daher Ihre Assessoren nicht mit langen und komplizierten Aussagen überfordern. Das Beobachten von Kandidaten in einem Assessment-Center ist schon ohne komplizierte und verschachtelte Sätze anstrengend. Orientieren Sie sich an dem Merkakronym KISS: **K**eep **I**t **S**hort and **S**imple.

Gedächtnisfehler

Nicht alles, was Ihre Assessoren beobachten, können sie sich auch merken. Eine durchschnittlich intelligente Person kann nur circa sieben Informationseinheiten im Kurzzeitgedächtnis behalten.

Aus diesem Grund sollten Sie niemals mehr als sieben – eher nur fünf – unterschiedliche Aspekte oder Informationsblöcke ansprechen. Beispielsweise sollten Sie bei Ihrer Selbstpräsentation nicht mehr als fünf Karriereschritte aufzählen, diese dafür mit lebendigen Beispielen aufwerten. Wer alles erzählt, hat zwar wirklich alles erzählt, jedoch haben sich die Zuhörer nur einen Bruchteil davon merken können. Wer hingegen wenige Informationseinheiten sprachlich gut aufbereitet präsentiert, erreicht mit den vermittelten Inhalten sein Publikum.

Ein zweiter Gedächtnisfehler besteht darin, dass Beobachter das zuerst und zuletzt Gehörte überproportional stark gewichten. Beispielsweise können Sie die wichtigsten Inhalte an den Anfang und an das Ende einer Präsentation platzieren. So werden diese besser im Gedächtnis Ihrer Beobachter haften bleiben.

Fundamentaler Attributionsfehler

Der fundamentale Attributionsfehler besagt, dass wir bei der Erklärung von Verhaltensweisen bei unserem eigenen Verhalten eher die Umgebungsfaktoren verantwortlich machen: Beispielsweise die stressige Situation in einem Assessment-Center oder die trockene Luft im Raum. Bei anderen Menschen hingegen machen wir direkt deren Persönlichkeit für ihre Verhaltensweisen verantwortlich: Beispielsweise sagen wir, dass er oder sie eben ein ruhiger Zeitgenosse ist.

Praktisch heißt das für Sie, dass Sie sich in einem Assessment-Center nicht für alles entschuldigen und die Schuld auf andere Faktoren schieben sollen. Es wird Ihnen sowieso keiner glauben. Ganz im Gegenteil sind die meisten Beobachter von Entschuldigungen genervt.

Sympathieeffekt

Wenn Ihre Assessoren Sie sympathisch finden, schreiben sie Ihnen positive Eigenschaften wie Intelligenz, Humor oder Verlässlichkeit zu, obwohl sie dafür keine objektiven Indizien haben.

Versuchen Sie daher, möglichst sympathisch auf Ihre Beobachter zu wirken. Wie Sie das schaffen, lesen Sie im folgenden Kapitel 4.3 *Geheimnis Wirkung* nach.

Attraktivität

Ähnlich wie die Sympathie beeinflusst auch der Grad an subjektiv empfundener Attraktivität Ihre Beurteilung durch Ihre Beobachter.

Achten Sie daher auf ein passendes und gepflegtes Äußeres. Beispielsweise sollten Sie eine Woche vor Ihrem Assessment-Center zum Friseur gehen, neue, aber eingetragene Schuhe anziehen, makellose Kleidung und eine edle Uhr tragen sowie bei Frauen geschmackvollen Schmuck, dezentes Make-up und ein dezentes Parfüm.

Gerade Frauen sollten sich den Unterschied zwischen positiv beeinflussender Attraktivität und mit Dummheit assoziiertem Sex-Appeal vergegenwärtigen. Ein sehr tiefes Dekolleté und ein Minirock werden selten mit Souveränität und Kompetenz assoziiert.

Ersteindruck

Der erste Eindruck, den Ihre Beobachter von Ihnen erhalten, wird sie sehr prägen. Sie sollten daher direkt nach Ihrer Ankunft auf dem Firmengelände damit anfangen, alle Personen freundlich zu grüßen. Sie wissen ja nicht, ob nicht ein Beobachter dabei ist.

Kontrastfehler

Der Kontrastfehler besagt, dass Ihre Beobachter Sie direkt mit dem Kandidaten vor und nach Ihnen vergleichen werden. Wenn Sie beispielsweise nach einem sehr starken Kandidaten in eine Übung müssen, werden Sie mit der identischen Leistung schlechter bewertet, als wenn ein schwacher Kandidat vor Ihnen in der Übung gewesen wäre. Falls Sie beeinflussen können, wann Sie an der Reihe sind, sollten Sie versuchen, nach einem möglichst schlechten Kandidaten in eine Übung einzusteigen.

4.3 Geheimnis Wirkung

In Ihrem Assessment-Center kommt es bei Weitem nicht nur auf Inhalte und Ergebnisse an. Ihr Auftreten und Ihre Persönlichkeit prägen maßgeblich die Wirkung, die Sie bei anderen erzielen. Ihre Wirkung auf andere Menschen bestimmt Ihr Assessment-Center-Ergebnis um wenigstens 50 Prozent. Einige Studien gehen sogar von über 90 Prozent aus. Bevor jedoch bei Ihnen ein falscher Eindruck entsteht: Ganz ohne Inhalt geht es nicht. Der Inhalt ist vielleicht nur nicht so wichtig, wie Sie vorher dachten. Stellt sich also die Frage, wie Sie Ihren Charakter fit fürs Assessment-Center machen. Auf drei Ebenen können Sie dazu ansetzen: Verhaltensebene, innere Einstellung und äußere Einstellung.

Mit unserem Verhalten wirken wir immer auf andere Menschen. Selbst dann, wenn wir das nicht wollen. Der erste Schritt zu einer positiven Wirkung durch Verhalten ist das Bewusstsein über sein Verhalten. Viele Menschen agieren aus Intuition und wissen daher nicht, wie sie wirken.

Holen Sie sich von Freunden und Kollegen offenes und kritisches Feedback ein und filmen Sie sich mit einer Kamera oder einem Smartphone und beobachten Sie sich selbst. So wie Sie auf dem Video wirken, wirken Sie auf andere Menschen, auch wenn Sie das nicht wahrhaben wollen. Vielleicht kennen Sie diesen Effekt vom Anrufbeantworter oder Ihrer Mailbox. Sie hören sich dort anders an, als Sie es glauben. Auf der anderen Seite erkennen Sie Stimmen von anderen Personen sofort, wenn Sie sie auf der Mailbox hören. In dem Mailbox-Beispiel liegt der Unterschied in der Wahrnehmung daran, dass wir nicht nur Schallwellen hören, sondern auch Schwingungen über unser Körperskelett wahrnehmen können. Um dies zu testen, halten Sie sich die Ohren fest zu und sprechen sie einen beliebigen Satz. Alles, was Sie in diesem Moment hören, dürften Sie eigentlich nicht hören, da Ihr Ohr in diesem Moment keine Schallwellen wahrnehmen kann. Wenn andere Personen sprechen und Sie sich die Ohren fest zuhalten, können Sie sie nicht hören. Das heißt, dass Sie Ihre Stimme kontinuierlich verfälscht hören und zwar um genau jenen Teil, den Sie hörten, als Sie sich Ihre Ohren zuhielten. Neben diesem Effekt unterliegen wir etlichen weiteren Wahrnehmungsfehlern, weshalb das Feedback von Fremden oder durch Videoanalysen so wichtig ist. Filmen Sie sich vielleicht ein paar Stunden auf der Arbeit. Stellen Sie dazu eine Kamera in Ihr Regal. Sie werden diese nach einer kurzen Zeit vergessen und sich danach so sehen, wie Sie von Ihrem Umfeld den ganzen Tag wahrgenommen werden. Sicherlich wird Sie das Ergebnis überraschen.

Wir raten Ihnen davon ab, sich selbst in einem Spiegel zu beobachten. Wir Autoren sind zumindest nicht in der Lage, uns auf Inhalte zu konzentrieren, uns dabei selbst zu beobachten, das Wahrgenommene zu reflektieren und auch noch gleichzeitig direkt umzusetzen.

Achten Sie besser in Ihrem Assessment-Center darauf, dass Sie ausschließlich über positive Themen sprechen. Egal wie schlecht Ihre Anreise war, wie unbequem die Betten im Hotel sind, wie nervös Sie sind, wie schlecht Sie in der Nacht geschlafen haben, wie schrecklich die ersten Übungen waren oder wie aggressiv einer der anderen Kandidaten ist: Sie behalten es für sich. Kein Unternehmen möchte jammernde Mitarbeiter einstellen. Häufig hören wir in unseren Trainings, dass dies doch klar sei. Doch die meisten Kandidaten verhalten sich in realen Assessment-Center-Situationen anders. Ein Teil unserer Arbeit besteht seit Jahren darin, Unternehmen bei der Durchführung von Einstellungsinterviews und Assessment-Center-Auswahlen zu unterstützen. Und dort ist für uns immer wieder überraschend, wie häufig wir im Assessment-Center mitbekommen, wie Kandidaten jammern. Auch wenn diese Seitengespräche nicht offiziell in Ihre Beurteilung einfließen, werden sie sich dennoch in Ihrer Endnote bemerkbar machen.

Ihr Aussehen und Ihre Bewegungen haben ebenfalls eine enorme Wirkung auf die Menschen in Ihrem Umfeld. Das fängt bei Ihrem Gang an, geht über Ihren Stand und Ihre Sitzposition und endet bei Ihrer Kleidung. Alles beeinflusst Ihre Wirkung auf andere Menschen. Die Mimik ist besonders wichtig. Menschen können aus dieser schnell schlussfolgern, ob sie einem anderen Menschen vertrauen können oder nicht. Lächeln Sie daher möglichst häufig in Ihrem Assessment-Center. Achten Sie dabei auf ein natürliches Lächeln, welches Sie vorher trainiert haben. Das hat zusätzlich den positiven Effekt, dass es Ihnen dadurch selbst messbar besser geht und Sie dadurch tatsächlich glücklicher werden. Das fand unter anderem der französische Psychologe Robert Soussignan heraus. In seinem Experiment mussten die Probanden einen Stift zwischen den Zähnen einklemmen und festhalten, wodurch sie unfreiwillig lächelten. Nach kurzer Zeit hatte sich ihre Stimmung nachweisbar gebessert. Probieren Sie es selbst aus. Nehmen Sie einen Stift und beißen Sie quer darauf, sodass Sie das Mittelstück in Ihrem Mund haben und die Stiftenden links und rechts herausragen. Nutzen Sie den einfachen Trick des Lächelns, um bei den Assessoren positiver zu wirken und zusätzlich selbst entspannter und zufriedener zu werden.

4.4 Argumentation

Argumentieren bedeutet Überzeugen. In Ihrem Assessment-Center müssen Sie natürlich in erster Linie Ihre Assessoren überzeugen, damit Sie ein Jobangebot bekommen. Gleichzeitig müssen Sie Ihren Gesprächspartner in einem Rollenspiel, Ihr (fiktives) Publikum in einer Präsentation oder Ihre Mitbewerber in einer Gruppenübung überzeugen. Sie verbringen also einen Großteil Ihrer Zeit in einem Assessment-Center damit, andere Personen zu überzeugen. Grund genug, sich mit verschiedenen Argumentationsstrategien vertraut zu machen.

Nutzenorientierung als Fundament

Das Wichtigste bei einer Argumentation ist, bei Ihrer Gegenseite das Gefühl auszulösen, dass sie durch Ihren Input richtig handelt. So wird Ihr Gegenüber Ihre Gedanken nicht nur akzeptieren, sondern sie sogar als seine eigenen Gedankengänge ansehen. Dazu ist es erforderlich, dass Sie Ihre Zielgruppe möglichst genau kennen und direkte Mehrwerte im Gespräch anbieten.

Stellen Sie sich dazu eine Modellwelt vor, in der nur Egoisten leben. In diesem Modell handelt eine Person nur dann, wenn Sie ihr etwas anbieten, was einen größeren Gewinn verspricht, als der eigene Aufwand durch die Handlung kostet. Das heißt, jeder agiert gewinnorientiert und handelt nur, wenn er sich zumindest langfristig einen Mehrwert davon verspricht.

Dieses zugegebenermaßen nicht romantische Weltbild hilft Ihnen, in Ihrem Assessment-Center den eigenen Standpunkt zu verlassen und zu einem nutzenorientierten Denken zu gelangen. Nur wenn Sie Ihrer Gegenseite Mehrwerte bieten, wird diese Ihrem Anliegen zustimmen.

Argumentationstechniken

Die Grundlage Ihrer Argumentation liegt in der Beweisführung. Sie müssen Ihrer Gegenseite aufzeigen, dass Sie im Recht sind. Dazu eignen sich besonders:

- Faktische Argumente wie beispielsweise, Zahlen, Statistiken und Gesetze,
- projektive Argumente wie beispielsweise Zitate von Experten oder der Fachpresse und
- Schlussfolgerungen, bei denen Sie mehrere Informationen zu einer neuen Aussage kombinieren.

Die Bandbreite an verschiedenen Argumentationstechniken ist nahezu unendlich groß. Wir zeigen Ihnen im Folgenden einfache und leicht umsetzbare Tipps und Tricks mit großer Wirkung, die Sie leichtfüßig in Ihrem Assessment-Center umsetzen können.

Selbstverständlichkeit

In vielen Fällen reicht es aus, wenn Ihre Argumente mehr Schein als Sein sind. Beispielsweise gewinnt Ihre Argumentation an Gewicht, wenn Sie diese mit einem Selbstverständnis beginnen, beispielsweise »Wie jeder weiß ...« oder »Wer logisch schlussfolgern kann, wird schnell erkennen, dass ...«. Die Chance, dass Ihr darauf folgendes Argument kritisch hinterfragt wird oder es gar einen Widerspruch gibt, ist geringer.

Theorie oder Praxis

Sie können bei Gegenargumenten beliebig die Praxis und Theorie gegenseitig ausspielen. Beispielsweise können Sie ein Gegenargument wie folgt beginnen: »Grundsätzlich ist es richtig, dass ..., aber in diesem speziellen Fall ist es praktisch nicht umsetzbar, weil ...« oder »In diesem Fall ist es sicherlich richtig, dass ..., aber wir dürfen diese einzelne Situation nicht generalisieren. Grundsätzlich gilt ...«.

Einwände vorwegnehmen

Wenn Sie fest damit rechnen, dass vermutlich Einwände gegen Ihre Position aufkommen werden, dann sollten Sie diese schon vorwegnehmen. Häufig reicht es dabei schon aus, dass Sie nur thematisieren, dass es Einwände gibt, beispielsweise »Klar, dass es hierzu auch andere Meinungen gibt ...«.

Besonders wenn Sie mit größerem Widerstand rechnen, können Sie Gegenargumente auch aufgreifen. Gleichzeitig sollten Sie diese nur oberflächlich abhandeln. Beispielsweise können Sie sagen: »Sicher wird auch gleich einer von Ihnen einwenden, dass dies nur eine Hypothese ist, aber ...«.

Eingeschränkte Zustimmung

Eingeschränkte Zustimmung bedeutet: »Ja, aber ...« Damit signalisieren Sie Ihrem Gesprächspartner, dass Sie Verständnis für seine Position haben, diese jedoch inkorrekt ist.

Wenn Ihnen die Gesprächsatmosphäre wichtig ist, sollten Sie das »Ja« durch eine emotionale Zustimmung ersetzen und den Widerspruch mit den Worten »gleichzeitig« oder »zugleich« beginnen. Beispielsweise könnten Sie sagen:»Ihren Standpunkt kann ich sehr gut nachvollziehen. Ihnen ist wichtig, dass ... Gleichzeitig ...«. Ihr Gesprächspartner wird bei diesem Beispiel deutlich kooperativer bleiben.

4.5 Effektiv Ziele setzen

In Ihrem Assessment-Center haben Sie ein großes Ziel: Bestehen. Doch bis zu Ihrer Einstellung in Ihrem Wunschunternehmen müssen Sie viele Hürden meistern. Und für jede Hürde sollten Sie sich ein eigenes Ziel setzen. Die vier größten Vorteile von Zielen sind:

1. Durch Ziele können Sie messen, ob Sie in einer Übung erfolgreich waren. Beispielsweise wissen Sie so bei einem Mitarbeitergespräch genau, ob Sie schon am Ende des Gesprächs angelangt sind, oder ob Sie noch weiter argumentieren müssen. Vielleicht erscheint Ihnen das in der Theorie zu simpel, doch genau an dieser Hürde scheitern nicht wenige Kandidaten in einem Assessment-Center.
2. Ziele sind Ihr roter Faden in allen Situationen. Durch klare Ziele wissen Sie immer genau, ob Sie noch auf diese zugehen oder ob Sie sich in Nebensächlichkeiten verrannt haben. Häufig erleben wir genau das in Assessment-Centern.
3. Durch Ziele können Sie leichter Entscheidungen treffen. Im Ihrem Assessment-Center müssen Sie viele Entscheidungen treffen. Beispielsweise müssen Sie in Ihrem Assessment-Center entscheiden, ob Sie in einer Gruppenübung einen Kompromiss annehmen oder sich in einer Fallstudie für eine Alternative entscheiden. Durch ein klares Ziel werden Sie leichter wissen, ob die Entscheidung dafür dienlich ist oder nicht.
4. Ziele werden Sie unbewusst motivieren. Wenn Sie sich Ziele gesetzt haben, wissen Sie, was Sie erreichen möchten. Dadurch ist weniger Platz in Ihren Gedanken für hinderliche Glaubenssätze wie beispielsweise »Ich schaffe das nicht«. Zusätzlich werden Sie in Ihrem Assessment-Center neue Energie gewinnen, wenn Sie Ziele erreichen und sich darüber freuen.

Um diese positiven Effekte erleben zu können, müssen Sie sich sinnvolle Ziele setzen. Wenn Sie bereits Zielfindungsmethoden gelernt haben und diese täglich anwenden, sollten Sie bei Ihrer vertrauten Methodik bleiben. Andernfalls empfehlen wir Ihnen, sich an dem Merkakronym »SMART PIG« zu orientieren. Dabei steht jeder Buchstabe für eine Eigenschaft, die gute Ziele auszeichnet. Dabei stehen die Buchstaben für:

S	Spezifisch: Ihr Ziel sollte konkret, unmissverständlich und klar formuliert sein.
M	Messbar: Die Erreichbarkeit Ihres Zieles muss klar feststellbar sein.
A	Attraktiv: Wenn Sie Ihr Ziel erreichen, sollten Sie dadurch etwas erreichen.
R	Realistisch: Ihr Ziel sollte erreichbar sein, da ein unrealistisches Ziel eher demotiviert.
T	Terminiert: Jedes Ziel braucht einen konkreten Zeitpunkt, an dem es gemessen werden soll.
P	Positiv: Jedes Ziel sollte positiv formuliert sein, da es nur so seinen motivationalen Aspekt beibehalten kann.
I	Ichbezogen: Sie müssen einen Einfluss auf das Ziel haben, sonst ist es nicht zielführend.
G	Gegenwartsbezogen: Sie müssen in der Gegenwart einen Einfluss auf das Ziel haben und nicht erst in der Zukunft.

 Beispielsweise könnte ein Ziel für ein Mitarbeitergespräch, bei dem Sie einen demotivierten Mitarbeiter wieder zu alter Performance bringen sollen, wie folgt lauten:

Am Ende des Gesprächs mit Herrn Mitarbeiter habe ich in Erfahrung gebracht, was die Gründe für seinen Leistungseinbruch sind. Zusätzlich hat Herr Mitarbeiter mir glaubhaft zugesichert, dass er seine Arbeitsweise wieder verbessert und die vereinbarte Stundenzahl einhält. Dadurch sollen langfristig die Teamleistung und das Arbeitsklima wieder ins Gleichgewicht kommen.

Gerade bei Rollenspielen ist es sinnvoll, sich neben diesem Maximalziel ein Minimalziel zu setzten. Sie arbeiten dabei heraus, was Sie im schlechtesten Fall noch erreichen möchten. Das hilft Ihnen bei der Entscheidungsfindung im Gespräch, da Sie Ihre Untergrenze kennen und nicht mehr mit sich selbst feilschen müssen. Für das gleiche Beispiel wie gerade eben könnte das Minimalziel wie folgt lauten:

Am Ende des Gesprächs habe ich Herrn Mitarbeiter auf sein inakzeptables Verhalten hingewiesen und habe ihm Hilfestellungen angeboten. Falls er alles abgelehnt hat, habe ich mit ihm eine zweiwöchige Probezeit vereinbart, in der er wieder an alte Leistungen anknüpfen kann. Einen Kontrolltermin habe ich direkt mit ihm ausgemacht.

4.6 Professionelles Stressmanagement

Stressmanagement bedeutet, dass Sie lernen, mit Stress umzugehen und nicht, dass Sie lernen, ihn zu bekämpfen. Stress gehört zu unserem Leben und lässt sich nicht einfach so unterdrücken. Solange Sie versuchen, ihn zu unterdrücken, werden Sie scheitern, da es ein aussichtsloser Kampf ist. So wie Sie Ihren Geruchssinn nicht unterdrücken können, können Sie Ihren Stress nicht unterdrücken. Sie können sich lediglich die Nase zuhalten, doch dabei wird Ihnen schnell die Puste ausgehen.

Beginnen wir mit einer Übung, um uns dem Thema zu nähern. Beantworten Sie dazu die drei folgenden Fragen schriftlich.

- Was passiert, wenn Sie gestresst sind? Möglichkeiten sind: schwitzende, zittrige oder kalte Körperstellen, wacklige Knie, trockener Hals, rote Flecken, Muskelverspannungen, mit den Fingern spielen, Kopfschmerzen, Herzrasen, Unkonzentriertheit und so weiter.
- Wann geraten Sie unter Stress? Das können beispielsweise spezielle Situationen, Menschen, Aufgaben oder Tätigkeiten sein.
- Wie setzen Sie sich selbst unter Stress? Möglich sind: innere Dialoge, Glaubenssätze, eigene Erwartungen oder eigene Bewertungen der jeweiligen Situationen.

Die drei Fragen, die Sie gerade beantwortet haben, bilden die Stresstriade. Das sind die drei Bereiche, die Ihr Stresserleben stark beeinflussen. »Was passiert, wenn Sie gestresst sind?« steht für die rein körperliche Stressreaktion, »Wann geraten Sie unter Stress?« bildet die Stressoren beziehungsweise Stressauslöser und »Wie setzten Sie sich selbst unter Stress?« steht für die Stressverstärker. Ein professionelles Stressmanagement setzt an allen drei Dimensionen gleichzeitig an.

Die Stressreaktion steuern

Bevor Sie Techniken lernen, um Ihre Stressreaktion zu steuern, sehen wir uns deren Vorteile etwas genauer an. Die menschliche Stressreaktion ist ein Geniestreich der Natur und sicherte uns Menschen das Überleben. Wenn wir gestresst sind, dann

- können wir schneller bessere Entscheidungen treffen,
- mobilisiert unser Körper zusätzliche Reserven, wodurch wir beispielsweise konzentrierter und flexibler sind und
- wir lernen neue Verhaltensmuster, die wir ohne Stress niemals gelernt hätten.

Wenn Sie jedoch ein kritisches Stresslevel erreicht haben, schlagen diese positiven Faktoren ins Negative um, weshalb Sie für ein erfolgreiches Assessment-Center eine gute Balance zwischen Anspannung und Entspannung finden müssen. Das heißt für Sie, dass Sie Ihren Auswahlprozess nicht zu locker und nicht zu verbissen angehen dürfen.

Wir gehen davon aus, dass Ihr Stresslevel vor dem Assessment-Center automatisch ansteigt und Sie keine Techniken brauchen, um sich mehr zu stressen. Viel eher dürften Sie ein großes Interesse an Techniken haben, mit denen Sie Ihr Stresslevel reduzieren können. Dies ist über zwei Stellschrauben schnell und effektiv möglich: Atmung und Muskeltonus.

Unser Körper kann nicht zwischen Ursache und Wirkung unterscheiden. Das heißt, wenn wir unserem Körper eine normale Atmung vorspielen, reduzieren sich dadurch automatisch unsere Stresshormone. Sie haben diesen Effekt wahrscheinlich bei Ihrer letzten wichtigen Präsentation selbst am eigenen Leib erfahren. Vermutlich waren Sie am Anfang etwas nervös und gestresst, doch schon nach kurzer Zeit war der Stress zu großen Teilen verflogen. In Seminaren hören wir immer wieder, dass nur der Anfang einer Präsentation schlimm sei. Danach nähme das Stresslevel schnell ab und die Präsentation liefe von ganz alleine. Doch das Stresslevel reduziert sich nicht, weil Zeit abgelaufen ist oder die Anfangsphase vorbei ist, sondern weil wir beim Sprechen circa acht Mal so lang ausatmen, wie wir einatmen. Dadurch ist die Stressatmung unterbrochen, bei der wir sehr flach und schnell einatmen. Zusätzlich atmen wir, wenn wir gestresst sind, mehr ein als aus. Diese Fehlatmung setzt einen Teufelskreislauf in Gang. Wir sind gestresst, wodurch wir falsch atmen, unser Körper nimmt dies wahr, wodurch er noch gestresster wird, was zu einer noch stärkeren Fehlatmung führt und so weiter. Diesen Teufelskreis können Sie durchschlagen, indem Sie Ihre Atmung anpassen. Grundlage dafür ist, dass Sie Ihre eigene Ruheatmung kennen. Diese ist von Mensch zu Mensch unterschiedlich, weshalb Sie die nächsten Tage immer wieder auf den Rhythmus Ihrer Atmung achten. In welchem Rhythmus atmen Sie ein und aus? Es ist nicht schwer, den Atemrhythmus zu ändern. Sie könnten sofort schneller oder langsamer atmen, wenn ich Sie dazu auffordern würde. In stressigen Situationen müssen Sie nur feststellen, dass Sie anders atmen und dazu gehört, dass Sie Ihre Ruheatmung kennen. Sobald Sie merken, dass Ihr Stresslevel steigt, simulieren Sie diese Ruheatmung. Zählen Sie dazu innerlich: »Eins, zwei, drei und einatmen.« Und atmen parallel dazu durch die Nase ein. Dann atmen Sie direkt durch den Mund aus und zählen dabei innerlich: »Vier, fünf, sechs, sieben, acht und ausatmen.« Sie atmen dadurch länger aus als ein und Ihr Körper kann das Stresslevel schnell regeln. Je früher Sie damit anfangen, umso schneller haben Sie Ihren Stresshaushalt optimiert. Solange Sie noch alleine sind, können Sie denselben Effekt erzielen, wenn Sie ein angeregtes Selbstgespräch führen oder ein Lied singen – egal wie gut Sie singen können. Sie werden überrascht sein, wie effektiv und schnell dies funktioniert. Nach ein paar Minuten werden Sie schon deutlich gelassener sein.

Neben der Atmung beeinflusst der Muskeltonus unser Stresslevel maßgeblich. Auch hier kann unser Körper nicht zwischen Wirkung und Ursache unterscheiden. In einem gestressten Zustand sind unsere Muskeln angespannt, wobei sie in einem ruhigen Zustand entspannt sind. Einige etablierte Möglichkeiten, um den Muskeltonus schnell zu senken, sind beispielsweise Yoga, Meditation, Bodyscanning, autogenes Training oder progressive Muskelentspannung. Alle funktionieren auf ihre eigene Art und Weise hervorragend, wobei keine auf Anhieb funktioniert. Für alle Methoden brauchen Sie Routine. Falls Sie diese Technik in Ihrem Assessment-Center anwenden wollen und davon im Privatleben profitieren möchten, empfehlen wir Ihnen, diese unter professioneller Anleitung zu erlernen. Häufig sind es Kleinigkeiten in der Ausführung, die über Erfolg und Misserfolg entscheiden, weshalb häufig gut gemeinte Anleitungen in Büchern einen gegenteiligen Effekt beim Anwender auslösen. Es wäre schade, wenn Sie Ressourcen investieren und zu keinem befriedigenden Ergebnis gelangen. Wenn Präsenztermine für Sie nicht infrage kommen, raten wir Ihnen zur progressiven Muskelentspannung, bei der es am unwahrscheinlichsten ist, dass sich grobe Fehler bei der Durchführung einschleichen. Anleitungen zum Anhören können Sie auf CDs oder im MP3-Format kaufen. Bevor Sie jedoch eine Audiodatei kaufen, raten wir Ihnen zum Probehören. Einige Sprecher haben spezielle Stimmen, die man mögen muss, um beim Zuhören entspannen zu können.

 Tipp: Versuchen Sie sich am Tag vor Ihrem Assessment-Center mindestens acht Stunden abzulenken. Unternehmen Sie etwas mit Ihren Liebsten. Das wird Ihrem Stresslevel gut tun.

Stressoren erkennen und beseitigen

Stressoren sind die Dinge oder Situationen, mit denen wir uns in Stress versetzen. Das ist immer dann der Fall, wenn zwischen den eingeschätzten Anforderungen an eine Situation und unseren eingeschätzten Bewältigungsmöglichkeiten eine Diskrepanz liegt. Beispielsweise empfinden Sie keinen Stress, wenn ein guter Freund Sie abends bei einem guten Glas Rotwein fragt, was die Summe aus eins und eins ist. Hierfür haben Sie alle Kompetenzen und können ganz locker antworten, es sei denn, Sie vermuten einen Trick dabei oder haben Angst, dass Ihr Freund Sie reinlegen wird. Dann glauben Sie, nicht alle Ressourcen zu haben, um die Situation zu meistern und Ihr Körper schüttet Stresshormone aus. Dabei ist es vollkommen egal, ob Ihr Freund einen Hintergedanken hatte oder nicht. Es sind immer die Gedanken über Situationen, die Sie in Stress versetzen, niemals die Situationen selbst.

Für Ihr Assessment-Center hilft hier eins: Kompetenzen aufbauen. Je mehr fachliche, methodische und sozial-kommunikative Kompetenzen Sie haben, desto ruhiger und gelassener werden Sie in Ihr Assessment-Center gehen. Studieren Sie dieses Buch, machen Sie die Übungen und trainieren Sie mit Freunden, Arbeitskollegen sowie gegebenenfalls mit einem externen Coach.

Zusätzlich sollten Sie sich überlegen, ob es für Sie lohnenswert sein kann, wenn Sie sich vor Ihrem Traumjob bei eher unattraktiven Unternehmen bewerben und dort Assessment-Center durchlaufen. Das hat mehrere Vorteile für Sie. Zum einen werden Sie recht ruhig und gelassen in das erste Assessment-Center gehen, da Sie ja den Job nicht wirklich haben wollen. Dadurch ist die Chance hoch, dass Sie positive Erfahrungen mit diesem Auswahlverfahren machen und gegebenenfalls sogar einen Arbeitsvertrag angeboten bekommen. Wenn Sie daraufhin in dem Assessment-Center Ihres Wunschunternehmens sind, haben Sie schon ein Jobangebot, wodurch die Falltiefe bei einem Nichtbestehen geringer ist, wodurch Sie ruhiger agieren werden und höhere Chancen auf ein Bestehen haben.

Wir hören immer wieder, dass dies den ersten Unternehmen gegenüber unfair sei, da man deren Ressourcen missbrauche, ohne eine ernste Absicht zu haben. Unsere Erfahrung zeigt genau das Gegenteil, da einige Kandidaten später die Jobangebote von genau diesen Firmen unterschreiben, auch wenn Sie ein Angebot von Ihrem ursprünglichen Traumunternehmen bekommen haben. Ein Assessment-Center ist ein beidseitiges Auswahlverfahren. Wenn sich Firmen selbst gut in diesen präsentieren, können sie so an gute Mitarbeiter gelangen, die sich ohne diesen Tipp nicht einmal bei ihnen beworben hätten.

Stressverstärker identifizieren und lösen

In den meisten Fällen haben wir hier den größten Hebel für ein erfolgreiches Stressmanagement gefunden, den Stressverstärkern. Die Zeiten, in denen uns wilde Tiere verfolgten und wir tagtäglich um unser Überleben kämpfen mussten, sind zumindest in Mitteleuropa vorbei. Es sind viel eher unsere Einstellungen, Motive und Glaubenssätze, die uns vor einem Assessment-Center Angst haben lassen.

Was ist das Allerschlimmste, was objektiv passieren kann, wenn Sie Ihr Assessment-Center nicht bestehen? Stellen Sie sich diese Frage immer wieder, wenn Sie nervös werden, auch wenn es auf den ersten Blick etwas irritierend ist und nicht beruhigend wirken mag. Versuchen Sie, die Frage zu beantworten. Werden Sie deswegen in den nächsten Monaten Hunger leiden? Werden Sie deshalb von Ihren Liebsten verstoßen? Falls etwas davon eintreten sollte, dann haben Sie ganz andere Sorgen als Ihr bevorstehendes Assessment-Center. In der Regel ist das Schlimmste, was passieren kann, dass der Status quo erhalten bleibt und Ihr Ego einen kleinen Dämpfer bekommen hat. Halten wir fest: Das Schlimmste, was passieren kann, ist, dass Ihr Ego einen Kratzer bekommt und sonst alles so bleibt, wie es war. Sie hatten den Job vorher nicht und haben ihn im schlimmsten Fall auch danach nicht. Sie waren davor nicht befördert und sind es im schlimmsten Fall danach auch nicht. Natürlich geht es um etwas in Ihrem Assessment-Center. Sie wollen beruflich vorankommen und einen weiteren Schritt auf der Karriereleiter gehen. Doch bei all dem muss man die Teilnahme bei einem Assessment-Center nicht dramatisieren. Ausatmen, Muskeln entspannen und das Beste geben.

4.7 Blackouts souverän meistern

Selbst wenn Sie sich auf Ihr Assessment-Center gut vorbereitet haben und Stressmanagement-Techniken anwenden, kann es vorkommen, dass in Ihrem Kopf plötzlich geistige Leere herrscht. Das ist vermeintlich das Schlimmste, was in einem Auswahlprozess geschehen kann: Ihre Assessoren beobachten Sie und Sie bringen kein einziges sinnvolles Wort hervor. Ihr Körper beginnt mit Zittern und es treibt Ihnen die Röte ins Gesicht. Keine wünschenswerte Situation in einem Assessment-Center für Führungskräfte.

Das Problem bei einem Blackout liegt darin, dass Ihre ganze Energie und all Ihre Ressourcen nur noch auf das Problem gerichtet sind, wodurch Sie sich nicht mehr auf die Lösung fokussieren. So scheinen manchmal selbst die einfachsten Aufgaben unlösbar, wodurch Sie noch unsicherer werden und ein Teufelskreis beginnt.

Ein Blackout nährt sich einzig und alleine von Ihrer Angst vor der Gedankenleere in Ihrem Kopf. Das geschieht besonders dann, wenn Ihnen für Ihr Assessment-Center vergleichbare Erfahrungswerte fehlen oder wenn Sie in einem Assessment-Center schon einmal ein Misserfolgserlebnis hatten. Aus diesen Gründen kann es förderlich sein, unverfängliche Probe-Assessment-Center zu durchlaufen, welche Sie wahrscheinlich mit einem positiven Gefühl abschließen.

Grundsätzlich haben Sie drei Optionen, wie Sie mit einem Blackout umgehen können:

• Nichts tun,
• zugeben oder
• bewältigen.

Nichtstun entfällt in einem Assessment-Center, da diese Strategie sicherlich nicht aufgehen wird. Den Blackout zugeben sollte nur das letzte Mittel sein, wenn wirklich alle Methoden gescheitert sind. Daher beschäftigen wir uns vornehmlich darum, wie Sie Ihre Blackouts bewältigen können. Dazu stellen wir Ihnen zwei Methoden vor:

• Einfach weitermachen und
• an Altes anknüpfen.

In der Theorie erscheinen Ihnen diese Methoden vielleicht zu simpel und logisch. Doch bei einem Blackout werden selbst diese zu einer großen Herausforderung. Machen Sie sich bei allen Techniken bewusst, dass Ihre Beobachter Ihren Plan, den Sie sich vorher erarbeitet haben, nicht kennen. Ihre Assessoren wissen nicht, was und wie Sie etwas darstellen wollten – Sie haben damit einen Informationsvorsprung. Beobachter registrieren einen Blackout in der Regel nur, wenn Sie sie darauf aufmerksam machen oder es in Ihrer Stimme sowie Körpersprache sichtbar wird. Bei allen Techniken müssen Sie dafür Sorge tragen, dass man Ihnen den Blackout nicht ansieht – bleiben Sie souverän.

Generell reicht es bei den meisten Blackouts, wenn Sie die Stressmanagementtechniken aus dem vorherigen Kapitel anwenden, einmal tief durchatmen, Muskeltonus abbauen, Ihre negativen Gedanken durchbrechen und sich wieder auf Ihre Aufgabe fokussieren.

Einfach weitermachen
Den Informationsvorsprung, den Sie Ihren Assessoren gegenüber haben, können Sie nutzen. Machen Sie dazu einfach an der nächsten Stelle im Text weiter, die Ihnen einfällt. Ihre Beobachter werden vermutlich nicht einmal merken, dass Sie gedanklich komplett gesprungen sind. Am besten machen Sie dazu eine Sprechpause. Ihre Beobachter werden vermutlich denken, dass diese bewusst gesetzt ist, selbst wenn Sie diese mitten im Satz platzieren. Zusätzlich haben Sie in der Pause Zeit, Ihre Gedanken

zu strukturieren. Beispielsweise können Sie sagen: »Das zweite Argument besagt ... [Pause] Wichtig ist, dass ...«. Ohne Probleme könnten Sie so beispielsweise mit dem dritten oder vierten Punkt fortfahren und Ihre Beobachter würden es nicht einmal bemerken.

Dazu ist es jedoch notwendig, dass Sie in Ihrer Körpersprache und Stimme souverän bleiben. Trainieren Sie vor Ihrem Assessment-Center das Sprechen mit vielen Gedankensprüngen. Am besten verbinden Sie dabei verschiedene Gedanken mit einer Konjunktion wie beispielsweise »und so«, »weil«, »daraus folgt« oder »deshalb«. So entstehen Scheinzusammenhänge und Ihre Aussagen wirken so, als ob sie so geplant waren und einen Sinn ergeben.

An Altes anknüpfen

Wiederholen Sie bei einem Blackout einfach das Letzte, was Sie gerade gesagt haben oder was Ihnen noch von Ihrem Vortrag einfällt. Die Wiederholung von Aussagen ist eigentlich ein beliebtes rhetorisches Mittel, um die Wichtigkeit von Aussagen hervorzuheben. Dieser Umstand hilft Ihnen fast immer, um Ihren Blackout zu kaschieren. Ihre Beobachter bemerken nämlich meist gar nicht, dass Ihnen der rote Faden verloren gegangen ist und nehmen die Wiederholung als gewollt wahr. Tun Sie einfach so, als ob es zum Programm gehört und so geplant war.

Sie können auch alle Ihre bisherigen Aussagen zusammenfassen, wenn diese Ihnen gerade einfallen. Das ist ebenfalls ein beliebtes rhetorisches Mittel, was Sie zum Kaschieren eines Blackouts verwenden können. Wenn Sie alles Wichtige zusammenfassen, was bisher gesagt wurde, können sich Ihre Zuhörer wieder neu orientieren und gleichzeitig das Gesagte besser verinnerlichen. Tun Sie auch hier so, als sei es in Ihrem Plan so vorgesehen gewesen. Beispielsweise leiten Sie die Zusammenfassung so ein: »An dieser Stelle sollten wir uns das bisher Gesagte nochmals verinnerlichen. Die erste ...«. Trainieren Sie diese Muster vor Ihrem Assessment-Center, damit Sie diese auch in einer Extremsituation abrufen können.

Dos and Don'ts genereller Strategien

Kandidaten wirken widersprüchlich, da sie eine Rolle spielen, die nicht zu ihrer Persönlichkeit passt.

Seien Sie selektiv authentisch. Das heißt, lügen Sie nicht und präsentieren Sie sich dennoch bestmöglich.

Teilnehmer sind zu ehrlich und geben all ihre Schwächen unaufgefordert preis.

Bewerber fokussieren sich ausschließlich auf die durchzuführenden Übungen.

Achten Sie ebenfalls auf die Beziehungsebene zu den Beobachtern, beispielsweise durch ein Lächeln.

Aspiranten äußern nur ihre Meinung, ohne diese zu untermauern.

Festigen Sie Ihre Position stets mit zielführenden Argumenten.

Teilnehmer verfallen während der Bearbeitung in Aktionismus und arbeiten am Ziel vorbei.

Vergegenwärtigen Sie sich vor jeder Übung die Aufgabenstellung sowie das Ziel und halten Sie dies schriftlich fest.

Kandidaten machen sich zu viele Sorgen und gehen zu gestresst und damit unkonzentriert in Übungen.

Sehen Sie das Assessment-Center als große Challenge, die Sie voll konzentriert und fokussiert meistern werden. Dabei regulieren Sie Ihr Stresslevel durch diverse Methoden auf ein dienliches Niveau.

Bewerber gehen zu locker in das Assessment-Center und signalisieren, dass sie es nicht ernst nehmen.

5.
Interview: Zuhören und fokussiert antworten

In diesem Kapitel

- lernen Sie die Fragetechniken der Unternehmen kennen,
- lernen Sie Antworttechniken für alle Fragearten kennen,
- erfahren Sie, worauf es im Interview wirklich ankommt,
- zeigen wir Ihnen, wie Sie durch Beispiele mehr Glaubwürdigkeit erhalten,
- erfahren Sie, wie Sie ein Stressinterview souverän meistern und
- Sie lernen, worauf Sie bei Ihrer Vertragsverhandlung achten sollten.

»Niemand ist weiter von der Wahrheit entfernt als derjenige, der alle Antworten weiß.«

Zhuang Zhou (circa 370 bis 287 v. Chr.), chinesischer Philosoph und Dichter

In jedem Personalauswahlprozess erwartet die Kandidaten mindestens ein Interview. Ganz gleich, ob die Bewerber es vor, nach oder während ihres Assessment-Centers absolvieren müssen: An einem Einzelgespräch kommt niemand vorbei. In vielen Fällen werden Sie sogar mehr als ein Interview für Ihren neuen Job durchlaufen und meistern müssen. Im Vergleich zu anderen Assessment-Center-Übungen kann das Ergebnis, gerade wenn es vor oder nach dem Assessment-Center stattfindet, nicht durch andere Übungen kompensiert werden. Der Eindruck, den Sie im Interview hinterlassen, entscheidet meist, ob Sie eine Chance haben oder eben nicht. Grund genug, sich gründlich vorzubereiten.

5.1 Das sollten Sie über Interviews wissen

Das eignungsdiagnostische Interview wird Ihnen unter vielen unterschiedlichen Namen in Ihrem Auswahlprozess begegnen. Sie stoßen beispielsweise auf ein Kennenlerngespräch, ein Vorstellungsgespräch, eine Fragerunde, ein Bewerbungsgespräch oder am Ende eines Assessment-Centers auf ein Abschlussgespräch. Lassen Sie sich nicht von den Namen täuschen. Sobald Sie allein mit Unternehmensvertretern in einem Raum sind, sind Sie in einem eignungsdiagnostischen Interview, auch wenn der Name des Gesprächs eine lockerere und zwanglose Atmosphäre vermittelt.

Das Interview ist im Vergleich zu den meisten anderen Assessment-Center-Übungen nicht simulationsorientiert, sondern beruht auf einem Dialog und Ihrer Selbstauskunft. Für Sie heißt das, dass Sie nicht wie bei anderen Übungen aus der Ferne beobachtet werden, sondern dass Sie direkt einen Dialog mit Ihren Assessoren führen. Dadurch können Sie die Interviewer aktiver positiv beeinflussen, beispielsweise durch ein verstecktes Kompliment oder nonverbale Zustimmung, wenn Sie eine Frage gestellt bekommen.

Insidertipp: In ein Interview werden manchmal andere Übungen integriert. So ist es möglich, dass Sie Ihrem Interviewpartner im Interview einen Kugelschreiber verkaufen sollen oder eine kleine Fallstudie lösen müssen. Nutzen Sie zur Lösung derartiger Übungen die entsprechenden Methoden aus diesem Buch.

In den meisten Fällen führen Sie ein dreißig- bis sechzigminütiges Gespräch mit zwei bis vier Unternehmensvertretern. Die Unternehmensvertreter können die unterschiedlichsten beruflichen Hintergründe haben. Häufig treffen Sie auf Personaler, Ihre späteren Vorgesetzten des Fachbereichs, Personal- oder Betriebsräte, Aufsichtsräte und externe Eignungsdiagnostiker.

Einer unserer Kunden meldete uns nach seinem erfolgreichen Assessment-Center zurück, dass ihm sogar acht Personen im Interview gegenübersaßen. Stellen Sie sich darauf ein, dass Sie nicht ein Vieraugengespräch führen werden, sondern mit mehreren Beteiligten gleichzeitig sprechen müssen, was – wie wir noch sehen werden – eine besondere Herausforderung darstellt.

Interviews sind für Kandidaten nicht planbar
Keine Sorge, Sie lernen, sich bestmöglich auf Ihre anstehenden Interviews vorzubereiten. Sie bekommen Tipps und Methoden an die Hand, mit denen Sie Ihre Erfolgschancen auf ein Jobangebot deutlich erhöhen können. Doch kein Ratgeber auf dieser Welt kann Ihnen sagen, was Ihre Interviewer mit einer Frage bezwecken möchten oder gar, was Sie idealtypisch auf diese Fragen antworten sollen. Damit Sie erkennen, wie subjektiv diese Ratschläge sind und kein Allheilmittel darstellen, haben wir nachgeschlagen, was in verschiedenen Ratgebern als Antwort auf die be-

liebte Interviewfrage nach Schwächen geschrieben steht (siehe folgende Tabelle). Dazu haben wir herausgearbeitet, was den Autoren zufolge die Unternehmen mit der Frage nach individuellen Schwächen meistens testen möchten und wie eine gute Antwort aussehen soll. So erklären beispielsweise die Autoren Hesse und Schrader, dass die Assessoren dabei auf Ihre Selbstdarstellung oder Glaubwürdigkeit achten und darauf schauen, ob Sie ungeahnte Schwächen offenbaren. Durch diese Annahme kommen Sie zu dem Ergebnis, dass Sie im Interview nur unverfängliche Schwächen aus dem Privatbereich nennen sollen. Beispielsweise sei es gut, wenn Sie sagen würden, dass Sie gerne naschen würden oder dass Sie unmusikalisch seien. Im Gegensatz zu Hesse und Schrader schreiben Beitz und Loch, dass es den Interviewern bei der identischen Frage um eine realistische Selbsteinschätzung oder um Selbstbewusstsein ginge. Daher sollten Sie laut ihnen auch zu Ihren Schwachpunkten stehen und klar beschreiben, wie Sie mit Ihren Schwächen umgehen und wie sich diese im Verlauf der Zeit verbessert haben.

Sicherlich fragen Sie sich gerade, was denn die richtige Antwort auf die Frage nach Ihren Schwächen ist. Wir können Ihnen sagen, dass es ganz auf das Unternehmen und Ihren Interviewer ankommt, denn auch in Fachbüchern für die unternehmensseitige Vorbereitung von Assessment-Centern finden Sie einander widersprechende Strategien. Offensichtlich hat jedes Unternehmen und jeder Experte für die Durchführung von Assessment-Centern seine eigenen Strategien und Methoden, weshalb ein inhaltlicher Ratschlag nicht auf jedes Unternehmen zutreffen kann.

Autoren	Beobachtungs-dimensionen	Empfohlenes Verhalten
Beitz/Loch	Realistische Selbst-einschätzung und Selbstbewusstsein	Zu Schwachpunkten stehen. Ein oder zwei Schwachpunkte nennen. Beschreiben, wie mit der Schwäche umgegangen wird und wie sie im Laufe der Zeit abgebaut/abtrainiert wurde.
Eßmann	Selbstbild des Bewerbers, Selbst-vertrauen und Gelassenheit	Nicht ehrlich sein. Keine Schwächen, die für die Stelle relevant sind, nennen. Schwächen verwenden, die auch eine positive Seite haben, beispielsweise »Ich möchte immer alles schnell erledigen.«
Hesse/Schrader	Selbstdarstellung, Glaubwürdigkeit und Schwächen-gewinnung	Unverfängliche Schwächen aus dem privaten Bereich nennen, beispielsweise »Also ich nasche gerne.«
Meier	Profilklarheit, Selbstreflexion und gezielte Nutzung von Schwächen	Nicht ausweichend antworten, aber keine Schwächen nennen, die den Kern der Arbeit be-treffen. Schwäche muss für die Arbeit irrelevant gemacht sein, beispielsweise eine Brille nach erkannter Sehschwäche.
Passus	Souveränität, sprachliche Gewandtheit, Vor-bereitung, Umgang mit kritischen Situationen, Selbst-achtung und andere.	Keine Ausweichtaktik, wie beispielsweise »nach Schokolade«. Niemals mehr Schwächen nennen als vorbereitet sind, maximal zwei, drei kleine-re Schwächen.
Püttjer/ Schnierda	Selbsteinschätzung und Selbstreflexion	Schwäche relativieren. Darlegen, wie Sie die Schwäche in den Griff bekommen haben. Maxi-mal zwei Schwächen nennen.
Stärk	Selbstreflexion und Selbstkritik	Eigenschaften verwenden, für die ein Verände-rungs- oder Verbesserungsbedarf gesehen wird. Schwächen sollten authentisch und glaubwür-dig sein, keine Standardschwächen.

Hinweis: Nähere Informationen zu den Büchern der genannten Autoren finden Sie im Literaturverzeichnis am Ende des Buches.

Wir bereiten unter anderem auch Personalverantwortliche auf eine zielführende Interviewgestaltung mit Bewerbern vor. Dabei fragen wir die Top-Personaler, was sie bisher mit der Frage nach Schwächen bei sich bezwecken wollten. Das Ergebnis ist, dass circa 30 Prozent gar nicht wissen, was sie genau mit einer Frage nach Schwächen des Kandidaten bezwecken möchten. Die verbleibenden 70 Prozent verfolgten ganz unterschiedliche Absichten.

Das heißt, dass Sie im Vorfeld für sich abwägen müssen, welche Strategie für Ihr Wunschunternehmen sinnvoll sein könnte.

Sie wissen jetzt, dass Interviews nicht planbar sind und es keine Musterantworten auf die klassischen Fragen in einem Assessment-Center gibt. Gleichzeitig lernen wir in diesem Kapitel, wie Sie Ihr Interview dennoch vorbereiten können, sodass Sie ganz beruhigt Ihr Auswahlgespräch bestreiten können. Sie werden feststellen, dass Interviews sogar von allen Assessment-Center-Übungen am besten vorzubereiten sind. Wir haben schon häufig erfahren, dass eine gute Interviewvorbereitung sich positiv auf das Stresslevel der Kandidaten auswirkt. Scheinbar hilft es zu wissen, dass bei einer Übung kaum etwas Unerwartetes passieren kann.

Was wollen Unternehmen im Interview erfahren?

Offiziell stehen Ihre fachlichen, methodischen und sozial-kommunikativen Fähigkeiten sowie Ihre Motivation für die ausgeschriebene Stelle im Vordergrund. Ihre Interviewer versuchen im Gespräch mit Ihnen, Antworten auf Fragen wie »Sind Sie in der Lage, die Anforderungen an den Job zu erfüllen?«, »Sind Sie ein echter Gewinn für das Unternehmen?«, »Sind Sie fachlich der Beste, den das Unternehmen für diese Stelle finden kann?« oder »Haben Sie wirklich Lust auf den Job oder ist es nur eine Notlösung für Sie?« zu bekommen.

Neben Ihrer Kompetenz in fachlicher Hinsicht und als Führungskraft wird auch Ihr Charakter mitentscheiden, ob Sie den Job bekommen oder nicht – auch wenn der Charakter meist nicht offiziell bewertet wird. Unbewusst suchen Ihre Interviewer Antworten auf Fragen wie »Passen Sie zur Firmenkultur?«, »Möchte man gerne mit Ihnen zusammenarbeiten?«, »Wirken Sie sympathisch?« oder »Was sind Sie für ein Menschentyp?« Man kann auch sagen, dass Sie im Interview zeigen müssen, dass Sie denselben Stallgeruch haben und zur Unternehmenskultur passen. Andernfalls werden Ihre Interviewer vermeintlich objektive Gründe finden, die gegen Ihre Einstellung sprechen. Hintergründe zu diesen psychologischen Effekten sowie Methoden, wie Sie den starken Fokus auf den Charakter ausnutzen können, lesen Sie in Kapitel 3.4 *Illusion Objektivität: Was wirklich im Assessment-Center zählt* ab Seite 53.

Hinweis: Neben Ihren Kompetenzen und Ihrer Motivation für die Stelle entscheidet vor allem Ihr Charakter darüber, ob Sie das Interview bestehen.

Doch Charme alleine reicht bei Weitem nicht aus. Sie müssen den Interviewern Argumente an die Hand geben, die für Sie sprechen. Nur wenn Sie dies tun, können Ihre Interviewer ihre unbewusst schon getroffene, Entscheidung später auch begründen. Das heißt für Sie, dass Sie inhaltlich gewichtige und gut strukturierte Argumente charmant in Ihrem Interview verkaufen müssen. Vielleicht fragen Sie sich gerade, was ein Interview mit einem Verkaufsgespräch zu tun hat. Im Grunde unterscheidet sich ein Interview kaum von einem Verkaufsgespräch. Ihre potenzielle Arbeitsleistung ist die angebotene Dienstleistung, die Sie positiv in Szene setzen müssen, um ein Jobangebot zu bekommen.

Aufbau und Ablauf von Interviews

Es gibt eine Vielzahl an möglichen Abläufen für ein Interview. Zum einen kommt es stark darauf an, ob Ihr Interview vor oder nach dem Assessment-Center stattfindet oder welche Übungen während eines Assessment-Centers schon durchgeführt wurden. Zum anderen setzt natürlich jedes Unternehmen andere Schwerpunkte im Interview und verwendet unterschiedliche Tricks, um über Sie etwas Neues herauszufinden. Doch es haben sich fünf Kernphasen in der Praxis etabliert, die in fast jedem Interview in dieser Reihenfolge vorkommen:

1. Begrüßung und Kennenlernen
2. Vorstellung der Unternehmensvertreter
3. Vorstellung des Kandidaten
4. Fragen an den Kandidaten
5. Gesprächsabschluss

Diese fünf Kernphasen werden je nach Fokus des Interviews mit bis zu fünf optionalen Phasen ergänzt:

1. Vorstellung der Organisation und/oder der zu besetzenden Stelle
2. Selbstreflexion bisheriger Assessment-Center-Übungen
3. Fragen des Kandidaten an das Unternehmen
4. Verhandlung von Vertragsdetails
5. Absprache des weiteren Vorgehens

Die optionalen Phasen können in beliebiger Reihenfolge in die Kernstruktur integriert werden. Für Sie ist die konkrete Reihenfolge auch nicht wichtig. Viel wichtiger ist, dass Sie für jede Phase verschiedene Tipps und Methoden zur Verfügung haben, wie Sie sie in diesem Interviewkapitel noch lernen werden.

Einige Organisationen verknüpfen gerne das Interview mit anderen Übungen. Beispielsweise ist es möglich, dass Sie mit einer Selbstpräsentation mit anschließender Fachpräsentation in Ihr Interview starten. Vermutlich werden Ihre Assessoren Ihnen nach einer solchen Präsentation schon Fragen zu Ihrer Person und Ihrer Gedankenwelt stellen, bevor sie zur klassischen Interviewsequenz überleiten. Sie erkennen dies häufig daran, dass Ihnen ein Sitzplatz angeboten wird, bevor das klassische Interview beginnt. Genauso können alle anderen Übungen als Aufhänger für das Interview herangezogen werden, beispielsweise die Präsentation Ihrer Ergebnisse von einer Fallstudie oder einem Postkorb. Für Sie ist wichtig, dass Sie die Übungen methodisch getrennt voneinander betrachten und die jeweils individuellen Tipps und Tricks anwenden. Stellen Sie sich dazu vor, dass es mindestens zwei unterschiedliche Übungen sind, mit der Besonderheit, dass keine Pause zwischen den Übungen stattfindet, sondern direkt mit der nächsten Übung begonnen wird. Es bleiben jedoch zwei unterschiedliche Übungen.

5.2 Vorbereitungsphase richtig nutzen

Wie wir noch sehen werden, ist die Interviewvorbereitung ein zeitintensiver Prozess. Der Lohn dafür ist nicht nur, dass Sie beruhigt einen Teil des Auswahlprozesses meistern können, sondern auch, dass Sie dadurch mehr Klarheit über sich selbst, Ihre Fähigkeiten und Ihre Wünsche sowie Lebenspläne erhalten. Sie werden sehen, dass dieses Kapitel sehr nah mit dem Kapitel 3 *Die ideale Vorbereitung* ab Seite 29 verknüpft ist. Wir empfehlen Ihnen, dieses Kapitel vor der Interviewvorbereitung durchzuarbeiten.

Sie sollten wissen, was Ihr Wunschunternehmen von Ihnen erwartet und welche Anforderungen Sie an Ihre berufliche Karriere stellen. So können Sie sich leichter auf spezielle Interviewfragen vorbereiten.

Mehrwerte bieten

Ein Unternehmen wird Sie nur einstellen, wenn Sie diesem Mehrwerte bieten können. Diese herauszuarbeiten ist gar nicht so einfach, wie es vielleicht auf den ersten Blick wirkt. Wenn Sie zu einem Interview eingeladen werden, ist die Chance groß, dass andere Kandidaten einen ähnlichen Lebenslauf haben wie Sie. Besonderheiten aus Ihrem Leben, mit denen Sie in einem Interview glänzen können, werden vermutlich rar sein. Sie stehen somit vor der Aufgabe, einen vergleichbaren Lebenslauf als etwas Besonderes zu verkaufen, der dem Unternehmen die größten und meisten Mehrwerte verspricht. Anders formuliert: Sie müssen sich in Ihrem besten Licht präsentieren. Greifen Sie dazu auf ein eher unromantisches Bild eines komplett egoistischen Unternehmens zurück. Tun Sie für die Vorbereitung so, als würde das Unternehmen nur eins interessieren: egoistische Mehrwerte. Beispielsweise interessiert ein Unternehmen sich in diesem Modell nicht dafür, dass Sie zwei Jahre im Ausland gelebt und gearbeitet haben. Um zu bestehen, müssen Sie Mehrwerte liefern. Sofern es für Ihre Stelle relevant ist, zum Beispiel, dass Sie durch die Aufenthalte verhandlungssicher Englisch sprechen, dass Sie dadurch ein hohes Maß an interkultureller Kompetenz entwickelt haben oder dass Sie sich flexibel und schnell an neue Situationen anpassen können. Ihren Interviewern liefern Sie so direkte Argumente, die für Sie als Bewerber sprechen.

Viele Kandidaten begehen einen klassischen Denkfehler und suchen sich in der Vorbereitung einen speziellen USP (unique selling point), der sich in ihrer Person begründet. Mit diesem hervorstechenden Attraktivitätspotenzial wollen Sie dann in jedem Assessment-Center punkten. Diese Kandidaten überlegen sich, was sie besonders gut können und präsentieren dies in ihrem Interview. Leider vergessen sie im Rahmen der Vorbereitung, sich auch zu überlegen, ob der gewählte USP sie nicht nur interessant macht, sondern auch für das Unternehmen einen Nutzwert haben könnte. Zwar suchen Unternehmen heute auch ganz gezielt Diversität unter den Mitarbeitern, doch noch wichtiger ist, dass man einen wirklich geeigneten Kandidaten für die ausgeschriebene Position findet.

Es ist also viel cleverer zu schauen, was sich ein Unternehmen wünscht und diese Erwartung gezielt zu bedienen. Im Marketing spricht man hier von einem UBP (unique buying point) – einem Hauptkaufgrund. Wenn Sie den Interviewern als der Idealkandidat erscheinen, werden Sie mit höherer Wahrscheinlichkeit eine Offerte erhalten, als wenn Sie »nur« der Kandidat mit dem hervorstechendsten USP sind. Es ist wichtig zu erkennen, was das Unternehmen haben möchte und genau die Qualitäten dann im Interview bei sich selbst zu betonen (natürlich müssen Sie dann hier auch etwas anzubieten haben).

Beispiel: Russisch ist nicht immer ein USP!

Eine aufstrebende Führungskraft, die wir bei ihrem nächsten Karriereschritt unterstützt haben, bewarb sich bei mehreren Automobilherstellern auf gehobene Positionen im Controlling. Der Kandidat sprach verhandlungssicher Russisch. Doch diese Stärke nannte er nur in einem einzigen Interview. Als er sich im Vertriebscontrolling bewarb und bei der ausgeschriebenen Stelle unter anderem für den russischen Markt zuständig sein sollte, hob er als besondere Fähigkeit sein verhandlungssicheres Russisch hervor. In Gesprächen bei anderen Arbeitgebern hingegen erwähnte er dieses Asset nicht einmal.

Durchforsten Sie die erkennbaren Firmenerwartungen für die Stelle und versuchen Sie, möglichst viele individuell passende Mehrwerte zu finden, die Sie im Interview präsentieren können.

In unseren Einzelcoachings stellen wir immer wieder fest, wie schwierig dies einzelnen Kandidaten fällt. Alleine schon Stärken zu nennen ist häufig eine große Herausforderung. Menschen in Mitteleuropa sind es schlicht nicht gewohnt, mit Ihren Stärken hausieren zu gehen. Vielen Kandidaten fällt es daher wirklich schwer, sich aufrichtig und überzeugend im Interview darzustellen. Um sich Ihren eigenen Stärken und später den Mehrwerten für das Unternehmen zu nähern, können Sie zunächst folgende Orientierungsfragen beantworten:

- Was haben Sie schon als Kind gerne getan?
- Wofür bekamen Sie (vom Chef, von Kollegen, von der Familie und von Freunden) Lob?
- Welche Aufgaben erledigen Sie am besten?
- Was fällt Ihnen leicht, was anderen nicht so leicht fällt?
- Was können Sie besser als andere?
- Was waren Ihre bisherigen Erfolge und was haben Sie dafür getan?
- Bei welchen Aktivitäten geraten Sie in einen Flow und vergessen die Zeit?

Notieren Sie sich jetzt Stärken, die Ihnen spontan einfallen. Sammeln Sie möglichst viele Stärken, ohne diese zu gewichten oder zu bewerten.

 Auf der beiliegenden CD-ROM finden Sie eine Sammlung von möglichen Beurteilungsdimensionen mit entsprechender Begründung. Schätzen Sie sich selbst in allen Dimensionen ein und leiten daraus mögliche Stärken ab. Die neu entdeckten Stärken ergänzen Sie in Ihrer Sammlung.

In einem dritten Schritt schauen Sie sich Ihre Stellenausschreibung an und überlegen sich dabei, welche Erwartungen Sie gut erfüllen können und fügen diese ebenfalls Ihrer Sammlung hinzu.

Falls Sie mit dem Ergebnis noch unzufrieden sind, sollten Sie sich von Kollegen, Freunden und der Familie Feedback einholen. Sie werden überrascht sein, was man an Ihnen alles schätzt. Denn meistens sind uns unsere eigenen Stärken gar nicht bewusst, da Sie für uns zur Normalität geworden sind und für uns selbst nichts Besonderes darstellen.

Als Nächstes bringen Sie Ihre Stärken in eine Reihenfolge. Fragen Sie sich dazu, welchen Mehrwert Ihre Stärke für Ihr jeweiliges Wunschunternehmen darstellt. Setzen Sie Ihre Stärke mit dem größten Mehrwert an die erste Stelle und ergänzen Sie die weiteren Stärken in absteigender Reihenfolge.

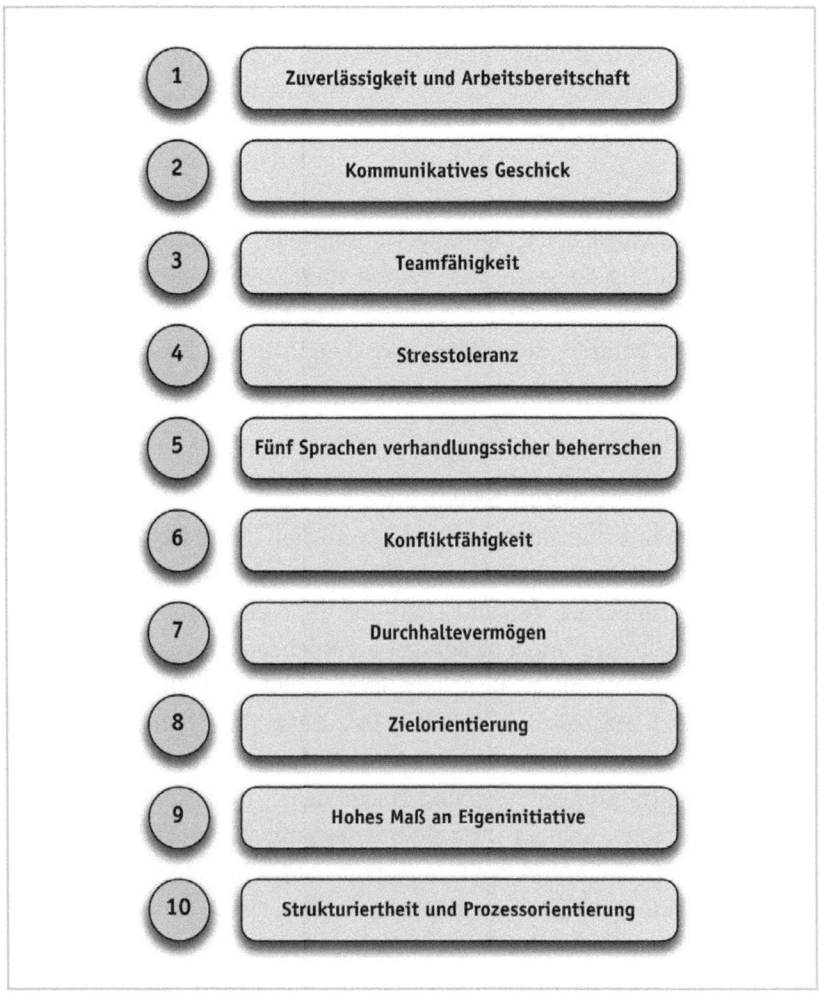

1 — Zuverlässigkeit und Arbeitsbereitschaft

2 — Kommunikatives Geschick

3 — Teamfähigkeit

4 — Stresstoleranz

5 — Fünf Sprachen verhandlungssicher beherrschen

6 — Konfliktfähigkeit

7 — Durchhaltevermögen

8 — Zielorientierung

9 — Hohes Maß an Eigeninitiative

10 — Strukturiertheit und Prozessorientierung

Abbildung 3: So könnten Ihre UBPs für Ihren nächsten Traumjob aussehen

Herzlichen Glückwunsch. Sie haben Ihre UBPs für Ihre Wunschposition herausgearbeitet.

Die oberen fünf bis zehn Mehrwerte Ihrer Liste sollten Sie immer wieder in Ihrem Interview einstreuen. Damit positionieren Sie sich klar für das Unternehmen und bieten Ihren Interviewern eine nachvollziehbare Argumentation, die für Sie spricht.

Doch übertreiben Sie es nicht mit Ihren Stärken und Mehrwerten. Wie viel Selbstbewusstsein verträgt Ihre Wunschstelle? Selbstdarstellungen à la »Schätzchen, ich zeige dir, wie die Welt funktioniert« kommen vermutlich in den meisten Firmen nicht gut an. Finden Sie genau die richtige Balance für Ihr Wunschunternehmen zwischen Überheblichkeit und Understatement.

Glaubwürdigkeit durch Beispiele

Der beste Indikator für Ihren späteren beruflichen Erfolg ist aus eignungsdiagnostischer Sicht Ihr bisheriges Verhalten. Das heißt für Sie, dass Ihre Interviewer – sofern sie geschult sind – ein besonderes Interesse an konkreten Beispielen aus Ihrem bisherigen beruflichen Werdegang haben. Die Nachfrage nach belegenden Beispielen können Sie Ihren Interviewern abnehmen, indem Sie Beispiele direkt in Ihre Antwort einbetten. Dies wird den Gesprächsfluss in Ihrem Interview angenehmer gestalten, da es nicht mehr so viele Unterbrechungen und Fragen geben wird. Ein weiterer Vorteil von Beispielen liegt in ihrer unwiderlegbaren Natur und dadurch in einer erhöhten Glaubwürdigkeit. Angenommen, ich behaupte, dass alle Bauarbeiter unhöflich sind, dann ist das zunächst eine einfache Behauptung. Mehr Überzeugungskraft bekommt diese These, wenn ich sie um ein Beispiel ergänze: »Erst letzte Woche habe ich einen nach dem Weg gefragt und er schrie mich daraufhin an, was mir einfiele, ihn einfach so anzulabern und ob ich glaubte, dass ich mir mit meiner Krawatte alles erlauben könne.« Obwohl dies nur ein einziges Beispiel ist, wirkt es schon viel glaubwürdiger. Diesen Effekt können Sie für sich nutzen, wenn Sie all Ihre Mehrwerte in einem Interview mit einem Beispiel untermauern.

Wahrscheinlich werden Ihnen auf Anhieb nicht viele gute Beispiele in Ihrem Interview einfallen, weshalb Sie diese vor Ihrem Termin vorbereiten sollten. Andernfalls kann es sehr unangenehm werden, wenn Sie Aussagen in Ihrem Interview auf Nachfragen nicht mit einem Beispiel belegen können. Dadurch wirken Sie auf die Beobachter unglaubwürdig. Sie haben eine Behauptung aufgestellt und können diese nicht beweisen. Nehmen Sie deshalb Ihre Liste mit Ihren Mehrwerten hervor und finden Sie für die zehn wichtigsten Mehrwerte jeweils ein Beispiel, an dem Sie Ihre Stärken belegen können. Achten Sie darauf, dass es keine Doppelungen gibt. Jeder Mehrwert sollte durch ein eigenes Beispiel belegt werden. Es würde im Interview recht merkwürdig wirken, wenn Sie immer wieder auf ein einziges Erlebnis aus Ihrem Leben zu sprechen kommen.

Ihre Erläuterungen sollten überwiegend aus dem beruflichen Kontext stammen. So können Sie etwa Ihre Durchsetzungsstärke anhand einer Vertragsverhandlung belegen. Aus anderen Bereichen, etwa Ihrem Hobby, sollten Sie nur Ereignisse wählen, wenn diese ein starkes Gewicht haben. Etwa wenn Sie Skipper sind, können Sie an diesem nicht-beruflichen Thema hervorragend Ihre Führungsstärke unter Beweis stellen. Seien Sie jedoch mit nicht-beruflichen Beispielen sehr sparsam. Mindestens 80 Prozent Ihrer Beispiele sollten aus Ihrem Berufsleben stammen. Dabei gilt: Aktuelle Geschehnisse sind bessere Belege als lang zurückliegende Ereignisse. Wenn Sie beispielsweise vor zwanzig Jahren der jüngste Absolvent waren, interessiert dies vermutlich in Ihrem Assessment-Center keinen Menschen mehr.

Nachdem Sie jeweils ein Beispiel für Ihre zehn wichtigsten Mehrwerte gefunden haben, sollten Sie sich auf die Suche nach weiteren Geschichten machen, sodass Sie bei allen Themen in einem Interview glänzen können. Füllen Sie Ihr Portfolio auf mindestens fünfundzwanzig Beispiele aus unterschiedlichen Themenbereichen auf. Je mehr Belege Sie für Ihre Kompetenzen haben, desto unwahrscheinlicher werden Sie in Ihrem Interview ins Wanken geraten und umso sicherer werden Sie Ihr Interview mit Erfolg meistern.

Sie sollten jeweils ein bis zwei Beispiele aus folgenden Bereichen haben:

Mitarbeiterentwicklung: Wann haben Sie Verbesserungspotenziale bei einem Mitarbeiter entdeckt? Wie haben Sie diese gefördert?

Delegation: Wann konnten Sie Aufgaben entsprechend der Mitarbeiterfähigkeiten mit großem Erfolg delegieren? Worauf haben Sie geachtet?

Ergebnisorientierung und Zielerreichung: Welche großen Ziele haben Sie erreicht und wie?

Konfliktlösung: Welche Konflikte haben Sie musterhaft gelöst?

Selbstreflexion: Wann haben Sie eigene Fehler erkannt und beseitigt?

Durchsetzungsfähigkeit: Wann konnten Sie Ihre Interessen gegen Widerstände durchsetzen?

Teamfähigkeit: Wann haben Sie bewiesen, dass Sie gut mit anderen Menschen zusammenarbeiten können, auch wenn diese anderer Meinung waren?

Engagement: Wann haben Sie mehr getan, als Sie mussten? Wann waren Sie sehr ausdauernd?

Unliebsame Entscheidungen: Wann mussten Sie schwierige Entscheidungen treffen oder verkünden? Wie haben Sie das musterhaft gelöst?

Veränderungsbereitschaft: Was haben Sie bisher beruflich verändert?

Zeitmanagement: Wann konnten Sie zeitintensive Situationen bestens meistern?

Problemlösung: Welche Probleme haben Sie wie gelöst?

Lernwilligkeit: Wie entwickeln Sie sich weiter?

Beispiele mit der GAR-Methode aufbereiten

Erlebnisse aus Ihrem Leben alleine reichen Ihnen jedoch nicht. Idealerweise präsentieren Sie diese Ihren Interviewern strukturiert, prägnant und dennoch ganzheitlich. Am besten gelingt Ihnen dies mit der GAR-Methode. GAR ist ein Merkakronym und steht für:

G	Grund
A	Aktion
R	Resultat

Genau diese drei Elemente sollten in jedem guten Beispiel enthalten sein.

Ein Beispiel für Zielerreichung, Veränderungswille, Engagement oder Mitarbeiterentwicklung könnte nach der GAR-Methode so aufgebaut sein:

Grund	»Ich habe vor circa zwei Jahren einen Artikel über die Abschaffung von Mitarbeitergesprächen gelesen und die Schwachstellen auch in unserem Unternehmen gesehen, beispielsweise … In einem Fall hat ein Mitarbeiter sogar einen Kollegen absichtlich fehlinformiert, um am Jahresende besser als er dazustehen, wodurch er jedoch dem Unternehmen geschadet hat.«
Aktion	»Nachdem ich ein Konzept für unser Unternehmen ausgearbeitet habe, bin ich mit diesem auf die Geschäftsleitung zugegangen. Nach anfänglicher Skepsis konnte ich diese jedoch davon überzeugen, in meiner Abteilung ein Pilotprojekt zu starten.«
Resultat	»Das Feedback der einhundertzwanzig Mitarbeiter sowie unsere Kennzahlen in diesem Jahr waren fantastisch. Letztes Jahr wurde unser Mitarbeiterkonzept nach kleinen Anpassungen in der ganzen Firma umgesetzt.«

Beginnen Sie jede Erläuterung mit dem Grund beziehungsweise mit dem Anlass, der Aufgabenstellung, der Ausgangssituation, dem Missstand, dem Problem oder der Schwachstelle, die Sie zu einer bestimmten Handlung veranlasst hat.

 Tipp: Halten Sie sich bei der Beschreibung des Grundes so kurz wie möglich. Umreißen Sie nur die relevanten Faktoren und vernachlässigen Sie gut gemeinte Zusatzinformationen.

Den Mittelbau eines guten Beispiels bildet Ihre Aktion beziehungsweise Ihre Begründung, Ihr Eingriff, Ihre Entscheidung, Ihr Handeln, Ihr Lösungsweg oder Ihre Tätigkeit. Was haben Sie konkret zur Lösung der Situation beigetragen? Was war Ihr Verdienst?

 Hinweis: Ihre Interviewer interessiert nicht, was andere getan haben oder was die Lage vereinfacht hat, sondern ganz alleine was Sie wie geleistet haben. Achten Sie deshalb auf einen aktiven Sprachstil, so wurde Ihnen etwa nichts aufgetragen, sondern Sie haben eine Aufgabe erledigt und ein Projekt wurde nicht geplant, sondern Sie haben das Projekt geplant. Stellen Sie Ihren eigenen Beitrag durch eine aktive Formulierung in den Vordergrund.

Abschließen sollten Sie jedes Beispiel mit dem Resultat beziehungsweise dem Ausgang, den Auswirkungen, dem Ergebnis, den Folgen, den Konsequenzen oder der Lösung. Was wurde durch Ihren Einsatz erreicht beziehungsweise vermieden?

 Tipp: Nach Möglichkeit sollte Ihr Resultat sogar quantitativ messbar gewesen sein, etwa eine »Steigerung von ... Prozent« oder »einen Umsatz von ...«. Wenn dies nicht möglich ist, sollten Sie versuchen, den Endzustand möglichst genau zu beschreiben.

Für Ihre Vorbereitung sollten Sie die Situationen nicht ausformulieren. Das schränkt Sie bei der Formulierung während des Interviews ein. Stattdessen sollten Sie Ihre Inhalte nur stichpunktartig vorbereiten. Unser vorangegangenes ausformuliertes Beispiel könnte in Ihrer Vorbereitung so aussehen:

Grund	Weiterbildung über Fachzeitschriften → Sinnhaftigkeit von Mitarbeitergesprächen.
	Vertiefte Einarbeitung durch verschiedene Fachartikel.
	Transfer auf meine Abteilung → Schwächen ebenfalls erkannt.
	Ein Mitarbeiter [anonymisieren Sie Personen schon in der Vorbereitung] hat sogar einen anderen ausgespielt, damit dieser ebenfalls ein schlechtes Jahresergebnis aufweist → Umsatz von 70.000 Euro ist dadurch weggebrochen.
Aktion	Im Jour fixe die Geschäftsführung darauf angesprochen.
	Große Bedenken und Widerstände sind aufgekommen, da wir erst vor zwei Jahren die Mitarbeitergespräche durch eine Agentur überarbeiten ließen.
	Konnte mich nach zwei Verhandlungen mit dem Geschäftsführer auf ein Pilotprojekt in meiner Abteilung verständigen.
Resultat	Mitarbeiterfeedback im Evaluationsbogen bei 1,3 in der Zufriedenheit.
	Kennzahl X um 4 Prozent gestiegen, Kennzahl Y um ...
	Mitarbeiterzufriedenheit in diesem Jahr um 32 Prozent gestiegen.
	Pilotprojekt hat Geschäftsführung begeistert → letztes Jahr im ganzen Unternehmen eingeführt.

Aus dieser Übersicht können Sie im Interview die relevanten Stellen zur Beantwortung Ihrer Frage herausgreifen und weniger relevante unbeachtet lassen. So haben wir etwa in unserem ausformulierten Beispiel von oben die Kennzahlen zusammengefasst. Bei einer anderen Fragestellung hingegen hätten wir vielleicht eine Kennzahl genannt.

Wenn Sie Ihre Inhalte im Vorfeld ausformulieren, sind Sie nicht so flexibel, da Sie vermutlich gedanklich stark an Ihren vorformulierten Texten hängen werden.

Wenn Sie Ihre Inhalte flexibel gestalten, können Sie in Ihrem Interview mit einer Situation spontan mehrere Themenbereiche bedienen. Beispielsweise wenn Sie den Fokus auf die Verhandlung mit der Geschäftsleitung und deren Widerstand legen, haben Sie einen guten Beleg für Ihr Verhandlungsgeschick oder Ihre Durchsetzungsfähigkeit. Sie sehen, dass gute Beispiele vielfältig einsetzbar sind. Sie müssen nur den Fokus der Geschichte verändern.

Achten Sie aber darauf, dass Sie im Assessment-Center eine Situation maximal zweimal verwenden. Wenn Sie all Ihre Fähigkeiten an nur zwei Beispielen belegen, wirkt das sehr seltsam. Aus diesem Grund sollten Sie Ihr Portfolio auch auf mindestens fünfundzwanzig Beispiele auffüllen. So müsste Ihnen bei jeder Frage in Ihrem Interview eine passende Situation einfallen, welche Sie nur noch leicht abändern müssen.

5.3 Generelle Lösungswege

Das Wichtigste vorweg: Vergessen Sie alle gut gemeinten Standardantworten, die Sie im Laufe Ihres Lebens aufgegriffen haben. Wir kennen etliche Personaler, bei denen Standardantworten ein Knock-out-Kriterium sind. Erfahrungsgemäß sammeln Sie damit nur noch bei sehr wenigen und unerfahrenen Interviewern Pluspunkte. Bei allen anderen Interviews schaden

Sie sich durch solche Antworten sogar, da viele Personaler davon genervt sind und ihren Frust darüber auf Sie projizieren werden. Wir raten Ihnen zu einem individualisierten Interviewprofil, dass Sie sowohl im Inhalt als auch in der Vortragsweise bestmöglich widerspiegelt. Das heißt, wir raten Ihnen so zu bleiben, wie Sie sind und dieses Selbst in etwas optimierter Form zu präsentieren. Wir sehen wenig sinnvolle Ansätze, sich in einem Interview zu verbiegen. Selbst wenn Sie dadurch Ihren Auswahlprozess bestehen, arbeiten Sie später auf einer Stelle, die vermutlich nicht zu Ihnen passt. Beispielsweise können Sie sich mit etwas Übung in einem Interview als sehr menschenliebend und offen für Ihr Umfeld präsentieren, obwohl Sie es vielleicht gar nicht sind. Vielleicht ist dieses Verhalten auch die Eintrittskarte für den Job. Doch dann haben Sie einen Arbeitsplatz, bei dem Sie viel mit anderen Menschen zu tun haben und dabei vermutlich nicht glücklich werden.

Das soll jedoch nicht heißen, dass Sie ausschließlich die Wahrheit in all ihren Facetten präsentieren sollen. Wir raten Ihnen zu einer sogenannten »ausgeschmückten selektiven Authentizität«. Mit »ausgeschmückt« meinen wir, dass Sie überwiegend positive Dinge von sich erzählen und diese sogar etwas schöner ausbauen, als sie in Wirklichkeit waren. Von einigen Kunden hören wir immer wieder Einsprüche, wie zum Beispiel: »Man darf sich doch nicht verstellen« oder »Das Unternehmen muss einen nehmen, wie man ist«. Dies sei nur ehrlich. Beachten Sie dabei nur eins. Kaum ein Kandidat erzählt in einem Interview die reine Wahrheit. Das heißt, Sie schaffen mit kleinen Erweiterungen im Lebenslauf lediglich Chancengleichheit. Auf der anderen Seite erwarten Ihre Interviewer gar keine Ehrlichkeit von Ihnen, auch wenn sie dies im Vorfeld so mitgeteilt haben. Das ist nur eine von vielen Taktiken, um Sie besser einschätzen zu können. Jeder Interviewer müsste wissen, dass ein Interview nichts anderes als eine Verkaufsveranstaltung ist und auf dieser würden Sie das Produkt auch im bestmöglichen Licht präsentieren.

Beispiel: Sagen Sie nie, dass Sie nur Glück hatten!
Nehmen wir zum Beispiel an, dass Sie Ihre Teamleiterstelle bekommen haben, weil Ihr Vorgänger spontan zur Konkurrenz wechselte, gerade Not am Mann war und Ihr Chef Sie dazu überredet hat. Dann könnten Sie unreflektiert ehrlich sein und viele Pluspunkte verspielen. Eine derartige Antwort würde nicht in das Bild einer ehrgeizigen und zielorientierten Führungskraft passen. Stattdessen bietet es sich an, im Interview zu sagen: »_Mein Teamleiter wechselte das Unternehmen, wodurch die Stelle vakant wurde. Ich hatte schon länger mit dem Gedanken gespielt und habe meinen Teamleiter davor auch schon vertreten. Ich habe die Chance dann beim Schopfe gepackt, mich beworben und mich gegen die anderen Kandidaten durchgesetzt._«

Dieser Beispielsatz spiegelt die oben genannte Ausgangssituation eins zu eins – nur etwas ausgeschmückt. Dazu sind wir selektiv vorgegangen. Das heißt, dass wir nur die Dinge erwähnen, die für uns sprechen und beispielsweise vernachlässigen, dass die Initiative vom Chef ausging. Sie sollten bei dem Vortrag eines Beispiels in Interviewübungen generell alles streichen, was gegen Ihre Qualifikation als Führungskraft sprechen könnte. Wer sich hier schon zu Hause vorbereitet, ist klar im Vorteil. Denn gerade wenn Sie ad hoc formulieren, können sie sich schneller um Kopf und Kragen reden als Ihnen lieb ist.

Doch lügen Sie nicht. Einmal können Unwahrheiten auch später noch ans Licht kommen und zu einem Stellenverlust führen und weiterhin wirken die meisten Menschen unbewusst unglaubwürdig, wenn sie die Unwahrheit sagen. Authentisch sind Sie daher, wenn Sie nicht lügen und sich stattdessen so präsentieren, wie Sie wirklich sind – nur etwas ausgeschmückt und selektiv. So wie ein Schauspieler sich für seinen Auftritt schminken darf, so dürfen auch Sie als Kandidat sich verbal und argumentativ in einem günstigen Licht darstellen.

Eine umfassende Darstellung unwahrer Gegebenheiten wäre hingegen keine gute Grundlage für eine Zusammenarbeit. Zum anderen werden Sie sich in Ihrem Interview vermutlich nicht gut fühlen, was sich sofort in Ihrer Stimme und Körpersprache widerspiegeln wird. Vergessen Sie bei allen Methoden und Taktiken, die wir noch lernen werden, nicht, dass Sie Sie selbst sind und bleiben sollen. Das heißt, dass Sie gerne alle Methoden und Taktiken so anpassen können, dass Sie sich in Ihrem Interview wohlfühlen. Wenn Sie sich bei einer Methodik unwohl fühlen, dann streichen Sie diese einfach aus Ihrem persönlichen Repertoire.

Sie sehen, dass die ausgeschmückte selektive Authentizität eine gesunde Balance zwischen naiv-ehrlicher Authentizität und Verlogenheit ist. Doch wenn Sie das ideale Gleichgewicht finden, können Sie vermutlich in Ihrem Interview punkten und die Assessoren von sich überzeugen.

Bevor es richtig losgeht

Bevor es für Sie richtig losgeht, durchlaufen Sie in jedem Interview eine Warm-up-Phase, in der Sie Small Talk mit den Interviewern halten und diese sich bei Ihnen vorstellen. Ihre Selbstvorstellung ist meist die Überleitung zum Herzstück eines jeden Interviews: den Fragen an den Bewerber.

Klassischerweise kommen Sie mit den Interviewern in einem Raum zusammen. Manchmal warten Sie im Raum und die Interviewer kommen nach und in anderen Fällen begrüßen Sie die Assessoren direkt im Raum. Da Unternehmen durchaus wissen, dass Aspiranten in der Anfangsphase häufig nervös sind und dies gegen eine Offenheit im Gespräch spricht, versuchen sie am Anfang des Gesprächs, eine gute und vertrauensvolle Atmosphäre mit Ihnen aufzubauen. Etwa werden etwaige Gemeinsamkeiten in der Anfangsphase angesprochen. Sie erfahren so beispielsweise, dass Sie in derselben Stadt wie ein Interviewer studiert haben oder in derselben Region aufgewachsen sind. Zusätzlich werden Ihre Interviewer mit Ihnen Small Talk führen, um langsam mit Ihnen warm zu werden. Die klassischen

Fragen, um diesen einzuleiten, lauten: »Wie war Ihre Anreise?« oder »Wie war Ihr Tag?«

Achtung, einige Organisationen nutzen die Warm-up-Phase für die Beurteilung der Kandidaten. Sie achten beispielsweise dabei auf Ihr kommunikatives Geschick oder Souveränität beim Small Talk. Über Sinn und Unsinn ließe sich hier sicherlich diskutieren. Für Sie ist wichtig, dass Sie sich von der ersten Sekunde an fokussieren, konzentrieren und Ihre beste Performance präsentieren. Auch wenn Sie in dieser Sequenz nicht offiziell bewertet werden, beeinflusst diese Phase zumindest unbewusst Ihre Interviewer und Ihre Chancen auf ein erfolgreiches Gespräch schmälern oder erhöhen sich. Das heißt für Sie: passgenauer Händedruck und keine negativen Themen im Small Talk. Egal wie schlecht Ihre Anreise war, wie grausam Sie geschlafen haben oder wie verwirrt Sie durch die Anfahrtsbeschreibung waren: Sie sollten keine negativen Themen ansprechen. Andernfalls schaffen Sie eine negative Atmosphäre, was sich destruktiv auf Ihre Erfolgsaussichten auswirkt. Seien Sie schon zu Beginn die sympathische und souveräne Führungskraft, die die meisten Unternehmen suchen. Lächeln Sie dazu im richtigen Moment, stellen Sie eine clevere Gegenfrage und antworten auf gestellte Fragen bereitwillig mit mehreren, aber nicht zu vielen Worten. Einsilbige Antworten wie »ja« oder »gut« haben hier genauso wenig verloren wie übertrieben ausschweifende Antworten. Die richtige Balance ist der Schlüssel zum Erfolg und dieser wird durch Ihre Branche, Ihr Unternehmen und die zu besetzende Stelle geformt. Begeistern Sie schon zu Beginn Ihre Interviewer und diese werden sich unbewusst mit einer besseren Beurteilung bei Ihnen revanchieren.

Weitere oder vertiefende Tipps und Tricks für einen guten Start in das Gespräch, beispielsweise mit dem richtigen Handschlag und souveränem Small Talk, finden Sie in Kapitel 4 *Generelle Strategien* ab Seite 67.

Im Anschluss an die Begrüßung und den einführenden Small Talk werden sich die Unternehmensvertreter Ihnen vorstellen. Prägen Sie sich dabei die Namen der Interviewer ein. So können Sie sie im weiteren Gesprächsverlauf mit dem jeweiligen Namen ansprechen, was häufig zu einer besseren Gesprächsatmosphäre und einem höheren Sympathiefaktor führt.

Hinweis: Schwierige Nachnamen können Sie gerne hinterfragen und sich nach der korrekten Aussprache erkundigen. Viele Menschen mit kompliziertem Nachnamen empfinden dies als große Wertschätzung.

In einigen Unternehmen folgen an diese kurze persönliche Vorstellung direkt eine Firmenpräsentation oder weitere Informationen zur Stelle. Seien Sie in dieser Phase besonders aufmerksam, auch wenn Sie gedanklich lieber nochmals Ihre Argumente durchgehen möchten oder an Ihrem Stresslevel arbeiten möchten. Einige Unternehmen stellen im Anschluss an die Präsentation Fragen zu den Inhalten, die Sie sicher beantworten sollten.

Interviewfragen: worauf es ankommt

Fassen wir zusammen: Das Kernstück eines jeden Interviews sind die Fragen, die Ihnen gestellt werden. Dabei gibt es keine Musterantworten, die auf alle Unternehmen in allen Branchen anwendbar sind. Stattdessen sind Sie in der Pflicht, Ihr Interview methodisch und inhaltlich vorzubereiten. Dazu rufen wir uns nochmals ins Gedächtnis, was Unternehmen in einem Interview bewusst und unbewusst überprüfen: fachliche, methodische und sozial-kommunikative Kompetenzen, Ihre Motivation für die Stelle und die Passfähigkeit Ihres Charakters zur Unternehmenskultur. Um diesen Beurteilungsdimensionen möglichst gerecht zu werden, empfiehlt es sich, sich an fünf Grundprinzipien von wirkungsvollen Antworten zu orientieren:

1. Stellenbezug,
2. Authentizität,
3. Charme,

4. Nachvollziehbarkeit und
5. Differenziertheit.

Grundprinzip Stellenbezug

In erster Linie möchten die Interviewer herausfinden, ob Sie die mit der Stelle einhergehenden Aufgaben bewältigen können und für das Unternehmen ein Gewinn sind. Erleichtern Sie diese Aufgabe Ihren Interviewern, indem Sie Ihre Antworten an dem Anforderungsprofil ausrichten. Verkaufen Sie in all Ihren Antworten direkt Ihre vorbereiteten Mehrwerte für das Unternehmen. Alle Antworten, die keinen Bezug zur Stelle haben, werden dem Unternehmen keinen Mehrwert bieten und somit auch kein Argument für Ihre Einstellung sein. Achten Sie darauf, dass nicht nur Inhalte oder Kompetenzen einen Mehrwert für das Unternehmen darstellen. Mindestens genauso wichtig ist, wie Sie sich präsentieren: sympathisch, motiviert und souverän.

Rufen wir uns noch einmal die Frage nach den individuellen Schwächen ins Gedächtnis. Sie können beispielsweise antworten, dass Sie eine Schwäche für süße Katzenbabys haben. Doch was sollen Ihre Interviewer aus dieser Antwort über Ihre Eignung erfahren? Dass Sie ein lustiger Zeitgenosse sind oder dass Sie gut mit Katzenhaltern sprechen könnten? Falls das Ihre Mehrwerte sind, weshalb Sie glauben, dass Sie für die Stelle prädestiniert sind, dann sollten Sie genau so antworten. Aber wenn Sie Ihre Stärken für die Stelle eher in der Selbstreflexion sehen, beweisen Sie Ihre Fähigkeit besser, wenn Sie eine reale Schwäche heranziehen, die berufliche Relevanz hat und gleichzeitig nicht zu den Schlüsselqualifikationen gehört.

 Hinweis: Eine Musterlösung für diesen Fall finden Sie im Abschnitt *Umgang mit Schwächen* ab Seite 137.

Aus diesem Grund ist Ihre individuelle Vorbereitung auf Ihr Interview so wichtig. Was zeichnet Sie aus und wie können Sie diese Mehrwerte vermitteln? Nur wenn Sie vorbereitet sind, können Sie den Interviewern vermitteln, warum Sie genau der richtige Bewerber für diese Stelle sind. Ihre Taktik sollte darin bestehen, kontinuierlich den Interviewern Mehrwerte zu verkaufen, die für Sie sprechen. Wenn Sie authentisch Mehrwerte bieten, die Ihre Interviewer ebenfalls als gewichtig sehen, haben Sie beste Chancen auf den Job.

Grundprinzip Authentizität

Die beste Rolle, die Sie in einem Interview einnehmen können, ist Ihre eigene Rolle. In dieser Rolle sind Sie am sichersten, kennen das Drehbuch und können sich ganz auf Ihre Gesprächspartner konzentrieren. Als Profischauspieler könnten Sie sicherlich einfach eine neue Rolle spielen. Dem Normalbürger gelingt dies jedoch nicht so einfach beziehungsweise gar nicht. Etwas auszuschmücken und das Negative zu selektieren sollte für Ihr Interview ausreichen. Eine große Schauspielrolle können Sie vermutlich nicht über die Dauer eines kompletten Interviews aufrechterhalten.

Wir glauben, dass viele Interviews erfolglos verlaufen, weil einige Kandidaten sich selbst nicht schätzen und deshalb versuchen, jemand anderes zu sein, jemand, der allen Herausforderungen gewachsen ist. Jedoch wird diese Taktik bei den meisten Interviews nicht aufgehen. Geschulte Interviewer werden schnell entdecken, dass Sie ein Spiel mit ihnen spielen, weshalb Ihre Tarnung in vielen Fällen auffliegen wird. Und warum sollte ein Unternehmen Sie einstellen, wenn Sie sich den Job selbst nicht zutrauen? Versuchen Sie daher, sich selbst in bestem Licht darzustellen, ohne sich selbst oder das Unternehmen zu belügen.

Grundprinzip Charme

Stimmt die Chemie zwischen Ihnen und dem Interviewer nicht, werden Sie kaum eine Chance haben, Ihr Interview erfolgreich zu bestehen. Vergegenwärtigen Sie sich bei allen Methoden, die Sie noch kennenlernen werden, dass diese für ihre volle Wirkung charmant und sympathisch verkauft werden müssen. Die beste Antwort der Welt wird Ihnen nichts bringen, wenn Sie dabei wie ein nasser Sack aussehen oder die Beobachter mit aggressivem Ton anschreien. Auch wenn das sicherlich extreme Beispiele sind, so sehen wir sie in abgeschwächter Form immer wieder in Assessment-Centern. Würden Sie jemanden einstellen, der Ihnen suspekt ist oder den Sie einfach unsympathisch finden? Vermutlich nicht und genauso agieren die meisten Personaler. Wie Sie charmant auf Ihre Interviewer wirken, lernen Sie in Kapitel 3.4 *Illusion Objektivität: Was wirklich im Assessment-Center zählt* ab Seite 53.

Grundprinzip Nachvollziehbarkeit

Aussagekräftige Beispiele, eine klare Struktur und Prägnanz sind die Grundmerkmale der Nachvollziehbarkeit. Bis zu Ihrem Assessment-Center als Führungskraft haben Sie schon viele Erfahrungen gesammelt. Diese müssten Sie für einzelne Beispiele korrekterweise auch umfassend erklären, damit Ihr Beispiel nicht aus dem Zusammenhang gerissen ist. Doch beachten Sie eins: Beobachter haben nicht ewig Zeit. In der begrenzten Interviewzeit gilt es, einiges über Sie herauszufinden. Wägen Sie deshalb immer ab, was für Ihre Assessoren wirklich relevant ist und was nur eine nette Hintergrundgeschichte oder Hintergrundinformation ist, die nicht erwähnt werden muss. Sie sollten nie mehr als drei Minuten am Stück sprechen und sich immer auf das Wesentliche fokussieren.

Grundprinzip Differenziertheit

Komplexe Fragestellungen beispielsweise zu Ihrer Teamfähigkeit, Ihrem Führungsstil oder Ihrer beruflichen Perspektive sollten Sie unter verschiedenen Blickwinkeln beantworten. Beispielsweise ist kein Mensch der Welt hundertprozentig teamorientiert und liebt es ausschließlich mit anderen Menschen zusammenzuarbeiten. Ganz im Gegenteil gibt es Situationen, in denen Teamarbeit ineffizient oder sogar schädlich ist. Es gibt selten ein »entweder oder«, sondern viel eher ein »sowohl als auch«. Einfache und nicht komplexe Fragen sollen Sie natürlich ohne Umschweife kurz und prägnant beantworten.

Tricks für verschiedene Fragearten

In einem Interview können Ihnen unzählige verschiedene Fragen gestellt werden, weshalb Sie sich auf diese nicht im Einzelnen vorbereiten können. Doch häufig reicht es schon, die verschiedenen Fragearten mit ihren dazugehörigen Fallstricken zu kennen. Die gute Botschaft für Sie ist an dieser Stelle: Es gibt lediglich vierzehn Fragearten, die Ihnen in einem Interview gestellt werden können.

Hinweis: Generell gilt: Wenn Sie eine Frage nicht verstehen, stellen Sie bitte eine Rückfrage und antworten Sie nicht sofort!

Doch zurück zu den Fragearten, die Sie im Interview erwarten. Auf folgende vierzehn Fragetypen werden Sie reagieren müssen:

Die vierzehn Fragearten im Interview

1	Enge Fragen	8	Zirkuläre Fragen
2	Weite Fragen	9	Skalierungsfragen
3	Bewertungsfragen	10	Konträre Stereotypenfragen
4	Hypothetische Fragen	11	Abstrakte Fragen
5	Situative Fragen	12	Mehrgliedrige Fragen
6	Dichotome Fragen	13	Provozierende Fragen
7	Projektive Fragen	14	Konkretisierungsfragen

Abbildung 4: Sie vierzehn Fragearten im Interview

Jeden Fragetyp können Sie parieren, wenn Sie um die Besonderheiten der Frageart wissen. Arbeiten Sie daher im Zweifel bewusst an Ihrer Antworttechnik, gute Argumente fügen sich bei einiger Gewohnheit dann automatisch ein. Die folgenden Tipps helfen Ihnen dabei und schon kann Sie nichts so schnell in einem professionell durchgeführten Interview überraschen.

Antworttechnik für enge Fragen
Enge Fragen lassen Ihnen bei der Beantwortung nur einen sehr begrenzten Raum für Ihre Antwort. Dabei gibt es zwei Fallstricke, die Sie beachten sollten:

Einfache Fragen, wie »Wo haben Sie bisher gearbeitet?« oder »Wo haben Sie studiert?«, werden zu ausschweifend erklärt. Mit dieser Frage wollen Interviewer meist nur Daten abgleichen. Das heißt für Sie, dass Sie diese Fragen auch in der gebotenen Kürze beantworten und gleichzeitig ganze Sätze bilden. Sie sollten keine Frage in einem Interview mit nur einem Wort beantworten. Das führt zu einer verhörartigen Gesprächsatmosphäre, die nicht in Ihrem Interesse sein kann. Interessieren sich Ihre Interviewpartner für weitere Details, werden sie nachfragen. Erst dann ist der richtige Zeitpunkt für Sie gekommen, etwas mehr zu erzählen.

Komplexe enge Fragen, wie »Ist es Ihre Aufgabe als Führungskraft, alle Mitarbeiter zu motivieren?« oder »Glauben Sie, dass der Kunde immer König ist?«, werden zu undifferenziert beantwortet. Diese Fragen sind zu komplex, um sie mit einem einfachen »Ja« oder »Nein« beantworten zu können. Beantworten Sie diese Fragen unter der Berücksichtigung von verschiedenen Aspekten differenziert. In eher unprofessionellen Interviews kann es sein, dass Ihre Interviewer Sie zu einer Entscheidung drängen möchten, was mehrere Ursachen haben kann. Zum einen kann es sein, dass sie die gegebene Antwort eins zu eins für die Entscheidungsfindung heranziehen oder es kann sein, dass sie damit Beurteilungsdimensionen wie Standfestigkeit oder Stressresistenz bei Ihnen ermitteln können. Sollten Sie auf solch eine Situation in Ihrem Interview stoßen, empfehlen wir Ihnen, eine hypothetische Situation zur Beurteilung von den Interviewern zu verlangen und dann idealtypisch zu antworten. Am Ende Ihrer Antwort können Sie ergänzen, dass es schlussendlich noch abgewogen werden müsste.

Beispieldialog für enge Fragen:

Kandidat: »*Das ist eine komplexe Frage, die ich nicht pauschal beantworten kann, da viele Facetten berücksichtigt werden müssen. Beispielsweise ... Haben Sie für mich ein Fallbeispiel, anhand dessen ich Ihnen meine Entscheidung begründen kann?*«

Interviewer: »*Ja, sehr gerne. Nehmen Sie an, dass ...*«.

Kandidat: »*Tendenziell würde ich mich für ... entscheiden, weil besonders ... Zu berücksichtigen bliebe noch, dass ...*«.

Antworttechnik für weite Fragen

Weite Fragen, oder auch Plauderfragen genannt, sollen Sie zum Reden bringen. Manche Interviewer erhoffen sich davon, dass Sie in einen Redefluss kommen und vielleicht etwas von sich preisgeben, was Sie gar nicht sagen wollten. Andere Interviewer setzen diesen Fragetypus ein, um Ihnen den Einstieg in ein neues Thema zu erleichtern und so die Beziehungsebene zu fördern.

Diese Fragen sind so offen gestellt, dass Sie nahezu alles sagen könnten, was Sie wollten.

Beispiele dafür sind:

»*Was hat Sie zu dem gemacht, der Sie heute sind?*«
»*Wie kam es denn zu Ihrer Bewerbung auf diese Stelle?*«
»*Was ist Ihnen im Leben wichtig?*«

Doch Sie sollten bei diesen Fragen nicht ins Plaudern geraten, sondern stattdessen Ihren Interviewern gezielt Mehrwerte bieten, die für Sie sprechen. So können Sie vielleicht Ihre Interviewer sehr schnell für sich gewinnen.

In manchen Interviews werden Sie bei diesen Fragen schon diagnostisch getestet. Ihre Interviewer achten dabei nicht auf das, was Sie sagen, sondern darauf, wie sie kommunizieren.

Beispiele für weite Fragen von Beobachtern:
»Sind Sie in der Lage, strukturiert zu denken?«
»Können Sie Schwerpunkte setzen?«
»Sind Sie differenzierungsfähig?« oder
»Besitzen Sie kommunikatives Geschick?«

Ganz egal, welche Intention Ihre Interviewer haben: Wenn Sie die Fragen charmant beantworten und mit Mehrwerten für sich versehen, können Sie überzeugen.

Antworttechnik für Bewertungsfragen
Bei Bewertungsfragen wird meist Ihr Fach- oder Branchenwissen getestet.

Beantworten Sie diese Fragen nicht pauschal, sondern differenziert. Stellen Sie dabei auch klar, dass es sich um Ihre eigene Meinung handelt, ohne sich selbst klein zu machen.

Beispiele für Bewertungsfragen sind:
»Wie glauben Sie wird sich unsere Branche zukünftig entwickeln?«
»Wie schätzen Sie die Marktchancen des ... ein?«
»Welche Gefahren sehen Sie bei der neuen Gesetzgebung im Bereich ...?«

Sie können die Antwort mit den Worten »Ich bin der Meinung, dass ...« beginnen. Manche Beobachter möchten damit Überheblichkeit testen, weshalb es gut ist, wenn Sie klar machen, dass es Ihre Meinung ist. Andere Beobachter werden Ihrer Antwort sofort widersprechen. Vermutlich werden dann zusätzlich Dimensionen wie Stressresistenz oder Standfestigkeit getestet (siehe hierzu auch den Abschnitt *Stressinterview* ab Seite 132).

Antworttechnik für hypothetische Fragen

Einige Interviewer möchten gerne wissen, wie Sie sich in bestimmten Situationen verhalten würden. Daher beschreiben Interviewer gerne eine Situation und bitten Sie dann um eine Antwort, wie Sie sich in einem derartigen Szenario verhalten würden.

Beispielhafte hypothetische Fragen sind:

»Angenommen, zwei Mitarbeiter von Ihnen haben einen offenen Konflikt. Sie haben davon mitbekommen, als ... Wie würden Sie sich verhalten?«
»Bei uns kann es durchaus vorkommen, dass Kunden sich beschweren. Beispielsweise ... Wie würden Sie diese Situation meistern?«

Hypothetische Fragen sind meist ein Glücksgriff für Sie, da Ihnen diese Fragen für eine gute Selbstdarstellung Raum geben, ohne dass Sie überheblich wirken. Dies gilt auch, wenn die Fragen deutlich komplexer sind als in unseren Beispielen. Die richtige Antwort lässt sich in vielen Fällen bereits erahnen, da die passenden Antworten stets im Bereich der sozialen Erwünschtheit liegen. Überlegen Sie sich kurz, was vermutlich die sozial erwünschte Antwort ist, vergegenwärtigen Sie sich dazu nochmals kurz Ihr Anforderungsprofil und präsentieren Sie Ihren Beobachtern eine Musterantwort.

Echte Profis differenzieren sogar ihre Antwort oder holen sich bei den Interviewern noch weitere Informationen ein, beispielsweise über Hintergründe, Personeneigenschaften oder über einen hypothetischen Kundenumsatz.

Seien Sie dabei jedoch nicht zu gründlich. Fast immer ist die richtige Antwort, mit der sich Ihre Interviewer zufriedengeben, schnell gefunden.

Antworttechnik für situative Fragen

Da hypothetische Fragen in der Regel zu leicht zu durchschauen sind, fragen Interviewer häufiger nach Situationen aus Ihrem bisherigen Berufs,- aber auch Privatleben und lassen sich beschreiben, wie Sie damit umgegangen sind. Durch diesen Fragetypus ist die Erwartung nach einem größeren Detailgrad klar formuliert und Sie wissen, dass Sie ausgiebiger antworten dürfen.

 Beispielhafte situative Fragen sind:
»Wie sind Sie bei Ihrem letzten großen Konflikt vorgegangen?«
»Wann haben Sie in Ihrem Leben mehr getan, als Sie mussten?«
»Was war Ihr letzter Misserfolg und wie sind Sie damit umgegangen?«

Schauspielertypen unter den Kandidaten fliegen bei diesen Fragen häufig auf, da sie sich spätestens bei der fünften Rückfrage in Widersprüche verstricken. Greifen Sie bei der Beantwortung der Frage möglichst auf Ihr vorbereitetes Spektrum an Beispielen zurück und passen Sie nur die Inhalte der Frage entsprechend an.

Antworttechnik für dichotome Fragen

Bei dichotomen Fragen werden Sie vor die Wahl zwischen zwei Alternativen gestellt und so vermeintlich in eine Sackgasse geführt. Beispielsweise werden Sie gefragt:

»Sind Sie mitarbeiterorientiert oder aufgabenorientiert?«
»Bringen Sie Höchstleistungen im Team oder wenn Sie alleine arbeiten?«
»Ist Ihnen Nachhaltigkeit oder schnelle Ergebniserreichung wichtiger?«

Scheinbar gibt es bei diesen Fragen nur zwei Möglichkeiten, wobei Sie sich für eine entscheiden müssen. Und genau dies ist der Fallstrick bei dieser Frage. Häufig wünschen sich Ihre Interviewer, dass Sie auf diese Frage differenziert antworten und statt einem »entweder oder« ein »sowohl als auch« finden. Nach dieser Frage können wieder Psychospiele der Beobachter beginnen, bei denen Sie auf alles und nichts getestet werden können. Generell empfehlen wir Ihnen ruhig zu bleiben, Ihren Standpunkt zu vertreten und gegebenenfalls zusätzliche Informationen einzufordern. Gerade, wenn Sie zu einer klaren Entscheidung gedrängt werden. Ob Sie dem Druck nachgeben, entscheiden Sie am besten in der Situation unter der Berücksichtigung des Anforderungsprofils.

Antworttechnik für projektive Fragen

Mir projektiven Fragen wird versucht, Ihr Bewusstsein zu überfordern, um so an Werte und Einstellungen aus Ihrem Unbewusstsein zu gelangen. Dazu werden Sie nach Einstellungen und Werten von dritten Personen befragt. So werden Sie beispielsweise gefragt:

»Worüber ärgern sich gerade Ihre Arbeitskollegen?«
»Was denken Sie war Ihrem bisherigen Vorgesetzten besonders wichtig?«
»Was glauben Sie kritisieren unsere Kunden am meisten an unseren Produkten?«

Das Kalkül Ihrer Interviewer liegt darin, dass Sie eigene Wünsche und Einstellungen auf die dritte Person projizieren. Beispielsweise werden wenige Kandidaten Produkte des Unternehmens im Jobinterview kritisieren. Jedoch geraten viele Kandidaten in einen Redefluss, wenn Sie sagen können, was vermeintlich andere Kunden kritisieren würden. Durch projektive Fragen soll die ursprüngliche Intention der Frage verdeckt werden. Achten Sie bei der Beantwortung der Fragen darauf, dass Sie nur Informationen preisgeben, die Sie auch bei einer offenen Frage formuliert hätten. Das heißt für Sie, dass Sie diesen Fragetypus schnell durchschauen müssen, um den Interviewern nicht ins Messer zu laufen. Sobald eine dritte Person in der Frage auftaucht, ist Ihre volle Konzentration gefragt.

Antworttechnik für zirkuläre Fragen

Zirkuläre Fragen funktionieren nach einem ähnlichen Prinzip wie projektive Fragen – durch eine dritte Person werden Ihnen kognitive Ressourcen entzogen, die Sie für eine Lüge brauchen würden. Nur, dass Sie in diesem Fall nach einem Meinungsbild über sich selbst gefragt werden. Beispielsweise werden Sie gefragt:

»Was schätzt Ihr Chef besonders an Ihnen?«
»Wenn Ihre Kollegen etwas an Ihnen ändern könnten – was wäre das?«
»Wie würde Ihr letzter Praktikant Sie beschreiben?«

Diese Fragen zielen meistens auf Stärken oder Schwächen von Ihnen ab. Auch hier sollten Sie nur solche Schwächen und Stärken nennen, die Sie nach einer direkten Frage erwähnt hätten. In einigen Fällen testen Ihre Interviewer mit dieser Frage auch den Wahrheitsgehalt Ihrer offiziellen Antwort auf die Frage nach Ihren Schwächen. So werden Sie ganz offiziell nach Schwächen gefragt und einige Fragen später wird Ihnen eine zirkuläre Frage zu diesem Thema gestellt. Sie meistern diese Falle gut, wenn Sie bei der zirkulären Nachfrage ähnliche Stärken oder Schwächen nennen und diese um wenige kleinere Schwächen ergänzen.

Antworttechnik für Skalierungsfragen

Bei Skalierungsfragen müssen Sie Ihre Fähigkeiten in einer Skala einschätzen. Beispielsweise werden Sie gefragt, wie Sie Ihr Verhandlungsgeschick auf einer Skala von eins bis zehn einschätzen, wobei eins bedeutet, dass Sie nicht verhandeln können und zehn bedeutet, dass Sie ein Verhandlungsgott sind.

Leider gibt es keinen allgemeingültigen Ratschlag, wie diese Frage am besten zu beantworten ist. Einige Unternehmen möchten, dass sich Bewerber an den Enden einschätzen. Sie sagen, dass dies von Selbstvertrauen zeuge. Andere deuten dies hingegen als Überheblichkeit.

Wahrscheinlich hängt es stark davon ab, wie die Frage gestellt ist. Steht die Zehn beispielsweise für einen Verhandlungsgott, ist es eher überheblich, wenn Sie die Zehn wählen. Steht diese hingegen für ein sehr gutes Verhandlungsgeschick, können Sie den Endpunkt der Skala bedenkenlos wählen. Zweitens muss die Antwort zu Ihrer Persönlichkeit passen. Wenn Sie das Skalenende wählen und dabei rot im Gesicht anlaufen, ist es sicherlich die falsche Taktik für Sie.

Wenn Sie unsicher sind, empfehlen wir Ihnen Werte zu nehmen, die stark ausgeprägt sind, aber nicht das Skalenende darstellen. In unserem Beispiel könnten Sie sich für eine Acht oder Neun entscheiden. Damit haben Sie in vielen Fällen einen guten Kompromiss gefunden, zwischen nichtssagenden Werten in der Mitte und den Extrempolen an den Skalenenden.

Im Anschluss an diese Frage werden Sie häufig gefragt, was den Wert für Sie ausmacht. Am besten greifen Sie bei der Beantwortung der Nachfrage auf vorbereitete Beispiele zurück. Auch ist es möglich, dass Sie gefragt werden, was sich ändern müsste, damit Sie das Skalenende erreichen. Diese Frage zielt meistens auf Ihre Selbstreflexionsfähigkeit ab.

Antworttechnik für konträre Stereotypenfragen

Interviewer stellen immer wieder fest, dass es Fragebereiche gibt, auf die fast alle Teilnehmer mit Leichtigkeit eine auswendig gelernte Musterantwort nennen können, beispielsweise auf die Frage nach der Teamfähigkeit. Um zu erkennen, wie ein Teilnehmer wirklich zu solchen Themenbereichen steht, wird genau das Gegenteil gefragt – eine konträre Stereotypenfrage. Beispielsweise versuchen Ihre Interviewer, Sie mit folgenden Fragen aus der Reserve zu locken:

»Wo sehen Sie die Grenzen von Teamarbeit?«
»Aus welchen Gründen können Mitarbeitergespräche dem Konzern schaden?«
»Ab wann leidet eine Organisation unter Diversity?«

Die vorbereiteten Standardantworten auf diese Fragen geraten bei den meisten Bewerbern so ins Wanken. Bei der Beantwortung der Fragen wird ersichtlich, wie differenziert ein Bewerber die Thematik wahrnehmen und reflektieren kann. Da dieser Fragetypus noch nicht in vielen Ratgebern enthalten ist, wird er zurzeit gerne von Unternehmen eingesetzt. Sie können sich einen Vorteil verschaffen, wenn Sie in der Vorbereitung die gängigen Themen wie beispielsweise Mitarbeitermotivation, Teamfähigkeit, Diversity, Konnektivität, Nachhaltigkeit oder betriebliches Gesundheitsmanagement kritisch hinterfragen und sich auf etwaige Fragen vorbereiten.

Um Ihr Wissen und Ihre Reflexionsfähigkeit unter Beweis zu stellen, sollten Sie diese Fragen differenziert und ausgiebig beantworten. Dies können in der Regel nicht viele Kandidaten, wodurch die Chance groß ist, dass Sie Ihrem Job etwas näher kommen.

Antworttechnik bei abstrakten Fragen
Manche Unternehmen versprechen sich von abstrakten Fragen eine starke Überlastung Ihres Gehirns. Dadurch sollen Sie nicht mehr viel Energie für Lügen aufbringen können und mehr Wahres über sich selbst preisgeben, besonders Werte und Einstellungen sollen so sichtbar werden. Aus diesem Grund werden Ihnen manchmal merkwürdige Fragen gestellt, beispielsweise:

»Welches Tier wären Sie gerne?«
»Welches Lebensmotto verfolgen Sie?«
»Was bedeutet Erfolg für Sie?«

Beispielsweise bei der Frage nach der Bedeutung von Erfolg versuchen einige Interviewer herauszufinden, ob Sie eher intrinsisch oder extrinsisch motiviert sind, während andere Personaler damit eine ganz andere Intention verfolgen. Für Sie entscheidend ist, dass Sie es nicht wissen können.

Wir raten Ihnen, dass Sie bei diesen Fragen immer versuchen, Ihre Mehrwerte für die Stelle einzupflegen. Beispielsweise können Sie sich bei der Frage nach einem Tier für den Adler entscheiden, da Sie gerne die Perspektive im Unternehmen wechseln, um so Probleme zu lösen. Beim Lebensmotto können Sie sich für »Nicht nur miteinander, sondern auch füreinander« entscheiden, da es Ihnen wichtig ist, auch auf das Umfeld zu achten, um gemeinsam das beste Ergebnis zu erreichen.

Antworttechnik für mehrgliedrige Fragen
Um Ihre kognitive Leistungsfähigkeit zu analysieren, werden Ihnen im Interview manchmal mehrere Fragen auf einmal gestellt.

Beispiel für eine mehrgliederige Frage
Sie werden gefragt, wie Sie sich als Führungskraft sehen, was Ihnen dabei wichtig ist und welche Erfahrungen Sie zu diesen Themen im Laufe Ihrer Karriere gemacht haben.

Ihre Interviewer könnten sich hier unter anderem dafür interessieren, wie Ihr sprachliches Geschick ist, wie strukturiert Sie arbeiten oder ob Sie fähig sind, komplexe Aufgaben zu meistern. Das heißt für Sie, dass Sie bei der Beantwortung dieser dreigliedrigen Fragen sehr strukturiert vorgehen müssten, um sie perfekt zu lösen. Wir raten Ihnen, sich als Erstes nochmals zu versichern, dass Sie die Aufgabe richtig verstanden haben. Beispielsweise könnten Sie nachfragen:

»Ich habe jetzt drei Fragen herausgehört. Als Erstes, wie ich mich als Führungskraft selbst sehe, als Zweites, was mir als Führungskraft wichtig ist und drittens, welche Erlebnisse mich zu diesen beiden Themen als Führungskraft geprägt haben. Ist dies so korrekt?«

Diese Zusammenfassung gibt Ihnen erstens Zeit, Ihre Gedanken nochmals zu sortieren und zweitens versichern Sie sich, dass Sie nichts vergessen oder missverstanden haben – zwei Punkte, die Sie in solchen Situationen unterstützen werden.

Antworttechnik für provozierende Fragen

In einem Interview kann es immer wieder vorkommen, dass Ihre Interviewer Sie provozieren möchten. Beispielsweise möchten Sie von Ihnen zwanzig Schwächen genannt haben oder Sie widersprechen Ihnen bei Beurteilungsfragen plump.

Beispiele für provozierende Fragen
»Das können Sie doch nicht ernst meinen, oder?«
»Welches sind Ihre zwanzig größten Schwächen?«
»Wir glauben nicht, dass Sie der Aufgabe gewachsen sind. Was sagen Sie dazu?«

Hier heißt es für Sie Ruhe bewahren. Hilfreiche Tipps und Tricks lesen Sie im *Kapitel 4.6 Professionelles Stressmanagement* ab Seite 81.

Antworttechnik für Konkretisierungsfragen

Unternehmen stehen bei der Interviewvorbereitung vor großen Herausforderungen, da es mittlerweile viele Ratgeber auf dem Markt gibt und deshalb ursprünglich clevere Fragen nicht mehr ihre volle Wirkung erzielen, besonders, weil einige Ratgeber empfehlen, dass Kandidaten bei allem möglichst vage bleiben sollen. Damit kein falscher Eindruck erweckt wird: Diesen Ratschlag teilen wir nicht. Ganz im Gegenteil erzählen uns Personalverantwortliche immer wieder, dass sie solche Drückeberger direkt aussortieren.

Das heißt, Unternehmen müssen die künstliche Fassade von Bewerbern im Interview durchbrechen und das funktioniert am besten durch Nachfragen. So können sie die Selbstoffenbarungen des Bewerbers und vor allem dessen Natürlichkeit steigern. Es ist fast unmöglich, eine erlogene Geschichte dauerhaft aufrecht zu halten.

Für Sie heißt das, dass Sie sich nicht durch viele Nachfragen irritieren lassen dürfen. Das ist in einem professionellen Interview ganz normal. Wenn Sie nicht lügen, haben Sie hier nichts zu befürchten.

Die klassischen Fragen zur Konkretisierung sind:
»Was meinen Sie mit ...?«
»Können Sie dies bitte ausführlicher beschreiben?«
»Welchen Einfluss hatte ...?«
»Können Sie das bitte an einem Beispiel festmachen?«
»Was war Ihr persönlicher Beitrag?«
»Wie haben Sie sich konkret in dieser Situation verhalten?«
»Was verstehen Sie unter ...?«
»Wie noch?«
»Sondern?«
»Woran noch?«

Betrachten Sie jede Frage als interessiertes Nachfragen, worauf Sie gerne und bereitwillig antworten. Häufig haben wir schon erlebt, dass Kandidaten auf Nachfragen genervt reagieren, was nicht für sie spricht. Bleiben Sie stets freundlich und ruhig.

Selbstpräsentation

In fast jedem Interview werden Sie in den ersten Minuten gebeten, sich vorzustellen. Das kann aus der Perspektive des Unternehmens viele Gründe haben. Es gehört schlicht zum guten Ton in einem Vorstellungsgespräch, dass der Kandidat sich zumindest kurz vorstellen kann. Ebenfalls sind Kandidaten auf diese Frage in der Regel gut vorbereitet. Dadurch gelangen sie in einen Redefluss, was ihr Stresslevel reduziert und die Gesprächsatmosphäre steigert. Das Kalkül hinter dieser Taktik besteht darin, dass Kandidaten bei einer guten Atmosphäre mehr über sich preisgeben und Fragen ehrlicher beantworten. Manche Unternehmen hingegen werten Ihre Selbstvorstellung direkt eignungsdiagnostisch aus. Dabei ist nicht ausschlaggebend, was Sie inhaltlich sagen, sondern es wird analysiert, wie strukturiert Sie Informationen wiedergeben können, wie differenziert Sie argumentieren und wie sie Schwerpunkte setzen oder wie ausgeprägt Ihr kommunikatives Geschick ist.

Doch auch, wenn Ihre Selbstvorstellung nicht offiziell in Ihre Beurteilung einfließt, ist diese nach dem Small Talk der zweite erste Eindruck, den Ihre Interviewer von Ihnen bekommen. Die Selbstvorstellung hat daher ein großes unbewusstes Gewicht, da Ihre Interviewer spätestens hier entscheiden werden, ob sie Sie mögen oder nicht, was sich stark auf Ihre Bewertung auswirken wird. Wie Sie eine überzeugende Selbstvorstellung vorbereiten und vortragen, lernen Sie in Kapitel 6.5 *Spezialfall Selbstpräsentation* auf Seite 188.

Die klassischen Einleitungen zur Selbstvorstellung sind:
»Stellen Sie sich bitte kurz vor.«
»Was sollten wir vor dem Hintergrund Ihrer Bewerbung für die vakante Stelle über Sie wissen?«
»Was hat Sie in Ihrem Leben zu dem gemacht, der Sie heute sind?«

Die Selbstvorstellung hat ein entscheidendes Gewicht, ob Sie bestehen oder durchfallen. Eine gute Vorbereitung kann sich schnell rentieren.

Stressinterview

In einigen Interviews versuchen Ihre Beobachter, Sie bewusst unter Stress zu setzen. Ihre Assessoren möchten beispielsweise herausfinden, wo Ihre Belastungsgrenze liegt, wann Sie die Contenance verlieren, ob Sie Unterstellungen korrigieren oder wie durchsetzungsstark Sie sind. Sie sehen, dass es auch für diesen Interviewtypus keine Allheilmittel geben kann, da die Intentionen der Unternehmen zu unterschiedlich sein können. Doch es gibt Verhaltensweisen, die einen positiven Ausgang für Sie deutlich wahrscheinlicher machen.

Die gute Nachricht vorweg: Reine Stressinterviews gibt es so gut wie gar nicht mehr auf dem Markt. Viele Betriebsräte haben heute einen Einfluss auf den Einstellungsprozess und lassen Stressinterviews meist nur in sehr abgeschwächter Form zu und zum anderen haben Unternehmen selbst ein Interesse daran, dass Sie sich im Interview wohlfühlen. Denn wenn Sie sich im Interview schlecht fühlen, würden Sie vermutlich kaum ein Vertragsangebot annehmen. Wenn Sie heutzutage in ein Stressinterview geraten, dann wird dies vermutlich nur wenige Minuten dauern.

Es gibt unterschiedliche Taktiken, die Ihre Interviewer bei Ihnen einsetzen können. Die häufigsten sind:

• Penetrantes Nachfragen,
• Widersprechen,
• Über- oder Untertreibung und Generalisierung,
• Provokation,
• Pausentaktik und
• Nonverbale Ablehnung.

Meistens liegt der Schlüssel zum Erfolg bei allen Taktiken in Ihrer inneren Ruhe und Gelassenheit. Lassen Sie sich nicht provozieren und antworten Sie ruhig und sachlich auf die gestellten Fragen. Denken Sie dabei immer dran, dass die Interviewer nur ihren Job machen, Ihnen nichts Böses wollen und vielleicht sogar mal Ihre liebsten Arbeitskollegen werden. Wenn Sie sich nicht selbst stressen, gibt es auch kein Stressinterview. Schließlich kann Ihnen niemand befehlen, gestresst zu sein. Es liegt ganz in Ihren Händen, wie Sie auf diese Techniken reagieren: Souverän und gelassen oder hektisch und gestresst.

Penetrantes Nachfragen

Ihre Interviewer werden bei dieser Taktik nicht locker lassen. Egal was Sie sagen, es wird weiter hinterfragt werden. Ihre Assessoren nehmen dabei eine schon fast kindliche Warum-Haltung ein. Vielleicht kennen Sie dieses Verhalten von kleinen Kindern, wenn sie sich für etwas interessieren. Egal was Sie sagen, das Kind wird immer »Warum?« fragen. Und genauso verhalten sich Ihre Interviewer bei dieser Taktik. Beispielsweise können Sie auf eine nicht optimale Beurteilung in Ihren Unterlagen angesprochen werden. Egal, was Sie antworten werden, Ihre Assessoren werden weiter nachhaken.

Einige Kandidaten lassen sich dadurch zu unüberlegten Antworten drängen, die meistens nicht für sie sprechen. Allzu schnell werden dann große Schwächen präsentiert, um wieder Ruhe zu haben und die Interviewer wenigstens kurzfristig zufriedenzustellen. Nur genau das Gegenteil tritt ein: Ihre Interviewer werden Sie wahrscheinlich schlecht beurteilen, da Sie zu schnell nachgegeben und Ihren Standpunkt nicht vertreten haben.

In den meisten Fällen dürften Sie gut fahren, wenn Sie ruhig bleiben, die Fragen sachlich beantworten und wenn Ihnen nichts mehr einfällt, auch dies sachlich zu sagen. Beispielsweise könnten Sie, nachdem Sie etwas über die vierte Rückfrage nachgedacht haben, antworten:

»Entschuldigen Sie bitte. Auch nach dem ich nochmals darüber nachgedacht habe, kann ich Ihnen keine weiteren Informationen dazu anbieten. Mehr fällt mir dazu gerade nicht ein.«

Widersprechen

Eine beliebte Taktik für Stresssequenzen in einem Interview besteht darin, dass man dem Kandidaten bei einer Beurteilungsfrage widerspricht. Ein klassischer Fehler von Kandidaten ist, dass sie sofort und ohne zu reflektieren den Interviewern in ihrer konträren Meinung recht geben, vor allem, wenn diese noch zusätzliche Informationen einbringen. Falls Ihnen dies geschieht, sollten Sie sich ein paar Sekunden Zeit nehmen und reflektieren, ob der Widerspruch richtig ist und ob sich dadurch Ihre Einschätzung ändert. Falls dem so ist, können Sie dies den Interviewern mitteilen, falls nicht, sollten Sie bei Ihrer Einschätzung bleiben:

»Ich sehe, dass die zusätzlichen Informationen die Gegenseite stützen. Dennoch bleibe ich unter der Berücksichtigung aller Argumente der Meinung, dass ..., weil ... mehr überwiegt.«

Über- oder Untertreibung und Generalisierung

In Stresssequenzen werden Ihre Antworten häufig auch bewusst falsch verstanden, in einen anderen Kontext gestellt oder generalisiert.

Beispielsweise könnten Sie auf eine Frage nach Ihren Schwächen antworten, dass Sie manchmal noch das Bedürfnis haben, es anderen Menschen recht zu machen. Selbst wenn Sie den Sachverhalt einschränken und aufführen, dass dies Ihr Arbeitsleben nicht mehr tangiert, könnten Ihre Interviewer erwidern: »Das heißt, dass Sie Ihre Aufgaben nicht im Firmeninteresse erledigen?« Jetzt sollten Sie auf gar keinem Fall diese Unterstellung im Raum stehen lassen oder gar bestätigen. Besser, Sie stellen diese sachlich und souverän richtig:

»Entschuldigen Sie bitte, da habe ich mich vermutlich nicht richtig ausgedrückt. Ich meinte, dass ich häufig noch den ersten Impuls spüre, es anderen Menschen recht machen zu wollen. Das führt nicht dazu, dass ich Unternehmensinteressen zurückstelle. Ganz im Gegenteil liegt mir gerade durch diese Schwäche sehr viel daran, dass es dem Unternehmen gut geht.«

In der Musterantwort sehen Sie, dass Sie das Missverstehen auf sich beziehen können. Schlechte Antworten greifen die Interviewer an, etwa mit der Einleitung: »Nein, das haben Sie falsch verstanden ...«. Wenn Ihnen bei der Richtigstellung der Aussage noch eine Stärke einfällt, die Sie platzieren können, haben Sie diese Aufgabe vermutlich ideal gelöst.

Provokation

In sehr seltenen Fällen werden Sie auch direkt angegriffen. Beispielsweise sagen Ihre Interviewer: »Das ist doch Blödsinn.« oder »Ich glaube nicht, dass Sie für diesen Job geeignet sind.« Auch hier empfiehlt es sich, ruhig zu bleiben und souverän sowie wertschätzend zu kontern:

»Ich sehe das anders. Ich glaube, dass ich eine gute Besetzung für diese Position bin. Besonders meine langjährige Erfahrung ... meine Flexibilität ... sprechen meiner Ansicht nach für mich als Kandidaten.«

In der Regel bieten Ihnen Provokationen hervorragende Möglichkeiten, Ihre Mehrwerte für das Unternehmen erneut zu platzieren oder Ihre Souveränität und Ihr kommunikatives Geschick unter Beweis zu stellen. Freuen Sie sich auf solche Steilvorlagen und punkten Sie.

Pausentaktik

Für die meisten Menschen gibt es kaum etwas Unangenehmeres als eine lange Pause in einem Gespräch. Genau diesen Effekt nutzen Ihre Interviewer teilweise aus. Beispielsweise werden Sie nach Ihren Schwächen gefragt und Sie erzählen vielleicht von zwei oder drei Schwächen, die Sie vorbereitet haben. Ihre Assessoren werden Ihnen bei dieser Taktik nur kurz zunicken und dies vielleicht durch ein »Hm« unterstützen und anschließend warten und Sie ansehen. Viele Kandidaten halten diese Pause nicht lange aus und erzählen noch eine Schwäche, die sie gar nicht erwähnen wollten. Welches Verhalten Organisationen von Ihnen erwarten, ist wieder stark von dem jeweiligen Interviewdesign abhängig. In den meisten Fällen bestehen Sie diese Situation gut, wenn Sie erwähnen, dass Ihnen dazu nichts mehr einfällt und ebenfalls eine Pause machen. Lächeln Sie Ihre Interviewer dabei freundlich an und warten Sie. Ihre Interviewer werden die Pause wahrscheinlich selbst aktiv beenden. Sollten Sie nach gut zehn Sekunden noch immer keine Rückmeldung von den Interviewern erhalten, können Sie sich nochmals bei den Interviewern erkundigen, was gerade von Ihnen erwartet wird – immer freundlich und gelassen.

Nonverbale Ablehnung

Nicht nur durch Worte sollen Sie in manchen Interviews aus der Rolle gebracht wenden, sondern auch durch nonverbale Ablehnung. Beispielsweise geben Ihre Interviewer kein nonverbales Feedback und schauen Sie mit einem Pokerface längere Zeit an – keine Mimik, nur ein steinernes Gesicht. Das ist für Menschen viel schlimmer, als es sich für Sie wahrscheinlich gerade beim Lesen anhört. Menschen sind soziale Wesen und brauchen genau diese Rückmeldung. Weniger schlimm, jedoch noch immer schlimm genug, sind offene Ablehnungen wie ein Kopfschütteln, eine gerunzelte Stirn oder verdrehte Augen.

Lassen Sie sich davon nicht irritieren, denken Sie immer daran, dass Ihre Interviewer nur ihren Job machen, Ihnen nichts Böses wünschen und vielleicht irgendwann Ihre liebsten Arbeitskollegen sind. Fahren Sie freundlich und souverän in Ihren Ausführungen fort.

In manchen Situationen kann es zielführend sein, wenn Sie Ihre Irritation offenlegen, die muss jedoch zu Ihrer Persönlichkeit und zu Ihrem Wunschunternehmen passen. Beispielsweise könnten Sie sagen:

»Ich bin gerade etwas irritiert. Sie haben gerade mit dem Kopf geschüttelt und Ihre Augen verdreht. Ich habe das gerade so interpretiert, dass ich Sie mit meiner Aussage nicht überzeugen konnte. Womit genau konnte ich Sie noch nicht überzeugen?«

Umgang mit Schwächen

Als gute Führungskraft sollten Sie sich Ihrer Schwächen bewusst sein und kontinuierlich an ihnen arbeiten. Eine beliebte Frage in einem Interview ist genau diese Frage nach Ihren Schwächen. Im Abschnitt *Interviews sind für Kandidaten nicht planbar* ab Seite 93 haben Sie gelesen, dass sich hinter dieser Frage alles und nichts verbergen kann und es keinen universellen Ratschlag für diese Frage geben kann. Gleichzeitig sollten Sie sich, egal wie Sie diese Frage beantworten möchten, Ihrer Schwächen vor Ihrem Interview bewusst werden. Sie können dazu analog alle Tools aus dem Abschnitt *Mehrwerte bieten* ab Seite 100 anwenden.

Wenn Sie sich nicht entscheiden können, wie Sie die Frage nach Ihren Schwächen beantworten sollen, empfehlen wir Ihnen, diese unter dem Blickwinkel der Selbstreflexion zu beantworten. Unserer Erfahrung nach ist das bei den meisten seriösen Interviews der Hauptfokus dieser Frage. Nichtsdestotrotz können Sie in Ihrem individuellen Fall mit der Einschätzung daneben liegen. Die Entscheidung erinnert ein wenig an ein Glücksspiel, wobei die Quoten klar auf Selbstreflexion deuten.

Bereiten Sie in diesem Fall Ihre Schwächen ebenfalls anhand der GAR-Methode auf. Wählen Sie dazu Schwächen, die einen klaren beruflichen Fokus haben, jedoch nicht zu den Schlüsselqualifikationen der zu besetzenden Stelle gehören. Sie könnten etwa auf solch eine Frage antworten:

Grund	»Ich habe eine Prosopagnosie (Gesichtsblindheit). Das heißt, ich kann mir keine Gesichter merken. Dadurch kommt es manchmal vor, dass ich von Menschen mit Namen begrüßt werde und ich nicht weiß, wer gerade mit mir redet.«
Aktion	»Deshalb versuche ich mir bei wichtigen Personen bewusst einzelne Gesichtspartien oder Körpermerkmale, wie die Körperstatur oder den Gang, einzuprägen. Weiter schaue ich mir vor wichtigen Terminen immer noch mal die Xing-Profilbilder der Teilnehmerliste genauer an.«

Resultat	»So erkenne ich zumindest die meisten wichtigen Personen auf Veranstaltungen, wobei es noch vorkommt, dass ich eine Person nicht erkenne.«

Reflexion anderer Assessment-Center-Übungen

Wenn Sie Ihr Interview am Ende Ihres Assessment-Centers zu absolvieren haben, können Sie erwarten, dass das bisherige Assessment-Center ein Teil des Interviews wird. Beispielsweise werden Sie gebeten, sich selbst einzuschätzen oder andere Kandidaten zu beurteilen. Hilfreiche Tipps zu Ihrer Selbsteinschätzung finden Sie in Kapitel 12 *Selbstreflexionsübungen: positive Selbstkritik* ab Seite 367.

Wenn Sie nach der Beurteilung von anderen Kandidaten gefragt werden, befinden Sie sich in einer Zwickmühle. Manche Unternehmen testen dabei, ob Sie andere Personen beurteilen können und erwarten eine Einschätzung, während andere Unternehmen testen möchten, ob Sie über andere Personen lästern oder loyal sind.

Die zweite Zwickmühle öffnet sich, wenn Sie sich dazu entscheiden, ein Urteil über andere Kandidaten abzugeben. Schätzen Sie Ihre Mitbewerber schlecht ein, kann Ihnen Überheblichkeit oder eine mangelnde Reflexionsfähigkeit unterstellt werden. Wenn Sie die anderen Kandidaten gut einschätzen, schaden Sie sich vielleicht selbst.

Machen Sie Ihre Entscheidung von Ihrem erwarteten Anforderungsprofil abhängig. Sollten Sie sich für ein Urteil über einen anderen Kandidaten entscheiden, raten wir Ihnen zu einem sehr ausgleichenden Vorgehen. Sagen Sie beispielsweise zu jedem Kandidaten einen positiven und einen negativen Aspekt, die etwa gleich stark zu gewichten sind.

Müssen Sie sich im Verhältnis zu Ihren Mitbewerbern einschätzen, empfehlen wir Ihnen, sich auf Platz eins der Liste zu setzen und bei jedem Mitbewerber individuell zu begründen, warum Sie besser geeignet sind als dieser. Aus welchem Grund sollte ein Unternehmen Sie sonst einstellen, wenn Sie selbst andere Kandidaten für besser geeignet halten?

Wenn durch die Tagesagenda hervorgeht, dass Ihr Interview die letzte Übung ist, kann es hilfreich sein, sich in den Pausen wenige Gedanken zum bisherigen Tagesablauf zu machen und ein bis zwei Beispiele zu verinnerlichen, bei denen Sie brilliert haben. Nutzen Sie die Pausen gleichzeitig auch für Ihre Entspannung. Sie werden die Energie in den anderen Übungen des Tages benötigen.

Verhandlung von Vertragsdetails

Nicht zu unterschätzen sind Ihre Vertragsverhandlungen am Ende des Bewerbungsprozesses. Was Sie hier aushandeln, wird immer die Grundlage für spätere Verhandlungen in dieser Firma sein. Langfristig lohnt es sich daher, etwas Zeit in die Vorbereitung zu investieren – gerade, wenn Sie sich in einer neuen Organisation bewerben.

Die meisten Personaler schätzen es, wenn Sie auf die Frage nach Ihrem Gehaltswunsch eine direkte Antwort geben und nicht versuchen, um den heißen Brei zu reden. Die Geister scheiden sich daran, ob eine glatte Zahl oder eine Gehaltsspanne die richtige Antwort auf die Frage nach dem Wunschgehalt ist. Wenn Sie eine Spanne angeben, ist von diesem Moment an das untere Ende der Spanne die Verhandlungsgrundlage. Wenn Sie etwa eine Spanne von 75.000 bis 80.000 Euro Jahresgehalt angeben, werden Sie unwahrscheinlich mehr als 75.000 Euro aushandeln können. Ihren Gehaltswunsch geben Sie immer als Bruttojahresgehalt an, inklusive Weihnachts- und Urlaubsgeld sowie Boni, Provisionen und Jahresabschlussgratifikationen. Welchen Betrag oder welche Spanne Sie schlussendlich nennen, wird von Ihrer Verhandlungstaktik, Ihren Qualifikationen, den branchenüblichen Zahlungen, dem Unternehmensbedarf und Ihrer aktuellen Situation abhängen.

Beachten Sie, dass neben dem Jahresgehalt noch andere Vertragsdetails mitverhandelt werden können: Beispielsweise der Anteil zwischen Fixgehalt und variablem Anteil, betriebliche Altersversicherung, Firmenwagen, Umzugskosten, Unternehmensbeteiligungen oder Aus- und Weiterbildungen.

Sollten Ihre Interviewer Ihre Gehaltsvorstellungen nicht akzeptieren, wovon auszugehen ist, beginnt Ihre Gehaltsverhandlung. Hier können Sie alle Tipps und Tricks der Verhandlungskunst einpflegen. Sie sollten dabei lediglich auf zwei Besonderheiten achten: Erstens sollten Sie sich nicht zu weit nach unten verhandeln lassen, da Sie so an Glaubwürdigkeit einbüßen. Wenn Sie ein Angebot bekommen, das weit unter Ihrem Vorschlag liegt, sollten Sie sich Bedenkzeit erbitten und für sich in aller Ruhe reflektieren, wie Sie Ihre Argumentation neu aufbauen. Zweitens dürfen Sie in dieser Phase hart verhandeln, jedoch muss immer gewährleistet sein, dass die Interviewer noch weiter mit Ihnen arbeiten möchten. Sie wären nicht der erste Kandidat, der einen sicheren Job durch eine unnötig harte Gehaltsverhandlung verliert. Wie hart Sie tatsächlich verhandeln, hängt sicherlich von Ihren Alternativen und Ihrer derzeitigen Position ab. Beispielsweise können Sie deutlich selbstbewusster auftreten, wenn Sie schon ein gutes Vertragsangebot einer anderen Firma haben, bei der Sie auch gerne arbeiten würden.

Fragen des Kandidaten an das Unternehmen

Am Ende Ihres Interviews bietet sich häufig die Gelegenheit, selbst Fragen zu stellen. Wir empfehlen Ihnen alle Fragen zu klären, die bei Ihnen noch offen sind. Häufig sind dies bei Kandidaten organisatorische Fragen über den weiteren Ablauf des Auswahlprozesses oder Fragen zur vakanten Stelle. Da einige Unternehmen auswerten, ob und welche Fragen Sie stellen, empfehlen wir Ihnen, mindestens zwei clevere Fragen zu stellen, die Sie im Vorfeld vorbereitet haben. Besser ist es jedoch, wenn Sie diese Chance aktiv für sich nutzen. Vermutlich müssen Sie am Ende selbst eine Entscheidung zwischen mehreren Alternativen treffen. Da ist es strategisch ungeschickt, diese auf einem schwachen Informationsfundament zu treffen. Erfragen Sie das, was für Ihre Entscheidung wichtig ist. In der Regel brillieren Sie damit auch in diesem Teil, wenn dieser in die Beurteilung einfließt, da Sie motiviert Interesse für die Firma und die Stelle zeigen. Musterfragen hierzu sind:

»Wie ist die Stelle in der Organisation eingebunden?«
»Ist die Stelle neu geschaffen?«
»Aus welchen Gründen ist die Stelle vakant?«
»Wer wäre mein direkter Vorgesetzter?«
»Wo liegt der Aufgabenschwerpunkt?«
»Wie viel Prozent der Arbeitszeit verbringe ich mit der Aufgabe ...?«
»Welche Rolle spielt Projektarbeit im Unternehmen?«
»Wie hoch ist das Reiseaufkommen?«
»Welche Schnittstellen gibt es?«
»Wie vielen Mitarbeitern bin ich disziplinarisch vorgesetzt?«
»Wie sieht die Personalentwicklung meiner Mitarbeiter aus?«
»Welche Befugnisse habe ich genau?«
»Welche Aufgaben umfasst mein Verantwortungsbereich genau?«
»Welchen Anteil haben Forschung und Entwicklung am Gesamtbudget?«
»Im Jahresgeschäftsbericht stand ... Was kann ich mir darunter genau vorstellen?«
»Ich habe gelesen, dass Sie gerade ... Wie weit wäre ich davon betroffen?«
»Was sind vermutlich die organisatorischen Herausforderungen, die mit dieser Stelle verbunden sind?«
»Wie soll planmäßig meine Einarbeitung aussehen?«
»Ist es möglich, vor der Vertragsunterzeichnung die Abteilung zu besichtigen und vielleicht schon ein Gespräch mit einem oder zwei Mitarbeiter(n) zu führen?«
»Welche Weiterbildungsprogramme werden geboten?«

Am Ende des Interviews überzeugen

Am Ende des Interviews sind alle Fragen geklärt und alle Argumente ausgetauscht. Im Grunde ist das Interview zu Ende. Doch Vorsicht: Die Endphase ist einer der wichtigsten Sequenzen in einem Interview. Auch wenn hier offiziell keine Dimensionen mehr überprüft werden, hat diese Schlussphase Einfluss auf Ihre Gesamtbeurteilung. Hier formen Sie den letzten Eindruck, den Ihre Interviewer von Ihnen bekommen und dies ist die letzte Urteilsbildung über Sie, bevor Ihre Assessoren Ihre Notizen auswerten und Sie final beurteilen.

Schaffen Sie in dieser Phase nochmals aktiv eine gute Gesprächsatmosphäre. Seien Sie präsent, bedanken Sie sich für das gute Interview und verabschieden Sie sich mit einem Lächeln und einem festen Händedruck von allen Interviewern. Ihre innere Anspannung und Konzentration dürfen Sie erst ablegen, wenn Sie den Raum verlassen haben und die Türe hinter Ihnen geschlossen ist. Lassen Sie die Chance auf einen guten letzten Eindruck nicht ungenutzt.

5.4 Mögliche Interviewfragen

Sie haben jetzt einen Methodenkoffer für unterschiedliche Fragearten, wissen, worauf es bei der Beantwortung einer Frage ankommt und haben sich ein Portfolio an Beispielen zurechtgelegt. Jetzt können Sie testen, ob Sie auch für reale Interviewfragen gewappnet sind, wie sie Unternehmen einsetzen. Wir haben Ihnen für die zehn wichtigsten Kategorien in einem Interview jeweils zehn Fragen zusammengestellt. Testen Sie, ob Sie alle Fragen mit Mehrwerten für das Unternehmen beantworten können und Sie sind gut für Ihr Interview gerüstet.

Fragen zu Ihrem Werdegang

»Welche Erlebnisse und Ereignisse haben Sie zu dem gemacht, der Sie heute sind?«

»Sie schreiben, dass Sie ... Können Sie dies anhand von zwei Beispielen konkretisieren?«

»Wie kam es, dass Sie [Ihr Beruf] geworden sind?«

»Was macht für Sie die Qualität Ihrer Karriere aus?«

»Wodurch zeichnet sich Ihre beeindruckende Karriere aus?«

»Was mögen Sie an Ihrem Beruf am meisten?«

»Bei welchen Tätigkeiten fühlen Sie sich am wohlsten?«

»Sie haben im Jahr 20XX Ihren Beruf gewechselt. Wie kam es dazu?«

»Welches waren und sind die für Sie wichtigsten Kriterien Ihrer Karriereplanung?«

»Wie sah bisher ein durchschnittlicher Arbeitstag bei Ihnen aus?«

Fragen zu Ihren Kompetenzen

»Welche berufsbezogenen Fachbücher und Fachzeitschriften lesen Sie und warum?«

»Wie schätzen Sie Ihre Kenntnisse im Bereich ... ein?«

»Welche Qualifikationen befähigen Sie zur Ausübung dieser Position?«

»Welcher der Stellenanforderungen glauben Sie am meisten zu entsprechen und weshalb beurteilen Sie das so?«

»Welche aktuellen Trends und Entwicklungen halten Sie in Ihrem Fachgebiet für besonders wichtig?«

»Wie schätzen Sie Ihre Kompetenz für diese Stelle auf einer Skala von 1 bis 10 ein, wobei 1 bedeutet, dass wir Sie sofort nach Hause schicken sollten und 10, dass wir gar keine anderen Interviews mehr führen müssen, da Sie der beste Kandidat sind?« [Antwort] »Was macht dieser Wert für Sie aus?«

Fragen zu Ihren Kompetenzen

»Was können Sie bei der Analyse eines Problems besser als die meisten Ihrer Kollegen?«

»Was bedeutet unternehmerisches Denken für Sie?« [Antwort] »Haben Sie ein Beispiel dafür?«

»In welchen Bereichen würden Sie sich gerne noch vor Ihrem Stellenantritt weiterbilden?«

»Sie haben folgendes fachliches Problem: ... Wie lösen Sie dies?«

Fragen zu Ihrer Selbstreflexionsfähigkeit

»Was sind Ihre größten Stärken und Schwächen?«

»Auf welche Leistungen waren Sie bei Ihrer vorherigen Stelle besonders stolz?«

»In welchem Arbeitsklima fühlen Sie sich am wohlsten?« [Antwort] »Wie sieht dieses Klima genau aus?«

»Wie hätten Sie rückblickend Ihre Karriere beschleunigen können?«

»Was glauben Sie, wie lange Sie für eine gute Einarbeitung bei uns benötigen?«

»Was ginge in Ihnen vor, wenn Sie einen Vortrag vor tausend Menschen halten müssten?«

»Was soll in fünf Jahren in unserer Firmenzeitung über Sie stehen?«

»Was erwarten Sie von dieser vakanten Stelle?«

»Warum endete Ihr letztes Arbeitsverhältnis?«

»Wenn Sie Ihre Karriere noch einmal von Beginn an planen könnten: Was würden Sie anders machen?«

Fragen zu Ihrer Motivation

»Aus welchen Gründen haben Sie sich bei uns beworben?«

»Für welche Aufgaben können Sie sich in besonderem Maße begeistern?«

»Wie zufrieden sind Sie mit Ihrer bisherigen Berufslaufbahn?«

»Wodurch erfahren Sie in Ihrem Beruf Zufriedenheit?«

»Was ist Erfolg für Sie?«

»Was glauben Sie spornt Menschen besonders effektiv zur Arbeit an?«

»Über welches berufliche Thema könnten Sie begeistert stundenlang reden?«

»Wo möchten Sie beruflich in fünf Jahren stehen?«

»Was versprechen Sie sich persönlich von dieser Position?«

»Wie gehen Sie mit Misserfolgen um?«

Fragen zu Ihrer Konfliktfähigkeit

»Welchen Konflikt haben Sie jüngst wie gelöst?«

»Wie gehen Sie mit Konflikten/Kritik um?«

»Worüber können Sie sich so richtig aufregen?«

»Wie gehen Sie mit Entscheidungen von Ihrem Vorgesetzten um, die Sie eigentlich nicht mittragen wollen?«

»Wenn wir Ihren aktuellen Vorgesetzten fragen würden, wie konfliktfähig Sie sind: Welchen Ratschlag würde er uns geben?«

»Worauf legen Sie bei der Schlichtung von Konflikten besonderen Wert?« [Antwort] *»Haben Sie ein Beispiel für uns?«*

»Wann sollte man einen Konflikt nicht schlichten, sondern ausfechten?«

»Wie gehen Sie mit ungerechtfertigten Kundenbeschwerden um?«

Fragen zu Ihrer Konfliktfähigkeit

»Wie würden Sie Ihre Arbeitskollegen in Konfliktsituationen beschreiben?«

Fragen zu Ihrer Flexibilität

»Wie flexibel sind Sie und warum?«

»Wie gehen Sie mit Veränderungen um?«

»Wann gab es die letzte große Veränderung in Ihrem Leben?« [Antwort] »Wie sind Sie damit umgegangen?«

»Wo sind Ihre Grenzen der Flexibilität?«

»Unter welchen Bedingungen wären Sie bereit, für diesen Beruf in eine andere Stadt oder ein anderes Land zu ziehen?«

»Wie sieht es mit Ihrer Reisebereitschaft aus?«

»Mit welchen Problemen rechnen Sie in den ersten hundert Tagen nach Ihrem Stellenantritt bei uns im Haus?« [Antwort] »Wie möchten Sie diese lösen?«

»Welches große Problem haben Sie zuletzt gelöst und wie haben Sie das geschafft?«

»Wären Sie bereit, auch eine andere Stelle anzunehmen? Wir haben gerade eine vakante Stelle im Bereich ... ausgeschrieben.«

»Tun Sie etwas, das uns überrascht.«

Fragen zu Ihrer Ergebnisorientierung

»Wie wichtig ist Ihrer Meinung nach Ergebnisorientierung für eine Führungskraft?«

»Was waren Ihre größten Erfolge?« [Antwort] »Wie haben Sie diese erreicht?«

»Warum sollten wir gerade Sie einstellen?«

»Wie strukturieren Sie Ihren Arbeitsalltag?«

Fragen zu Ihrer Ergebnisorientierung

»Welches Problem haben Sie jüngst gelöst und wie sind Sie dabei vorgegangen?«

»Wie erreichen Sie Ihre Ziele? Geben Sie uns hierzu bitte ein konkretes Beispiel.«

»Wie bereiten Sie Aufgaben vor, bevor Sie diese mit einem Kollegen abstimmen?«

»Wie wichtig ist Ihnen selbstständiges Arbeiten?«

»Wie ergebnisorientiert würden Ihre Arbeitskollegen Sie beschreiben?«

»Lösen Sie bitte folgende Fallstudie: …«.

Fragen zu Ihrer Teamfähigkeit

»Wie viel Prozent Ihrer Gesamtarbeitszeit möchten Sie gerne mit Teamarbeit verbringen?«

»Was unternehmen Sie, wenn Sie von einem Fehler eines Kollegen betroffen sind?«

»Was zeichnet für Sie ein Leistungsteam aus?«

»Bezeichnen Sie sich als Teamplayer?« [Antwort] »Wie kommen Sie zu dieser Einschätzung?«

»Welche Eigenschaften Ihrer ehemaligen Arbeitskollegen mochten Sie am meisten?«

»Wie würden Sie Ihre ehemaligen Arbeitskollegen beschreiben?«

»Welche Rolle(n) nehmen Sie typischerweise in einem Team ein?«

»Wann fällt es Ihnen schwer, mit anderen zusammenzuarbeiten?«

»Wann haben Sie das letzte Mal Ihre Meinung aufgrund von Argumenten Ihrer Mitarbeiter geändert?«

»Wo sehen Sie die Grenzen von Teamarbeit?«

Fragen zu Ihrem Führungsverhalten

»Wie stellen Sie sicher, dass Sie anstehende Aufgaben termingerecht erledigen?«

»Welche Erwartungen haben Sie selbst an Ihren späteren Vorgesetzten?«

»Was ist Ihrer Ansicht nach die Hauptaufgabe einer Führungskraft?«

»Worauf achten Sie, wenn Sie einen Stellvertreter benennen sollen?«

»Wo konnten Sie schon einmal Aufgaben delegieren?« [Antwort] »Wie sind Sie vorgegangen?«

»Welche Aufgaben haben Sie ganz konkret in der Vergangenheit delegiert und welche lieber selbst erledigt?«

»Beschreiben Sie bitte eine Situation, in der Sie einem Mitarbeiter ein kritisches Feedback gegeben haben.«

»Wie können Sie Mitarbeiter kurzfristig motivieren?«

»Mit welcher Person waren Sie zuletzt nicht einer Meinung?« [Antwort] »Können Sie uns bitte die Sichtweise Ihres Gesprächspartners beschreiben?«

»Was würde ein ehemaliger Mitarbeiter, mit dem Sie Konflikte hatten, über Ihren Führungsstil sagen?«

Fragen zu Ihrer Persönlichkeit

»Was heißt Loyalität für Sie und wo wären die Grenzen Ihrer Loyalität gegenüber Ihrem Vorgesetzten?«

»Wie sieht Ihre berufliche Vision aus?«

»Was interessiert Sie besonders?«

»In arbeitsintensiven Zeiten sind viele Überstunden bei uns selbstverständlich. Wie schaffen Sie es, gut damit umzugehen?«

»Welche Persönlichkeit beeindruckt Sie besonders?«

»Wie würden Sie Ihren Fragestil beschreiben?«

Fragen zu Ihrer Persönlichkeit

»Schildern Sie uns bitte einen Fall, bei dem Sie einen Druck als besonders belastend empfunden haben.«

»Wie stark wird Ihr Gemütszustand durch Erfolge oder Misserfolge beeinflusst?«

»Mit welchen Charaktereigenschaften können Sie bei Ihrer jetzigen Stelle besonders punkten?«

»Was glauben Sie, wie andere Sie einschätzen?«

 Auf der beiliegenden CD-ROM finden Sie hundert Interviewfragen aus zehn Kategorien.

Kandidaten antworten spontan und unreflektiert auf Fragen.	Durchdenken Sie gerade bei komplexen Fragen kurz Ihre Antwort, bevor Sie diese aussprechen.
Bewerber antworten wortkarg oder langatmig auf Fragen.	Versuchen Sie bei den Interviewern festzustellen, wie ausführlich Ihre Antworten ausfallen sollen.
Teilnehmer lassen sich von den Assessoren provozieren oder aus der Ruhe bringen.	Bleiben Sie stets ruhig und souverän, gerade in Stresssequenzen.
Aspiranten fallen dem Interviewer ins Wort oder verhalten sich rechthaberisch.	Ihre Interviewer fällen die Entscheidung, ob Sie den Job bekommen oder nicht. Seien Sie deshalb entgegenkommend.
Teilnehmer lästern über ehemalige Kollegen, das aktuelle Unternehmen oder andere Mitbewerber.	Sprechen Sie niemals schlecht über Dritte. Das färbt negativ auf Sie ab.
Bewerber haben keine eigenen Fragen vorbereitet.	Bereiten Sie selbst clevere Fragen an das Unternehmen vor, die Sie am Ende des Interviews stellen können.
Kandidaten sind während der Verabschiedung unkonzentriert und verpatzen den letzten Eindruck.	Achten Sie drauf, dass Sie so lange souverän und konzentriert agieren, bis Sie das Gebäude verlassen haben.

Dos and Don'ts im Interview

6.
Präsentation: Prägnantes Infotainment statt Langeweile

In diesem Kapitel

- lernen Sie, welche Präsentationsübungen Sie im Rahmen eines Assessment-Centers erwarten können,

- erfahren Sie, was Unternehmen während der Präsentation über Sie als Teilnehmer erfahren möchten,

- lernen Sie, wie Sie bei Präsentationen positiv wirken,

- lernen Sie generelle Strategien kennen, die Ihnen helfen, in jeder Präsentation eine bessere Figur abzugeben

- und Sie erfahren, wie Sie verschiedene Präsentationen vorbereiten und strukturieren können.

»Sage nicht alles, was du weißt, aber wisse immer, was du sagst.«

Matthias Claudius (1740 bis 1815), Dichter und Journalist

Bei einer Präsentation stehen Sie in Ihrem Assessment-Center unter einer besonderen Beobachtung. Es gibt weder einen Tisch, hinter dem Sie sich verbergen können, noch andere Teilnehmer, die ebenfalls die Aufmerksamkeit der Assessoren auf sich lenken. Sie alleine stehen im Fokus aller Beobachter. Wer gut präsentieren kann, hat viele Vorteile für das gesamte Assessment-Center, da kaum eine andere Übung so große Signalwirkung auf andere Übungen hat wie eine Präsentation. So mancher Beobachter denkt unbewusst »Wer gut präsentiert, muss auch sonst gut sein.« Vor allem, wenn Präsentationen am Anfang eines Assessment-Centers stattfinden, wird dies Ihre Beobachter besonders prägen. Punkten Sie hier und heben sich von der Masse ab, haben Sie gute Chance, Ihr Assessment-Center erfolgreich zu meistern. Wer nicht gut präsentieren kann, hat es schwerer, ein Assessment-Center zu bestehen. Darunter leiden meist vor allem ungeübte Redner. Aber Rhetorik ist nur eine Methodik wie andere auch und kann erlernt werden. Sie müssen kein geborener Redner sein. Beispielsweise war es der Apple-Gründer Steve Jobs auch nicht und dennoch konnte er in seinen letzten Jahren als CEO charismatische Präsentationen wie kaum ein anderer halten. Um es ihm gleich zu tun, sind drei Dinge besonders wichtig: die Methodik beherrschen, immer und überall üben und stets Erfahrung sammeln. Mehr braucht es nicht, um ein guter Präsentator zu werden. Unsere Erfahrung zeigt, dass die meisten Kandidaten nach einem zweitägigen Rhetoriktraining zumindestens zufriedenstellend präsentieren können – die meisten sogar gut bis sehr gut. Selbst die Teilnehmer, die sich als hoffnungslose Fälle beschrieben haben, präsentieren nach zwei Tagen Training spannend und einnehmend. Nicht ganz wie Steve Jobs bei seinen Produktpräsentationen, aber gut genug, um seine Assessoren von sich zu überzeugen.

6.1 Das sollten Sie über Präsentationen wissen

Präsentationen sind fester Bestandteil der meisten Führungskräfte-Assessment-Center. Von einer modernen Führungskraft wird auch später im Job erwartet, dass sie ihren Standpunkt auch vor mehreren Zuhörern und unter großem Stresseinfluss vermitteln und vertreten kann. Ganz gleich, ob Sie später vor Mitarbeitern in einem Meeting, vor Kollegen im Führungs-kreis oder vor Kunden auf einer Messe präsentieren müssen: Als Führungs-kraft sind Ihre rhetorischen Fertigkeiten gefragt und diese sollen Sie bei diesem Übungstypus unter Beweis stellen.

Für Sie gilt es, Präsentationen mit einem passenden Aufbau zu strukturie-ren, mit spannenden Inhalten zu füllen und das Ganze sympathisch und überzeugend vorzustellen. Je klarer und besser Sie in diesen drei Katego-rien sind, desto größer sind Ihre Chancen, Ihr Assessment-Center erfolg-reich zu meistern.

Die wichtigsten Präsentationsarten
Als Führungskraft werden Sie später in vielen unterschiedlichen Kontexten etwas präsentieren. Dazu müssen Sie nicht immer auf einer großen Bühne stehen. Sie werden vielleicht der Geschäftsführung eine Prozessoptimie-rung vorstellen, in einem Meeting Ihren Mitarbeitern ein neues Konzept präsentieren oder Ihre Kunden für ein neues Projekt begeistern. Solche oder ähnliche Aufgabenstellungen erwarten Sie auch in Ihrem Assessment-Center.

Die drei wichtigsten Präsentationsarten in einem Auswahlprozess sind:
- Fachpräsentationen zu aktuellen Trends oder zu Produkten,
- Ergebnispräsentationen nach anderen Assessment-Center-Übungen, bei-spielsweise nach einer Fallstudie oder einer Gruppendiskussion und die
- Selbstpräsentation, in der Sie sich selbst bewerben.

Die konkreten Inhalte Ihrer Präsentation in einem Auswahlprozess werden sich stark an Ihrer Wunschposition orientieren. Folglich ist es gut möglich, dass Sie als zukünftiger Vertriebsleiter einem Kunden ein neues Produkt vorstellen müssen oder als Marketingleiter die neusten Social-Media-Trends präsentieren müssen.

Was wollen Unternehmen erfahren?

Unternehmen möchten während Ihrer Präsentation einen Eindruck gewinnen, wie Sie als Redner vor anderen Personen agieren. Es geht also um Ihre rhetorischen Kompetenzen und Fragen wie »Können Sie souverän präsentieren?«, »Wie bauen Sie Argumentationsstrukturen auf?«, »Wie gewinnen Sie Ihr Publikum für sich?«, »Können Sie den Zuhörern Mehrwerte bieten?«, »Wie gehen Sie mit kritischen Nachfragen um?«, »Wie ist die nonverbale Kommunikation?« oder »Lassen Sie sich durch Ablenkungen leicht aus dem Konzept bringen?«

Die Beobachtungsdimensionen bei einer Präsentation sind im Vergleich zu denen bei anderen Assessment-Center-Übungen recht homogen, weshalb Sie sich gut darauf vorbereiten können. Auch wenn jedes Unternehmen andere Schwerpunkte setzt, so geht es doch immer übergeordnet um Ihren Präsentationsaufbau, Ihre Zielgruppenorientierung und Ihr rhetorisches Auftreten. Wer seine Zuhörer gedanklich dort abholt, wo sie gerade stehen, sie anschließend klar führt und dabei sympathisch wirkt, hat beste Chancen, im Assessment-Center zu überzeugen. In den letzten Jahren sind uns unter anderem folgende Beobachtungsdimensionen bei Präsentationen in realen Assessment-Centern begegnet:

- Auftreten
- Argumentationsfähigkeit
- Begeisterungsfähigkeit
- Durchsetzungsvermögen
- Eloquenz
- Kommunikationsstärke
- Konfliktfähigkeit
- Kreativität
- Kundenorientierung
- Motivationsfähigkeit

- Empathie
- Ergebnis- und Zielorientierung
- Fach- und Branchenwissen
- Flexibilität
- Gesprächsführung
- Interkulturelle Kompetenz

- Mündliche Ausdrucksfähigkeit
- Selbstvertrauen
- Souveränität
- Strukturierungsfähigkeit
- Priorisierungsfähigkeit
- Zielgruppenorientierung

In Ihrem Assessment-Center ist es durchaus möglich, dass Sie gleich mehrere Präsentationen mit unterschiedlichen Schwerpunkten halten müssen. Besonders bei Berufen, bei denen Sie häufig präsentieren müssen, werden Sie bei verschiedenen Präsentationen auf unterschiedliche Dimensionen getestet.

Aufbau und Ablauf von Präsentationsübungen

Ihre Vorbereitung einer Präsentation hängt maßgeblich davon ab, wann Sie den Bearbeitungsauftrag bekommen. In einigen Assessment-Centern bekommen Sie Ihre Aufgabenstellung für die Präsentation schon mehrere Tage vor dem Durchführungstag, wodurch Sie die Chance haben, eine fesselnde Präsentation in aller Ruhe vorzubereiten. Durch die lange Vorbereitungszeit von mehreren Tagen erwarten die Unternehmen in diesen Fällen Höchstleistungen von Ihnen. Hier sollten Sie nicht weniger als Ihr Bestes geben. Viele unserer Kunden optimieren mit uns ihre Präsentation vor ihrem Termin. Auch andere Kandidaten nehmen diese Dienstleistung bei anderen Anbietern in Anspruch, wodurch das durchschnittliche Niveau der vorbereiteten Präsentationen hoch ist. Für ein erfolgreiches Assessment-Center müssen Sie dieses Niveau mindestens erreichen, weshalb wir Ihnen empfehlen, einige Stunden in die Vorbereitung Ihrer Präsentation zu investieren. Wenn Sie diese vor den Beobachtern präsentieren, ist diesen schnell klar, wer sich gut vorbereitet hat und wer nicht. Dies wird oft als Indikator für Ihre Motivation für den Job interpretiert.

Doch nicht jede Präsentation können Sie im Vorfeld so ausführlich planen. In manchen Assessment-Centern müssen Sie diese vor Ort vorbereiten. Dazu haben Sie meist nur zwischen fünf und dreißig Minuten Zeit. Sollte Ihre Präsentation Teil einer anderen Übung sein, beispielsweise einer Fallstudie, ist Ihre Vorbereitungszeit in der vorgegebenen Bearbeitungszeit enthalten. Beispielsweise haben Sie für die Bearbeitung einer Fallstudie neunzig Minuten Zeit und in dieser Zeit müssen Sie neben der Lösung eine Ergebnispräsentation erstellen.

Bei Ihrer Selbstpräsentation ist es möglich, dass Sie keine Vorbereitungszeit haben. Sie sollten deshalb Selbstpräsentationen mit einer Dauer von einer, drei, fünf und zehn Minuten vor Ihrem Assessment-Center vorbereitet haben, damit Sie diese ad hoc abrufen können. Wie Sie dies lösen, erfahren Sie in Kapitel 6.5 *Spezialfall Selbstpräsentation* ab Seite 188.

Die reine Präsentationsdauer liegt selten über dreißig Minuten, da die zusätzlichen Erkenntnisgewinne der Assessoren bei längerer Präsentationszeit nur gering steigen. Nach Ihrer Präsentation ist es möglich, dass Ihre Beobachter Sie mit Nachfragen aus der Reserve locken möchten. Hierbei werden Sie auf weitere Beurteilungsdimensionen getestet wie Stressresistenz oder Durchsetzungsfähigkeit.

6.2 Aufbau von Präsentationen

Rufen wir uns in Erinnerung: Bei Präsentationen achten Ihre Beobachter bewusst oder unbewusst auf die Passgenauigkeit Ihrer Inhalte auf die Zielgruppe: Ihr rhetorisches Auftreten und Ihren Präsentationsaufbau, welchen wir in diesem Kapitel analysieren werden. Den Aufbau einer Präsentation können Sie mit einem Flug in einem Passagierflugzeug vergleichen: Die Startphase entspricht der Einleitung in Ihre Präsentation, die Flugzeit dem Hauptteil und die Landung der Schlussphase in Ihrer Rede.

Wenn wir fliegen, sind wir vor dem Start vielleicht etwas nervös, weshalb wir uns vom Piloten Orientierung und einen sanften Start wünschen. Uns interessiert, wer unser Pilot ist, wo die Reise hingehen soll und was uns auf dem Flug erwartet. Dabei möchten wir weder zu lange auf der Startbahn warten noch ruppig durch die Beschleunigung in den Sitz gedrückt oder gar hin und her gerüttelt werden.

Nach der Startphase möchten wir vom Service bedient werden. Gleichzeitig möchten wir jederzeit wissen, wo wir gerade sind, in welcher Höhe wir fliegen und stets einen Überblick über den weiteren Flug erhalten. Wenn wir zur Landung ansetzen, ist es uns wichtig, dass wir sanft und sicher landen, dass wir pünktlich ankommen und vor allem, dass wir am richtigen Flughafen gelandet sind, das heißt, das richtige Ziel erreicht haben.

Um uns der Grundstruktur einer Präsentation zu nähern, bearbeiten wir ein vereinfachtes Beispiel einer Fachpräsentation.

Aufgabenstellung
Sie sind Abteilungsleiter Marketing der Reisen AG. Sie wurden gebeten, einen Fachvortrag zum Thema »Moderne Führung« zu halten. Ihre Zielgruppe sind junge Teamleiter, die im Rahmen eines firmeninternen Weiterbildungsprogramms kurz nach ihrem Stellenantritt auf die Herausforderung ihrer neuen Rolle als Führungskraft vorbereitet werden sollen. Gehen Sie dabei besonders auf die Herausforderungen von jungen Führungskräften ein. Ihnen stehen etwa zwanzig Minuten Präsentationszeit zur Verfügung.

Einleitung: Orientierung bieten

Der Einstieg in eine Präsentation wird vielfach von Assessment-Center-Teilnehmern unterschätzt. So manche Präsentation wurde schon deutlich schlechter bewertet als sie in Summe war, weil der Vortragende seine Beobachter in den ersten Minuten gelangweilt oder negativ überrascht hat. Machen Sie sich bewusst, dass Ihre Beobachter in den ersten Sekunden bis

Minuten unbewusst entscheiden werden, ob Sie und das Thema interessant sind oder nicht.

Zu Beginn Ihrer Präsentation sollten Sie:
1. Ihre Zuhörer begrüßen, sich selbst vorstellen und den Anlass der Präsentation nennen
2. Aufmerksamkeit für das Thema generieren und
3. Orientierung für das weitere Vorgehen bieten.

Je nach Präsentationsdauer sollten Sie hierfür fünf bis zwanzig Prozent der Präsentationszeit einplanen.

Begrüßung, Vorstellung und Anlass

Heißen Sie Ihre Zuhörer zuerst mit einer passenden Begrüßung willkommen, bevor Sie sich und den Anlass Ihrer Präsentation vorstellen.

Ihre Begrüßung können Sie mit den Worten »Liebe Kolleginnen und Kollegen, ich freue mich, Sie heute ...« oder »Sehr geehrte Damen und Herren, es ist mir ein Vergnügen, Sie zur ...« beginnen. Für welche Variante Sie sich entscheiden werden, hängt maßgeblich von Ihrer Branche, Ihrem Unternehmen und Ihrem Zielpublikum ab. Als Bereichsleiter einer Bank werden Sie Firmenvertreter anders begrüßen als ein Abteilungsleiter einer sozialen Einrichtung eine Schulklasse.

Zudem möchte Ihr Publikum wissen, wer vor ihm spricht. Stellen Sie sich daher selbst kurz vor. Dabei gilt die Maxime: so viel wie nötig und so wenig wie möglich. Langweilen Sie Ihre Zuhörer nicht mit tiefen Einblicken in Ihre Vita. Auch besondere Verdienste sollten Sie nicht ansprechen, da Sie sonst schnell überheblich wirken können. Wenn Sie mehrere Titel tragen, sollten Sie sich maximal mit dem wichtigsten vorstellen und alle anderen fallen lassen.

Jeder Präsentation liegen ein bestimmter Anlass, ein bestimmtes Thema und gegebenenfalls ein Ziel zugrunde. Dies muss jedoch nicht jedem Zuhörer gleichermaßen klar sein. Sorgen Sie für eine Orientierung unter Ihren Zuhörern, indem Sie sowohl Anlass als auch Thema kurz erwähnen.

Beispielsweise könnten die Begrüßung, die Vorstellung und der Anlass für unsere Präsentation zum Thema »Modernes Führen« wie folgt aussehen:

»Liebe Kolleginnen und liebe Kollegen, ich freue mich, Sie heute im Rahmen Ihres Weiterbildungsprogramms zum Thema ›Modernes Führen‹ zu begrüßen. Ich bin Max Muster und Abteilungsleiter Marketing. Im Rahmen Ihrer Weiterbildung zum Teamleiter möchte ich Ihnen die besonderen Herausforderungen einer modernen Führungskraft in einer agilen Unternehmenskultur aufzeigen.«

Tipp: Entschuldigen Sie sich unter keinen Umständen für irgendetwas in der Startphase Ihrer Präsentation. Das wirkt unprofessionell und wertet Ihren Vortrag von Anfang an ab. Die Klassiker im Assessment-Center sind: »Entschuldigen Sie bitte. Normal präsentiere ich ganz anders, ich bin heute nervös.«, »Leider war die Zeit nicht ausreichend für eine umfassende Analyse.« oder »Ich bin mir nicht sicher, ob ich es so gemacht habe wie gewünscht. Aber ich versuche es mal.« Na, haben Sie Lust nach diesen Einstiegen weiter zuzuhören? Vermutlich nicht und so fühlen auch Ihre Beobachter in Ihrem Assessment-Center.

Aufmerksamkeit für das Thema wecken

Ihr Publikum wird Ihnen nur dann zuhören, wenn es sich einen Mehrwert durch Ihre Inhalte verspricht oder es neugierig ist, was passieren wird. Um dies zu bewerkstelligen, stehen Ihnen mehrere Möglichkeiten zu Verfügung. Beispielsweise können Sie versuchen, mit einer Metapher oder einem Zitat Neugierde bei Ihren Zuhörern zu wecken. Eine höhere Aufmerksamkeit werden Sie jedoch dann erhalten, wenn Sie die Wünsche und Bedürfnisse Ihrer Zielgruppe direkt ansprechen. Das setzt jedoch voraus, dass Sie die jeweiligen Erwartungen, Erfahrungen und Überzeugungen Ihres Publikums kennen.

Um einen Einstieg konkret auszuarbeiten, können Sie sich an den drei menschlichen Grundbedürfnissen nach McClelland orientieren:

- Zugehörigkeit, die beispielsweise den Wunsch nach Zuwendung, Sicherheit oder Geborgenheit anspricht,
- Macht, die beispielsweise den Drang nach Überlegenheit, Geltung, Kontrolle oder Wettstreit darlegt und
- Leistung, die beispielsweise das Streben nach Erfolg, Fortschritt, Kreativität oder Fantasie berücksichtigt.

In unserem Präsentationsbeispiel könnten die drei Bedürfnisse folgendermaßen angesprochen werden:

Zugehörigkeit	»Spätestens mit der Beförderung zum Teamleiter sind Sie ein fester Bestandteil unserer Familie geworden. Dazu gehört es auch, dass Sie unsere agile Firmenkultur Ihren Mitarbeitern vorleben und stets als Vorbild agieren. Dabei gilt es, viele Anforderungen zu berücksichtigen ...«.
Macht	»Als neue Führungskraft stehen Sie vor der besonderen Aufgabe, sich Tag für Tag Akzeptanz und Wertschätzung in Ihrem Team zu erarbeiten. Besonders als junger Teamleiter ist es schwer, die Kontrolle nicht zu verlieren. Das erfordert von Ihnen ein modernes Führungsverständnis ...«.
Leistung	»Sicherlich liegt Ihnen viel daran, mit Ihrem Team Fortschritte zu erzielen und Erfolge zu feiern. Niemand möchte gerne als Teamleiter versagen, weshalb es für Sie wichtig ist, dass ...«.

Je nach Unternehmen hätten Sie sich sicherlich für eine andere Alternative entschieden oder verschiedene Aspekte kombiniert. Es ist wichtig, dass sich jeder Zuhörer in dieser Phase persönlich angesprochen fühlt. Verallgemeinerungen à la »Es ist für Sie wichtig, dass Sie verstehen ...« verfehlen diesen Sinn, da sie keine Motivation bei den Zuhörern erzeugen und diese dadurch geistig abschalten werden.

Werten Sie Ihre Aussagen nicht mit rhetorischen Weichzeichnern wie »vielleicht« oder »wahrscheinlich« ab. Dies signalisiert Ihren Beobachtern nur, dass Sie sich mit der Zielgruppe unzureichend auseinandergesetzt haben und auf Vermutungen angewiesen sind.

Orientierung geben

Ihr Publikum möchte gerne wissen, was auf es zukommt und diesen Wunsch sollten Sie zeitnah erfüllen. Beispielsweise können Sie eine visuell aufbereitete Agenda präsentieren oder einfach die anstehenden Themen ansprechen. Achten Sie darauf, dass Sie Ihre Zuhörer dabei nicht überfordern. Begrenzen Sie sich maximal auf fünf Punkte, die Sie in dieser Phase ansprechen, auch wenn Ihre Agenda mehrere Themen umfasst. Beispielsweise könnten Sie für unsere Übungsfallstudie sagen:

»Um dies zu erreichen, ist es wichtig, dass Sie vier Grundaspekte moderner Führung berücksichtigen, die ich Ihnen jetzt vorstellen werde. Anschließend stehe ich Ihnen gerne für Fragen zur Verfügung.«

Hauptteil: Mehrwerte bieten

Nachdem Sie sich vorgestellt sowie die Aufmerksamkeit der Zuhörer ergattert und den groben Präsentationsrahmen vorgestellt haben, wird es Zeit, Ihre Inhalte zu präsentieren:

- Sie präsentieren Ideen, Ansätze oder Vorschläge,
- belegen diese mit Zahlen, Daten und Fakten,
- zeigen Statistiken und Untersuchungsergebnisse auf,
- laden zu Diskussionen oder Erfahrungsaustauschen ein oder
- führen Demonstrationen oder Experimente durch.

Bei allen Informationen, die Sie gesammelt haben, sollten Sie Ihre Zielgruppe berücksichtigen. Handelt es sich um Informationen, die den Zuhörern einen direkten Mehrwert liefern? Was kann das Publikum mit dieser Information anfangen? Wie muss ein Gedanke für die Zielgruppe verbalisiert werden, sodass er verstanden wird? Denken Sie immer daran, dass alles, was Sie interessant finden, nicht zwangsweise auch Ihre Zielgruppe als erforderlich und wichtig empfinden muss.

Auch wenn dies auf den ersten Blick vielleicht sehr einfach wirkt, erleben wir in Assessment-Centern immer wieder, dass Kandidaten genau an dieser Hürde scheitern. Einige Teilnehmer präsentieren gefühlt jede noch so kleine Information, auch wenn diese für das Publikum völlig irrelevant ist. Zusätzlich sind durch die hohe Inhaltsdichte weder das fiktive Publikum noch die realen Beobachter in der Lage, dem Redner gedanklich zu folgen. Bei zu vielen Informationen schaltet das menschliche Gehirn einfach ab und in Ihrem Assessment-Center dementsprechend auch Ihre Beobachter.

Ihre Aufgabe als Präsentator ist es, Wichtiges von Unwichtigem zu unterscheiden und das wirklich Relevante in einer ausführlichen und nachvollziehbaren Art und Weise zu präsentieren. Es ist besser, nur 30 Prozent der Inhalte zu präsentieren, die vom Publikum nachvollzogen werden können, als 90 Prozent der Inhalte, von denen das Publikum nur einen Bruchteil aufnehmen kann. Alle Aspekte, die Sie aus Ihrer Präsentation streichen, können Sie als Back-up im Hinterkopf behalten und gegebenenfalls bei Fragen einbringen.

Zusätzlich werden Sie bei einer zu hohen Informationsdichte vermutlich schneller sprechen, weniger Pausen machen und die wichtigen Fakten weniger ausführlich besprechen. Leider sind dies alles Faktoren, die für eine Wirkung bei Ihrem Publikum und Ihren Assessoren wichtig sind.

Wie Sie Ihre Argumente sinnvoll strukturieren, lesen Sie im Abschnitt *Argumentationstechniken* ab Seite 77.

Der Einstieg in den Hauptteil und damit der erste Informationsblock könnte für unser Beispiel wie folgt aufgebaut sein: *»Das erste Grundmerkmal einer modernen Führungskraft ist die Fähigkeit zur Selbstreflexion. Nur wer weiß, wie sein Charakter gestrickt ist und welche Werte und Einstellungen ihm selbst wichtig sind, kann Menschen individuell führen. Das beinhaltet zwei Aspekte. Erstens: Wenn wir wissen, wer wir sind, können wir im Einklang mit unseren Werten und Überzeugungen leben. So handeln wir als Führungskraft stets kongruent und unsere Mitarbeiter wissen, worauf sie sich verlassen können. Beispielsweise ... Zweitens sind wir so in der Lage, die individuellen Bedürfnisse unserer Mitarbeiter wahrzunehmen. Wenn wir hingegen unreflektiert alles durch unsere Betrachtungsweise sehen, ...«.*

Schlussphase: Zum Punkt kommen

Die Schlussphase ist in einem Assessment-Center die durchschnittlich am schlechtesten vorbereitete Präsentationsphase, obwohl in dieser Phase der letzte Eindruck bei den Assessoren gebildet wird. Wir empfehlen Ihnen, diese Phase besonders sorgfältig vorzubereiten.

Fassen Sie am Ende Ihrer Präsentation nochmals kurz und bündig das Wichtigste aus Ihrem Vortrag zusammen, ohne neue oder vergessene Argumente zu ergänzen. Was waren die Kernaussagen, die im Gedächtnis der Zuhörer hängen bleiben sollen?

Nach der Zusammenfassung empfehlen wir einen prägnanten Schlusssatz, der sich in das Gedächtnis der Zuhörer einprägen soll. Dieser soll maximal aus sieben Wörtern bestehen und die Kernaussage der ganzen Präsentation beinhalten. Von Vorteil ist es, diesen im Vorfeld schriftlich zu notieren, damit er sich besser in Ihrem Gedächtnis einprägt.

Anschließend können Sie sich beim Publikum bedanken und die Präsentation beenden beziehungsweise eine Fragerunde eröffnen. Mit welchen Worten Sie Ihre Präsentation am besten abschließen, ist eine Stilfrage. Manche

Rhetoriker schwören auf ein freundliches »Vielen Dank für Ihre Aufmerksamkeit.« Andere möchten darin ein Selbstlob erkennen und tendieren zu einem einfachen »Vielen Dank.« Eine dritte Stilrichtung findet es hingegen unhöflich, wenn keine ganzen Sätze wie beispielsweise »Ich danke Ihnen fürs Zuhören.« ans Publikum gerichtet werden. Entscheiden Sie selbst, was Ihnen am ehesten zusagt. Ein objektives Richtig oder Falsch gibt es nicht.

Die Schlussphase könnte in unserem Beispiel wie folgt aussehen:

»Mir liegt es am Herzen, dass Sie erfolgreich in Ihrer neuen Rolle als Führungskraft aufgehen. Die vier Grundaspekte einer modernen Führungskraft sind Selbstreflexion, flexibles situatives Handeln, Berücksichtigung der Rahmenbedingungen und Prioritätensetzung. Wenn Sie diese verinnerlichen, werden sie Ihnen helfen, Ihre neue Rolle erfolgreich auszufüllen.

Nur wer sich kennt, kann andere führen!«

[Lange Pause und gegebenenfalls Applaus abwarten]

»Vielen Dank. Wenn Sie noch Fragen haben, können wir diese gerne jetzt besprechen.«

Die vier häufigsten Fallen am Ende einer Präsentation

1. Ungeplantes Ende, beispielsweise »So, das war's jetzt ... glaub ich ... Danke.« Schätzungsweise enden so oder so ähnlich leider über ein Drittel aller Präsentationen in einem Assessment-Center.

2. Standardfloskel, beispielsweise »Vielen Dank für Ihre Aufmerksamkeit.« Deutlich besser als ein ungeplantes Ende, aber allenfalls einfallslos.

3. Selbstzweifel, beispielsweise »Ich hoffe, ich konnte wenigstens einen kleinen Eindruck vermitteln, was wir ...«. Bleiben Sie stattdessen bis zum Ende souverän und präsentieren Sie die positiven Aspekte, beispielsweise »Das sind die Ergebnisse unserer ...«.

4. Entschuldigungen, beispielsweise »Leider war es in der Kürze der Zeit nicht möglich, Ihnen alle relevanten Aspekte zu zeigen. Entschuldigen Sie dies bitte.« Besser Sie lassen diese Erklärung ganz weg oder Sie arbeiten die positiven Aspekte heraus, beispielsweise »Sie haben nun die wichtigsten Aspekte kennengelernt.«

6.3 Präsentationen vorbereiten

Für die methodische Vorbereitung einer Präsentation ist es unerheblich, ob Sie diese zu Hause vorbereiten oder ob Ihnen dafür im Assessment-Center nur zehn Minuten zur Verfügung stehen. Ihre Vorbereitung unterscheidet sich lediglich in der Dauer der einzelnen Phasen.

Ihre individuelle Vorbereitungszeit beginnt idealerweise mit der genauen Klärung der Aufgabenstellung und der Zielsetzung. In einigen Assessment-Centern haben wir Kandidaten nach verworrenen Präsentationen nach deren Ziel gefragt und waren nicht überrascht, als sie uns kein griffiges Ziel nennen konnten. Stellen Sie sich daher zu Beginn Ihrer Präsentation folgende Fragen:

- Was soll das Publikum am Ende der Präsentation über ihren Inhalt denken oder was soll es tun?
- Welche Einstellungen und Werte sollen sich bei Ihrem Publikum ändern?
- Was sollen Ihre Zuhörer am Ende der Präsentation gelernt haben und was haben sie davon?
- Was soll sich am Ende der Präsentation bei Ihren Zuhörern konkret verändert haben?
- Welches Bild soll das Publikum am Vortragsende von Ihnen haben?

Formulieren Sie Ihr Ziel am besten schriftlich. Weitere Anregungen, wie Sie ein wirkungsvolles Ziel setzen, lesen Sie in Kapitel 4.5 *Effektiv Ziele setzen* ab Seite 78.

Nachdem Sie Ihr Ziel niedergeschrieben haben, können Sie mit der Informationssammlung beginnen. Filtern Sie dabei direkt jegliche Informationen nach dem Grad ihrer Relevanz für die Zielerreichung. Nicht wichtige Informationen sollten Sie direkt entsorgen.

Beginnen Sie erst nach der Zielsetzung und Informationsgewinnung mit der Ausarbeitung Ihrer Inhalte. Dabei springen Sie idealerweise in der Chronologie und beginnen mit dem Schluss, fahren dann mit der Einleitung fort und bearbeiten erst als Letztes Ihren Hauptteil. Wenn Sie so vorgehen, arbeiten Sie stets zielorientiert, da Sie so Ihre Vorbereitung mit dem beginnen, was Sie erreichen möchten. So fällt es Ihnen leichter, Ihre Argumente für den Hauptteil auszusuchen und aufzubereiten.

Das Erste, was Sie sich überlegen, wenn Sie Ihr Präsentationsende vorbereiten, ist Ihr Schlusssatz. Was sind die letzten sieben Worte, die Sie inhaltlich in Ihrer Präsentation sagen möchten? Was trifft die Kernaussage Ihrer Präsentation am besten?

Fahren Sie dann mit einem gelungenen Einstieg fort. Welche Einstiegsvariante knüpft einen guten Bezug zu Ihrem Schlusssatz und schafft gleichzeitig Aufmerksamkeit bei Ihren Zuhörern?

Erst am Ende Ihrer inhaltlichen Gestaltung bauen Sie Ihren Hauptteil auf. Hierfür sollten Sie jedoch mindestens 50 Prozent der Bearbeitungszeit nutzen. Stellen Sie sich dazu folgende Fragen:

- Welchen Hintergrund haben die Zuhörer?
- Welche Bedürfnisse und Interessen hat Ihr Zielpublikum?
- Welche konkreten Mehrwerte können Sie Ihren Zuhörern bieten?
- Mit welchen Argumenten können Sie Ihre Position stärken (siehe auch Kapitel 4.4 *Argumentation* ab Seite 76)?
- Welche Gegenargumente erwarten Sie und wie können Sie diese entkräften?
- Was sind Schlagworte, die Sie immer wieder platzieren möchten?

Am Ende Ihrer Vorbereitungszeit werten Sie Ihre Präsentation durch Visualisierungen auf. Wir empfehlen Ihnen, eine visuelle Aufbereitung in Ihre Präsentation zu integrieren. Ihre Assessoren werden dies wahrscheinlich positiv bewerten.

Die letzten zwei bis drei Minuten Ihrer Vorbereitungszeit können Sie für Ihr Stresslevel und State Management nutzen. Wenn Sie ruhig und sympathisch prästieren, haben Sie gute Chancen auf eine positive Beurteilung.

Unmittelbar vor Ihrer Präsentation sollten Sie sich nochmals Ihre Anfangsworte und Ihren Schlusssatz ins Gedächtnis rufen. Bei beiden Sequenzen sollte alles perfekt funktionieren.

6.4 Wirkungsvolles Präsentieren

Rhetorik ist die Kunst des wirkungsvollen Sprechens und beinhaltet neben einem guten Aufbau der Präsentation und zielgruppenorientierten Inhalten auch einen souveränen Körperausdruck und einen gezielten Einsatz der Stimme. Eine gute Struktur und passende Inhalte für Ihr Assessment-Center haben wir in den vorangegangenen Kapiteln erarbeitet. In diesem Kapitel erhalten Sie die passende Verpackung für Ihre Inhalte. Wenn Sie jemandem ein wertvolles Geschenk überreichen, packen Sie es hübsch ein und präsentieren es voller Stolz. Bei Präsentationen in einem Assessment-Center sieht es meist ganz anders aus. Kandidaten achten scheinbar überwiegend auf ihre Inhalte und vergessen die rhetorische Verpackung. Das ist ein großer Fehler, da gerade in einem Assessment-Center die Form den Inhalt schlägt. Somit ist es viel wichtiger, wie Sie präsentieren, als was Sie präsentieren. So werden Ihre Assessoren beispielsweise kleinere inhaltliche Schwächen nicht wahrnehmen, wenn Sie charismatisch und souverän präsentieren. Präsentieren Sie hingegen schüchtern und unsicher, werden Ihre Beobachter auch bei Ihren Inhalten besonders genau hinsehen und Fehler suchen.

Einige Rhetoriktrainer propagieren, beruhend auf einer Studie von Albert Mehrabian, dass der Inhalt einer Präsentation lediglich sieben Prozent der Gesamtwirkung ausmache. Das hieße, dass 93 Prozent der erzielten Wirkung durch Körpersprache und Stimme erzielt würden. Doch diese Studie wurde mehrfach widerlegt. Gerade bei Fachpräsentationen werden Ihre Beobachter sehr genau auf die Inhalte schauen. Ganz gleich, was Sie präsentieren, die Inhalte werden immer das Fundament Ihrer Präsentation bilden. Inhaltsleere Präsentationen haben so schlechte Chancen, ein Assessment-Center zu bestehen. Doch wir sind uns sicher, dass die reinen Inhalte bei den meisten Präsentationen noch weniger als die Hälfte zu ihrer Gesamtbeurteilung beitragen. Halten wir fest: Für eine gelungene Präsentation brauchen Sie gute Inhalte als Grundlage und eine sympathische Präsentationsweise, um Ihr Assessment-Center erfolgreich zu meistern.

Das sollten Sie auch in der Vorbereitungszeit berücksichtigen. Wir erleben immer wieder in Assessment-Centern Kandidaten, die bis zur letzten Minute an ihren Inhalten arbeiten und die Darstellung der Präsentation kaum beachten. Als Ergebnis haben diese Kandidaten zwar meist etwas bessere Inhalte, die sie jedoch nicht vermitteln können, wodurch ihre Beurteilung in Summe schlechter ausfällt. Wir empfehlen Ihnen, nicht so perfekte Inhalte gut zu präsentieren anstatt perfekte Inhalte schlecht zu präsentieren.

Wirken durch Körperausdruck

Ihr Körperausdruck ist entscheidend für das Bild, was Ihre Beobachter von Ihnen haben werden. Besondere Aufmerksamkeit werden sie bewusst oder unbewusst auf Ihre Körperhaltung, Gestik, Mimik und Ihren Blickkontakt richten. Daraus werden Ihre Assessoren bewusst oder unbewusst Schlüsse über Ihre Eigenschaften ziehen:

• Sind Sie unsicher oder souverän?
• Wie verspannt sind Sie?
• Sind Sie glaubwürdig und sympathisch?
• Wie engagiert oder desinteressiert sind Sie?

Alle Antworten auf diese Fragen werden Ihre Beurteilung stark beeinflussen. Wir zeigen Ihnen, worauf es bei den wichtigsten Dimensionen der Körpersprache ankommen kann. Beachten Sie jedoch, dass es keine universellen Regeln gibt, was richtig ist und was nicht. Ratschläge wie: »Wenn Sie Ihre Arme halb verschränken, wirken Sie unsicher und unprofessionell auf Ihre Beobachter.« sind schlicht Humbug. Es kommt bei einem Verhalten nie auf eine einzelne Dimension an, sondern immer auf das Zusammenspiel von allem, was Sie tun. Dies erzeugt Ihre Wirkung auf andere Personen. Sie sollten sich keine einzelnen Verhaltensweisen unreflektiert vor Ihrem Assessment-Center antrainieren. Die meisten Kandidaten, die dies tun, wirken im Assessment-Center inkongruent und unsicher. Zusätzlich kostet dieses kurzfristig antrainierte Verhalten viel kognitive Energie, die Ihnen an anderer Stelle fehlt.

Körperhaltung

Den wichtigsten Einfluss auf Ihre Körperhaltung hat Ihr Muskeltonus, also der Grad Ihrer inneren Angespanntheit. Wenn Sie sowohl physisch als auch psychisch verspannt sind, wird sich dies in Ihrer Körpersprache niederschlagen und Ihre Assessoren werden Rückschlüsse daraus ziehen. Dies können Sie auch nicht durch gut gemeinte Ratschläge kompensieren. Selbst wenn Sie Ihre Arme im vermeintlich richtigen Winkel zu Bauch und Brust gestellt haben, Ihre Finger leicht gewölbt locker nebeneinanderliegen und vieles mehr, werden Sie nicht wirkungsvoll präsentieren, wenn Sie verspannt sind. Das heißt, der Schlüssel zu einer vollen Wirkung bei einer Präsentation liegt im Erlernen von spannungsregulierenden Techniken. Damit diese bei Ihnen ihre volle Wirkung entfalten, empfehlen wir Ihnen, diese unter professioneller Aufsicht zu erlernen. Anleitungen durch Bücher oder DVDs führen häufig zu einem gegenteiligen Effekt, weshalb wir uns dieser Tradition nicht anschließen.

Für einen sofortigen Entspannungseffekt hilft es meist schon, wenn Sie verspannungsfördernde Körperhaltungen vermeiden. Beispielsweise sollten Sie nicht Ihre Arme vor der Brust verschränken, Ihre Schultern hochziehen, sich an einem Pult oder Tisch festhalten, Ihre Hände zu Fäusten ballen oder Ihre Hände hinter dem Rücken oder in einer Hosentasche verstecken.

Leider ist es nicht ausgeschlossen, dass einige Ihrer Assessoren viel Geld für Trainings bezahlt haben, in denen sie vermeintlich gelernt haben, Körperausdruck zu deuten. Unglücklicherweise werden in diesen Trainings auch unterschiedliche Deutungen von derselben Körperhaltung vermittelt, weshalb es auch hier kein geschlossenes Bild gibt. Um Ihnen eine Idee zu geben, was Beobachter wie deuten könnten, haben wir Ihnen in der folgenden Tabelle eine Auswahl an Scheinzusammenhängen zusammengefasst.

Körpersprache	Vermeintliche Bedeutung
Gerade und steife Körperhaltung	Sie unterdrücken gerade Ihre Angst
Aufgerichteter Kopf	Sie sind von sich überzeugt und aufgeschlossen
Zur Seite gerichteter Kopf	Sie sind ein mitfühlender Mensch oder Sie haben kein Durchsetzungsvermögen
Nach unten gerichteter Kopf	Sie sind hartnäckig oder Sie sind unsicher
Hochgezogene Schultern	Sie fühlen sich hilflos und haben kein Selbstvertrauen
Hände in der Hosentasche	Sie sind verschlossen und desinteressiert oder Sie belügen gerade Ihren Gesprächspartner
Vorgebeugter Oberkörper	Sie sind offen und interessiert oder Sie haben großes Selbstbewusstsein oder Sie sind ein sympathischer Mensch
Zurückgeneigter Oberkörper	Sie sind verschlossen und wollen sich abgrenzen oder Sie sind desinteressiert
Nach hinten/oben gerichteter Kopf	Sie fordern Ihre Gesprächspartner heraus
Vor der Brust verschränkte Arme	Sie grenzen sich ab oder Sie haben kein Interesse
Nach außen zeigende Handflächen	Sie sind hilflos oder Sie haben nichts zu verbergen
Etwa schulterbreit nebeneinanderstehende Füße	Sie sind sicher in dem, was Sie tun
Breitbeiniger Stand	Sie sind aggressiv und rücksichtslos
Standbeinwechsel	Sie sind unsicher und nervös oder Sie lügen

Gestik

Durch Gestik unterstützen wir unsere gesprochenen Worte. Neben dem Gesprochenen erhält der Zuhörer zusätzlich visuelle Signale, die ihm helfen, die Inhalte zu verstehen. Doch unsere Gestik beeinflusst auch die Art und Weise, wie wir sprechen, was eine Studie der Universität Regensburg belegt. Dabei wurden Versuchspersonen angewiesen, ihre natürliche Gestik zu unterdrücken. Ergebnis war, dass es in diesen Präsentationen deutlich mehr Versprecher gab, die Sätze komplizierter wurden, die Sprecher häufiger den Faden verloren haben und ungewollt mehr sinnwidrige Pausen machen mussten. Das bedeutet, dass eine gestenreiche Präsentation Ihnen zweifach in Ihrem Assessment-Center nutzen wird. Zum einen unterstützen Sie Ihre Aussagen zusätzlich, was zu einer erhöhten Souveränität und Glaubwürdigkeit führt, und andererseits können Sie dadurch strukturierter und flüssiger präsentieren.

Der Grad der Gestikulation hängt stark mit unserem Muskeltonus zusammen, weshalb Ihnen auch hier Entspannungstechniken nutzen werden. Gestik ist nichts, was einstudiert werden sollte oder gar muss. Jeder Mensch ist in der Lage, zu gestikulieren. Sie müssen es sich nur selbst in der jeweiligen Situation zugestehen. Sie kennen vermutlich keinen Menschen, der abends bei einem guten Glas Rotwein nicht zu gestikulieren beginnt.

Einer der Gründe, weshalb viele Menschen bei wichtigen Präsentationen nicht gestikulieren, ist, dass sie unter Stress körperliche Haltungen einnehmen, die eine freie Gestik nicht zulassen. Beispielsweise werden Hände hinter dem Rücken verschränkt oder es wird mit beiden Händen das Rednerpult festgehalten.

Eine Möglichkeit, wie Sie aus diesem Dilemma entkommen, liegt in einem gezielten und übertriebenen Einsatz der Gestik in der Anfangssequenz Ihrer Präsentation. Zwingen Sie sich in der ersten Minute zu einer leicht übertriebenen Gestik und Sie werden höchstwahrscheinlich feststellen, dass Sie die restliche Präsentation über wie von selbst gestikulieren werden – mit allen Vorzügen der Gestik.

Neben dieser positiven sprachbegleitenden Gestik existiert eine negative körperorientierte Gestik. Darunter verstehen wir alle Verlegenheitsgesten wie sich in die Haare fassen, an den Fingernägeln kauen oder sich an der Nase zu kratzen. Die meisten Beobachter in einem Assessment-Center werden bei mehrmaligem Auftreten solcher körperorientierten Gesten etwas Negatives in Ihr Verhalten interpretieren, beispielsweise Unsicherheit oder Ratlosigkeit. Ein Grund mehr, sich zu einer aktiven sprachbegleitenden Gestik zu überwinden, da damit Verlegenheitsgesten keinen Raum mehr haben beziehungsweise weniger auffallen und Sie ausschließlich positiv gestikulieren werden.

Mimik und Blickkontakt

Keinem anderen Körperteil schenken Ihre Assessoren so viel Beachtung wie Ihrem Kopf. Durch Ihre Mimik und Ihren Blickkontakt werden sie bewusst oder unbewusst Schlüsse über Ihren Gefühlszustand und Ihre Kompetenzen ziehen. Eine freundlich wirkende, leicht lächelnde Mimik wird von den meisten Menschen als besonders sympathisch wahrgenommen. Zusätzlich hebt sich, wenn Sie lächeln, Ihre eigene Stimmung. Die genauen Wirkmechanismen dazu finden Sie in Kapitel 3.4 *Illusion Objektivität: Was wirklich im Assessment-Center zählt* ab Seite 53.

Einen dauerhaften Blickkontakt interpretieren viele Assessoren als Aufmerksamkeit und Wertschätzung. Idealerweise halten Sie in unseren Kulturkreisen bis zu 80 Prozent der Präsentationszeit Blickkontakt mit Ihren Zuhörern. Bei mehreren Zuhörern sollten Sie wechselnd einen intensiven Blickkontakt zu verschiedenen Zuhörern aufbauen. Dabei müssen Sie nicht alle Zuhörer gleichzeitig anschauen. Es reicht, wenn Sie mit einzelnen Zuhörern Blickkontakt aufbauen. Dies wird sich auf alle anderen übertragen.

Tipp: Suchen Sie sich zu Beginn Ihrer Präsentation die am freundlichsten aussehende Person heraus und sprechen Sie die ersten zehn Sekunden nur zu dieser Person. Eine freundliche Person als Zuhörer wirkt sich positiv auf Ihr Stresslevel aus, wodurch Sie vermutlich für die restliche Präsentationszeit ruhiger und gelassener werden. In kritischen Situationen sollten Sie es hingegen vermeiden, Personen anzuschauen, die Ihnen unsympathisch sind.

Mit der Stimme überzeugen

Die Stimme ist in Präsentationen einer der Hauptinformationsträger. Von ihr hängt es maßgeblich ab, ob Sie verstanden werden, ob Ihre Zuhörer aufmerksam bleiben und ob Sie als kompetent sowie glaubwürdig wahrgenommen werden. Damit Sie Ihre Stimme perfekt einsetzen können, bedarf es einiger Übung mit einem Sprecherzieher. Die ersten großen Wirkunterschiede lassen sich hingegen sehr schnell in Eigenregie erzielen. Wir werden Ihnen zwei Methoden vorstellen, mit denen Sie schnell mehr Wirkung erzielen können: Stimmsenkungen und Pausen.

Wenn Sie ein Buch lesen, wissen Sie durch die verwendete Interpunktion genau, wann ein Gedanke abgeschlossen ist und wann ein neuer anfängt. Darüber hinaus wissen Sie auch, dass eine Aussage mit einem Punkt oder Ausrufezeichen beendet wird und eine Frage mit einem Fragezeichen abgeschlossen wird. In der Sprache haben wir diese visuelle Gedankenstütze nicht, weshalb wir dies durch unsere Stimme kompensieren. Wenn wir eine Aussage tätigen, gehen wir am Satzende mit unserer Stimme nach unten und bei einer Frage gehen wir meistens am Ende mit der Stimme nach oben. So haben wir es zumindest in der Schule gelernt, um die Struktur besser erfassen zu können. Die Praxis hingegen sieht so aus, dass die meisten Assessment-Center-Teilnehmer bei jedem Satzende mit der Stimme nach oben gehen, egal ob es sich um eine Frage oder eine Aussage handelt. Vielen Menschen ist es gar nicht bewusst, dass sie ihr ganzes Leben lang Fragen statt Aussagen tätigen. Testen Sie sich am besten direkt selbst, indem Sie Ihr Smartphone greifen und sich bei einer spontanen Selbstpräsentation aufnehmen. Gehen Sie am Satzende mit der Stimme nach unten?

Verschriftlicht sieht eine klassische Selbstpräsentation in einem Assessment-Center in etwa so aus:

»Herzlich Willkommen? Mein Name ist Christian Müller? Und ich freue mich? Heute hier zu sein? Weil es …«.

Die Stimmerhöhungen nehmen mit steigendem Stresslevel zu. Ab einer bestimmten Häufung an Stimmerhöhungen ist es für Ihre Zuhörer kaum mehr möglich, Ihnen zu folgen. Sie kennen dieses Phänomen wahrscheinlich selbst aus Meetings oder Präsentationen. Sie würden gerne jemanden zuhören, doch Ihre Gedanken schweifen andauernd ab. Selbst wenn Ihnen das bewusst wird und Sie sich wieder auf den Referenten konzentrieren, dauert es nur wenige Sekunden, bis Sie gedanklich wieder bei anderen Themen sind. Der Grund hierfür liegt meist darin, dass der Referent bei jedem Satzende mit der Stimme nach oben geht und damit ungewollt rhetorische Fragen stellt. Irgendwann wird es für unser Gehirn zu anstrengend, diese andauernd zu beantworten, wodurch die Aufmerksamkeit der Zuhörer abnimmt.

Trainieren Sie die nächsten Wochen mehrmals am Tag die Stimmsenkungen. Wenden Sie diese beispielsweise bei eher unwichtigen Telefonaten und bei Begrüßungen von Personen an. Suchen Sie sich Anlässe, bei denen Sie sich kognitiv nicht nur auf den normalen Gesprächsablauf, sondern auch auf Ihre Stimmsenkungen konzentrieren können.

Zusätzlich sollten Sie für mindestens drei Wochen einmal am Tag gezielt fünf Minuten die Stimmsenkungen trainieren. Suchen Sie sich dazu ein beliebiges Gedicht heraus, sprechen Sie dieses auf Ihr Smartphone auf und hören Sie sich am Ende Ihr Ergebnis an. Wie viele Stimmsenkungen haben Sie gemacht? Die Hauptaufgabe besteht darin, diese Sprechweise zuerst wahrzunehmen. Dies lässt sich recht zügig ändern. Wenn Ihnen beim Trainieren Stimmerhöhungen auffallen, sollten Sie sich paradoxerweise darüber freuen und sich nicht ärgern. Das Wahrnehmen der eigenen Stimme ist der erste Schritt zur korrekten Betonung.

Neben der besseren Nachvollziehbarkeit haben Stimmsenkungen einen zweiten positiven Vorteil: Sie wirken dadurch souveräner und glaubwürdiger. Dies gilt für alle Gespräche in Ihrem Assessment-Center und Berufsleben. Beispielsweise erkennen Sie sicherlich gleich den Unterschied, ob Sie auf eine Frage nach Ihrem Wunschgehalt »80.000.« mit Stimmsenkung sagen oder fragend »80.000?« antworten.

Der dritte positive Aspekt von Stimmsenkungen ist, dass Sie gezwungen werden, Pausen zu setzen. Pausen beinhalten eine dreifache Wertschätzung, weshalb sie fast jede Präsentation bereichern:

Erstens wertschätzen Sie Ihr Publikum durch Pausen, da Sie nur so Ihre Präsentation strukturieren können, was für eine Nachvollziehbarkeit unumgänglich ist. Schenken Sie Ihrem Publikum nach jedem Satz mindestens zwei Sekunden Zeit. Auch wenn Ihnen das wie eine Ewigkeit vorkommen wird, wird es Ihnen Ihr Publikum danken. Besonders in einem Assessment-Center sind Ihre Assessoren für diese Pausen dankbar, da sie in dieser Zeit ihre Gedanken strukturieren können und Notizen für Ihre Beurteilung verfassen können.

Zweitens sind Pausen eine Wertschätzung für Ihre Inhalte. Besonders bei Ihrer Selbstpräsentation möchten Sie eine Message vermitteln, die Ihre nur Zuhörer erreichen wird, wenn Sie diesen Zeit zum Nachdenken geben. Machen Sie keine Pausen, ist die Chance deutlich größer, dass Ihr Gesagtes sofort verpufft.

Und zu guter Letzt sind Pausen eine deutliche Wertschätzung für Sie als Redner. Wenn Sie Pausen machen, hören Sie auf, sich selbst zu hetzen, wodurch Sie sich beim Präsentieren wohler fühlen werden. Viele Redner denken während ihrer Präsentation Sätze wie »Hoffentlich ist es bald vorbei.« oder » Ich muss das schnell rumbringen.« Genau diese innere Haltung präsentieren Sie auch Ihrem Publikum, was vermutlich zu keiner guten Benotung durch Ihre Assessoren führen wird. Wie Sie mit diesen negativen Gedanken umgehen können, erfahren Sie in Kapitel 3.4 *Illusion Objektivität: Was wirklich im Assessment-Center zählt* ab Seite 53.

Bedenken Sie bei allen Tipps, dass eine gelungene Präsentation von unterschiedlichen Rhythmen lebt und diese nicht entstehen können, wenn Sie mechanisch nach jedem Satz Ihre Stimme senken und genau zwei Sekunden pausieren, bevor Sie mit dem nächsten Satz beginnen. Nutzen Sie alle vorgestellten Tipps für Ihr Training und integrieren Sie die neuen Sprechweisen in Ihren normalen Redefluss.

Hinweis: Wenn Sie eine Präsentation beginnen, achten Sie in den ersten Minuten gezielt auf
- **eine aktive Gestik,**
- **einen freundlichen Blickkontakt,**
- **Stimmsenkungen und**
- **eine bewusste Pausensetzung.**

Kritische Situationen entschärfen

Wenn Ihre Assessoren Ihnen kritische Fragen während oder nach Ihrer Präsentation stellen oder Unterstellungen äußern, ist Ihre größte Achtsamkeit gefragt. Ihre Beobachter werden genau darauf achten, wie Sie antworten und wie sich dabei verhalten. »Knickt er ein oder bleibt er ruhig?«, »Bleibt er souverän und antwortet sachlich oder wird er aggressiv?« oder »Schafft er es, sogar Stärken oder Mehrwerte selbst bei kritischen Fragen einfließen zu lassen?« sind nur einige Fragen, die sich Ihre Beobachter in dieser Sequenz stellen.

Egal, wie kritisch die Situation ist, Sie alleine entscheiden darüber, wie Sie auf diese reagieren. Lassen Sie sich dabei von Ihren Emotionen leiten oder bleiben Sie Herr der Lage? Wir empfehlen Ihnen, immer sachlich und nutzenorientiert zu reagieren. Stellen Sie sich dafür vor, dass jede Frage und jeder Einwand aus Sicht der Zuhörer berechtigt ist und eine wertschätzende Reaktion verdient – auch wenn Sie gerade in einem Assessment-Center das Gefühl haben, dass die Gegenseite Sie nur provozieren möchte.

Lassen Sie sich nicht aus der Fassung bringen und bleiben Sie ruhig. Das gilt auch im übertragenen Sinne. Gönnen Sie sich selbst etwas Zeit und denken Sie nach, bevor Sie antworten. Häufig haben wir in Assessment-Centern Gegenteiliges erlebt. Beispielsweise hat schon so mancher Kandidat auf eine kritische Frage sofort in schroffem Tonfall geantwortet: »Nein, das haben Sie falsch verstanden.« Eine wertschätzende Antwort sieht gewiss anders aus. In vielen Fällen bemerken dies die Kandidaten selbst, nachdem sie geantwortet haben. Leider ist es dann schon zu spät. Trainieren Sie sich deshalb darauf, dass Sie eine kurze Pause von maximal drei Sekunden vor der Beantwortung von kritischen Fragen einhalten. In dieser Zeit können Sie gedanklich eine wertschätzende und sachliche Antwort vorbereiten, mit der Sie bei Ihren Beobachtern punkten können. Falls Sie etwas mehr Zeit benötigen oder sich nicht sicher sind, ob Sie das Gesagte korrekt verstanden haben, können Sie die Frage nochmals in eigenen Worten wiedergeben. Beispielsweise können Sie freundlich erwidern:

»Wenn ich Sie richtig verstanden habe, dann möchten Sie gerne wissen, ob ...« [bejahende Antwort] *»Nun, am wichtigsten ist zunächst ...«.*

Sollte Ihr Gegenüber Ihre Zusammenfassung verneinen, erkundigen Sie sich einfach freundlich nach der richtigen Intention. Beispielsweise:

»Entschuldigen Sie bitte, da habe ich Sie wohl nicht richtig verstanden. Was wollten Sie genau wissen?«

Grundsätzlich kommt es bei Präsentationen immer wieder zu drei Arten von kritischen Interventionen durch die Assessoren, für die wir Ihnen jeweils Tipps und Tricks zur Verfügung stellen:

- Einfordern von fehlenden Informationen,
- unsachliche Angriffe und
- inhaltliche Widersprüche.

Einfordern von fehlenden Informationen

Erfahrungsgemäß stellen die Beobachter nach vielen Präsentationen Fragen. Sie interessieren sich beispielsweise für weitere Hintergründe, fordern weiterführende Erklärungen oder verlangen zusätzliche Belege für Ihre Thesen. Wenn Sie eine Lösung parat haben, stellt diese Aufgabe keine große Schwierigkeit dar und Sie beantworten die Frage idealerweise direkt. Dies wird sogar häufig der Fall sein. Nicht hinter jeder Frage der Assessoren versteckt sich eine bösartige Intervention.

Wenn Sie hingegen die Frage ad hoc nicht zufriedenstellend beantworten können, heißt es für Sie Ruhe bewahren und nachdenken. Gönnen Sie sich wenige Sekunden Bedenkzeit. In vielen Fällen kommen Sie in dieser Zeit schon auf die Lösung. Falls Ihnen jedoch auch dies nicht weiterhilft, haben Sie nur eine Möglichkeit, um weiter souverän agieren zu können: Zugeben, dass Sie die Information nicht geben können. Wir raten Ihnen davon ab, Antworten aus der Luft zu greifen. Sollten Ihre Beobachter daraufhin weitere Nachfragen an Sie haben, werden Sie vermutlich recht schnell unsicher werden und sich in Widersprüchen verzetteln.

Wenn Sie Ihre Schwäche zugeben, können Sie, je nach Präsentationsrahmen, mit zwei Ergänzungen bei den Beobachtern punkten:

Als Erstes können Sie anbieten, die Information nachzuliefern. Achten Sie darauf, dass Sie eine realistische Zeitvorgabe vorschlagen. Nehmen wir beispielsweise an, dass Sie die Ergebnisse einer Fallstudie präsentieren. Durch die Aufgabenstellung war unklar, ob Sie nur den deutschsprachigen Markt oder auch den französischen Markt analysieren sollten. Da Sie wenig Zeit zur Verfügung hatten, entschieden Sie sich dafür, nur den deutschsprachigen Markt zu analysieren. Ein Beobachter fragt Sie nun, ob Sie die Daten für den französischen Markt präsentieren können. Da Sie hierfür keine Ergebnisse vorbereitet haben, können Sie erwidern:

»Entschuldigen Sie bitte. Scheinbar gab es bei der Absprache ein Missverständnis. Wir haben unseren Hauptfokus auf den deutschsprachigen Raum gelegt. Ich möchte Ihnen jetzt keine falschen Daten für den französischen Markt nennen. Gleichzeitig werde ich Ihnen die Daten gerne bis kommenden Dienstag nachreichen.«

Das Angebot unterbreiten Sie jedoch nur, wenn dies Teil des Auftrages war. Andernfalls sollten Sie die Ausgangslage richtigstellen. Beispielsweise können Sie sagen:

»Entschuldigen Sie bitte. Unser Angebot vom ... umfasste lediglich die Analyse des deutschsprachigen Raums. Gerne analysieren wir auch den französischen Markt für Sie. Dafür unterbreiten wir Ihnen gerne ein neues Angebot ...«.

Die zweite Ergänzung, wenn Sie Ihr Nichtwissen eingestehen müssen, besteht darin, dass Sie die Irrelevanz der erfragten Information in den Vordergrund stellen. Wenn Sie beispielsweise bei einem Fachvortrag nach einer Nebensächlichkeit gefragt werden, können Sie antworten:

»Ich kann Ihnen Ihre Frage nicht im Detail beantworten. Gleichzeitig finde ich nicht, dass ... besonders stark ins Gewicht fällt. Viel wichtiger sind ...«.

Mit dieser Taktik bieten Sie eine gute Begründung, weshalb Sie die Frage nicht beantworten können, da die verlangten Informationen schlicht irrelevant sind.

Unsachliche Angriffe

Nicht jede Frage, die Sie nach einer Präsentation gestellt bekommen, muss sachlich und wertschätzend formuliert sein. Es kann vorkommen, dass Sie beispielsweise gefragt werden, wie Sie auf so einen Blödsinn kämen oder zu hören bekommen, dass Ihr Vorschlag doch niemals funktionieren könne.

Wie bei allen Angriffen sollten Sie auch hier gelassen bleiben. Eine hervorragende Möglichkeit, diese Angriffe abzuwehren, besteht in der sachlichen Beantwortung. Arbeiten Sie dazu den inhaltlichen Teil einer provokativen Frage oder Aussage heraus und gehen Sie auf diesen sachlich und wertschätzend ein. Beispielsweise könnten Sie auf die zwei oberen Beispiele wie folgt reagieren:

Zuhörer: »*Wie kommen Sie denn auf so einen Blödsinn?*«

Sie: »*Wenn ich Sie richtig verstanden habe, möchten Sie wissen, wie ich auf mein Ergebnis komme. Im Grunde waren es drei Aspekte, die besonders ...*«.

Oder auf diesen Einwand:

Zuhörer: »*Das kann doch so niemals funktionieren.*«

Sie: »*Schade, dass ich Sie noch nicht überzeugen konnte. Ich nutze gerne die Gelegenheit, um die entscheidenden Eckpunkte nochmals darzustellen ...*«.

Wenn es Ihnen schwerfällt, aus persönlichen Angriffen eine sachliche Frage abzuleiten, können Sie diese Aufgabe direkt an Ihren Angreifer zurückspielen. Beispielsweise könnten Sie auf unsere beiden Mustereinwände auch entgegnen:

»*Womit genau konnte ich Sie noch nicht überzeugen?*«

So ist Ihr Gesprächspartner selbst dazu gezwungen, sachlicher zu werden und Sie haben ausreichend Zeit, sich eine gute Antwort zurechtzulegen.

Bedenken Sie bei aller Unsachlichkeit, dass Sie selbst entscheiden, wie emotional Sie werden. Nicht die barsche Frage, nicht Ihr Gesprächspartner, nicht der Rahmen im Assessment-Center, sondern ganz allein Sie entscheiden, wie Sie damit umgehen.

Erst denken, dann kontern!

Inhaltliche Widersprüche

Neben unsachlichen Einwänden kann es bei Ihrer Präsentation auch zu berechtigten Widersprüchen kommen. Beispielsweise »Das sehe ich nicht so wie Sie, weil ...« oder »Gegen Ihre These spricht, dass ...«. Häufig erscheinen diese Gegenargumentationen in einem Assessment-Center sehr schlüssig, doch der Schein kann trügen. Eine logisch aufgebaute Antwort muss noch lange nicht richtig sein. Überprüfen Sie erst den Wahrheitsgehalt der Aussage und integrieren Sie die zusätzlichen Informationen gegebenenfalls in Ihre Überlegungen. Auf gar keinen Fall sollten Sie Ihren Assessoren sofort recht geben und Ihre Position aufgeben. Von einer Führungskraft wird in aller Regel genau das Gegenteil erwartet. Sie sollten erneut abwägen und Ihren Standpunkt vertreten, sofern dieser nicht durch die Aussage aussichtslos geworden ist. Beispielsweise könnten Sie entgegnen:

»Ein interessanter Aspekt. Lassen Sie mich kurz überlegen ... Ich kann diesen Einwand gut nachvollziehen. Gleichzeitig bleibe ich bei meiner Einschätzung. Ich bin mir sicher, dass ... in der Summe deutlich überwiegen.«

In manchen Fällen ist es sogar möglich, dass Sie ein Gegenargument als Steilvorlage für Ihre Position nutzen können, beispielsweise:

»Sie glauben, dass ... Gerade deshalb bin ich der Meinung, dass ...«.

In vielen Fällen haben Sie dabei noch zusätzlich die Chance, Argumente in Ihre Antwort einzubauen, die Sie bei der Präsentation außen vorgelassen haben. Beispielsweise könnten Sie sagen:

»Vielen Dank für diesen Einwand. Dies haben wir bei der Bearbeitung natürlich berücksichtigt. Wir sind zu dem Ergebnis gekommen, dass ..., weil ...«.

Bei aller Aufgeregtheit oder Freude an der Konfrontation sollten Sie berücksichtigen, dass Ihre Gegenseite berechtigte Gründe gegen Ihre Perspektive hat, auch wenn diese in einem Assessment-Center an den Haaren herbeigezogen sein können. Versuchen Sie daher in Ihren Antworten, Ihrem Gegenüber emotionale Zustimmung zu signalisieren. Beispielsweise können Sie Ihre Antwort mit folgenden Aussagen beginnen:

»Ich kann sehr gut verstehen, dass ...«.
»Diese Frage habe ich mir auch gestellt.«
»Ich freue mich, dass Sie kritisch mitarbeiten.«

Dabei dürfen Sie unter keinen Umständen Ihrem Gesprächspartner juristische Zustimmung signalisieren, im Sinne von »Da haben Sie recht.« Wenn Sie das tun, haben Sie nur noch einen sehr geringen Entscheidungsspielraum bei einer späteren Verhandlung oder Argumentation. Daher ist es für Sie wichtig, dass Sie Ihrem Gesprächspartner ausschließlich emotional zustimmen.

Mit Visualisierungen überzeugen

Nutzen Sie nach Möglichkeit Visualisierungsmittel während Ihrer Präsentationen. Nach unserer Erfahrung werden diese übermäßig stark von Beobachtern gewürdigt. So können Sie beispielsweise bei einer Selbstpräsentation Pluspunkte sammeln, wenn Sie nur Ihren Namen auf ein Flipchart schreiben. Manche Unternehmen möchten sehen, dass Sie Hilfsmittel einsetzen. In einigen Assessment-Centern besteht der Trick darin, dass man aktiv nach diesen Hilfsmitteln fragen muss oder dass diese am Rand eines Raumes aufgebaut sind, aber nicht vom Moderator angekündigt werden. Über Sinn und Unsinn lässt sich hier sicherlich streiten. Für Sie ist jedoch wichtig: Fragen Sie aktiv nach Visualisierungsmitteln und setzen Sie diese ein. Wenn Sie dabei noch die folgenden Tipps und Tricks anwenden, stehen Ihre Chancen auf ein erfolgreiches Bestehen höher.

Visualisierung am Flipchart

Wenn Sie in der Visualisierung ungeübt sind, empfehlen wir Ihnen, ausschließlich mit dem Flipchart zu arbeiten und dies vor Ihrem Assessment-Center mindestens eine Stunde zu trainieren (siehe Abbildung 5 auf der folgenden Seite). Die ersten Erfolge werden sich bei Ihnen schnell einstellen.

Achten Sie bei jeder Visualisierung darauf, dass Sie die Inhalte auf den Punkt bringen. Notieren Sie nur Stichpunkte und auch nur solche, die wichtig sind. Die Visualisierung soll nicht im Vordergrund stehen, sondern lediglich als Unterstützung dienen. Ein weiterer Vorteil liegt darin, dass Sie so nicht viel Zeit für die Visualisierung benötigen und Ihre Aufmerksamkeit schnell wieder auf Ihre Inhalte und das Publikum richten können.

Nutzen Sie für Zahlen, Daten und Fakten nach Möglichkeit Diagramme. Beispielsweise haben Sie eine prozentuale Aufteilung in einem Tortendiagramm viel schneller und einfacher visualisiert als in einer Tabelle.

In der Regel stehen Ihnen in einem Assessment-Center ein Flipchart, eine Moderationswand sowie ein Moderationskoffer mit ein paar Stiften und Moderationskarten zur Verfügung. Aufwendige PowerPoint-Folien müssen Sie wahrscheinlich in einem Assessment-Center nicht erstellen. Sehr wohl kann dies jedoch von Ihnen vor Ihrem Assessment-Center verlangt werden. Beispielsweise können Sie eine Woche vor dem Durchführungstermin folgenden Bearbeitungsauftrag erhalten:

*»Im Rahmen Ihres Assessment-Centers sollen Sie einen fünfzehnminüti-
gen Fachvortrag zum Thema ... präsentieren. Gehen Sie dabei besonders
auf folgende Fragestellungen ein: ... Erstellen Sie dazu eine PowerPoint-
Präsentation und senden Sie uns diese im Vorfeld zu.«*

Sofern Sie ungeübt im Aufbau von PowerPoint-Präsentationen sind, können Sie Ihr Assessment-Center als Anlass nehmen, sich in die Thematik
einzuarbeiten oder Sie nehmen professionelle Unterstützung in Anspruch.

Grundregeln der Flipchart-Visualisierung

✓ Groß- und Kleinbuchstaben statt nur
GROSSBUCHSTABEN

✓ Kleinbuchstaben in der Höhe circa
2/3 der Großbuchstaben

✓ Druckschrift statt *Schreibschrift*

✓ Eng zusammen schreiben statt
w e i t   a u s e i n a n d e r

✓ Nur mit Schwarz und Blau
schreiben statt mit Rot oder Grün

✓ rot und grün nur für
Hervorhebungen verwenden

Abbildung 5: Grundregeln der Flipchart-Visualisierung

Durch das eigene Engagement punkten

In den vorangegangenen Kapiteln haben wir Ihnen Methoden vorgestellt, wie Sie Ihre Zuhörer für sich gewinnen können. Doch reine Methodik reicht dazu nicht aus. Der Schlüssel für deren Wirkung liegt in Ihrem Engagement während der Präsentation. Wenn Sie mit Freude bei Ihrem Thema sind und die Zeit auf der Bühne genießen, wird sich das vielfältig in kleinen gestischen Bewegungen, in Ihrer Mimik und in Ihrer Stimmlage bemerkbar machen. Wenn Sie jedoch keine Lust auf Ihre Präsentation haben oder diese nur schnellstmöglich hinter sich bringen möchten, zeigt sich auch dies in Ihrem Verhalten, selbst wenn Sie die vorgestellten Methoden anwenden. Für eine gelungene Präsentation brauchen Sie eine gute Methodik. Gleichzeitig müssen Sie mit ganzem Herzen bei der Sache sein sowie Ihre Rolle als Präsentator bestmöglich genießen. In vielen Fällen reicht es schon aus, wenn Sie so tun, als ob Sie Spaß bei der Präsentation haben und ein engagierter Präsentator sind. Sie müssen es sich nur erlauben. Mit guten Freunden können Sie sich sicherlich angeregt unterhalten. Der einzige Grund, weshalb Sie sich bei offiziellen Präsentationen schwertun, liegt darin, dass Sie negative Glaubenssätze denken, wie beispielsweise »Ich kann das nicht.«, »Die mögen mich sicherlich nicht.« oder »Ach, es wird sicherlich wieder alles schief gehen.« Stoppen Sie diesen Gedankenprozess und Sie werden gut präsentieren können. Vielleicht haben Sie sogar Spaß dabei und genießen es ein wenig, im Mittelpunkt zu stehen. Mehr zu diesem Thema erfahren Sie in Kapitel 4.6 *Professionelles Stressmanagement* ab Seite 81.

6.5 Spezialfall Selbstpräsentation

Noch einmal zusammengefasst: Eine wirkungsvolle Präsentation zeichnet sich durch eine einfache und nachvollziehbare Struktur und eine charismatische Vortragsweise aus. Die Form schlägt den Inhalt. Genauso verhält es sich auch bei Ihrer Selbstvorstellung. Aus einem einzigartigen Leben kann man sowohl die uninteressanteste Selbstpräsentation erstellen als auch aus einer durchschnittlichen Karriere etwas ganz Besonderes zaubern.

Erfahrungsgemäß fällt es Menschen sehr schwer, sich selbst zu präsentieren und sich dabei in ein positives Licht zu rücken. Die Grenze zwischen arroganter Aufgeblasenheit und dem Dasein als nichtssagendes Mauerblümchen ist in einem Assessment-Center nicht besonders groß. Sie sollten bei Ihrer Selbstpräsentation die goldene Mitte dieser Skala treffen.

Was Sie von sich erzählen sollen

Es stellt sich bei jeder Selbstpräsentation die Frage, was Sie aus Ihrem Leben präsentieren sollen. Normalerweise stehen Ihnen für die Selbstpräsentation nur zwischen einer und fünf Minuten Zeit zur Verfügung – viel zu wenig, um alles aus Ihrem Leben zu erzählen. Dies hält jedoch vor allem unvorbereitete Kandidaten nicht ab, es zu versuchen. Eine eher unterdurchschnittliche Präsentation klingt dann in etwa so:

»Sehr verehrtes Publikum, ich heiße Max Muster, bin siebenundvierzig Jahre alt, verheiratet und habe zwei Töchter, die sechzehn und zwanzig sind. Ich habe an der Fachhochschule Nürtingen studiert und habe mit dem Titel Diplombetriebswirt (FH) abgeschlossen. Danach wurde ich von der Firma Coca-Cola Erfrischungsgetränke AG als Junior-Produktmanager angenommen. Eigentlich wollte ich eine andere Stelle, aber die war auch okay. Diese Stelle habe ich von September 1992 bis März 1994 ausgeführt. Danach wurde ich zum Marketing Manager befördert. Dort blieb ich genau ein Jahr, ehe ich ein Angebot der Frische Saft GmbH bekam. Diese kennen Sie vermutlich nicht, da sie sehr klein ist. Im Februar 1999 wurde ich als Leiter Direktmarketing bei der Brauerei Wiesen AG eingestellt. Im Juli 2007 wurde ich dort zum Bereichsleiter Marketing ernannt. Seitdem bin ich dort tätig. Wenn ich nicht arbeite, bin ich gerne mit meiner Familie in der Natur unterwegs. Deshalb engagiere ich mich auch im Wanderverein Blauwald e. V. Dort bin ich seit über zehn Jahren Kassenwart. Ich denke, das waren so die wichtigsten Punkte, die es von mir gibt ... Ja, genau.«

Neben vielen sprachlichen Stolpersteinen, die wir in den folgenden Kapiteln analysieren und optimieren werden, wurden inhaltlich nur langweilige und nichtssagende Zahlen und Daten präsentiert, die keinen wirklichen Einblick in das Leben des Kandidaten zulassen und die kaum einen Bezug zur ausgeschriebenen Stelle aufweisen.

Um Ihre Selbstpräsentation erstellen zu können, müssen Sie Erwartungen der Unternehmen kennen und wissen, wie Sie Ihre Stärken mit Beispielen aufbereiten. Dies erfahren Sie in Kapitel 3 *Die ideale Vorbereitung* ab Seite 29 und Kapitel 5 *Interview: Zuhören und fokussiert antworten* ab Seite 91. Wir empfehlen Ihnen, diese beiden Kapitel durchzuarbeiten, bevor Sie Ihre Selbstpräsentation weiter vorbereiten.

Das Wichtigste zur inhaltlichen Vorbereitung:
- **Überlegen Sie sich, welche Stärken Sie haben, die zur ausgeschriebenen Stelle passen.**
- **Finden Sie Beispiele, mit denen Sie diese Stärken belegen können. Dabei gilt, dass die Beispiele je wirksamer werden, desto aktueller sie sind und desto größer der Bezug zur ausgeschriebenen Stelle ist.**

Als Faustregel können Sie sich merken, dass Sie pro Minute Präsentationszeit circa eine Stärke vorstellen können. Das heißt, dass Sie bei einer dreiminütigen Präsentation maximal drei inhaltliche Stationen aus Ihrem Leben als Stärken zeigen können. Wählen Sie daher nur Stärken aus, zu denen Sie auch wirklich glaubwürdig ein gutes Beispiel in Ihrer Biografie nennen können.

Wie Sie eine Selbstpräsentation strukturieren sollen

Ähnlich wie bei einem Interview interessieren sich Unternehmen bei einer Selbstpräsentation für drei Dimensionen:

- Ihre Motivation,
- Ihre Qualifikationen und
- Ihren Charakter.

Ihren Charakter verkörpern Sie am besten dadurch, wie Sie präsentieren, weshalb dieser in der Struktur nicht weiter berücksichtigt werden muss. Bleiben noch die zwei Dimensionen Motivation und Qualifikation, die Sie in Ihrer Selbstpräsentation abbilden sollten. Wir empfehlen Ihnen eine vierstufige Grundstruktur (siehe folgende Abbildung).

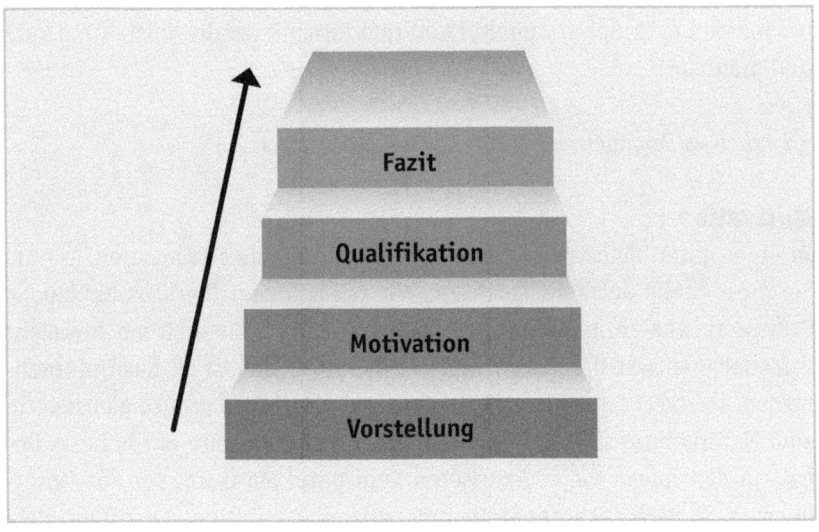

Abbildung 6: Vierstufige Grundstruktur der Selbstpräsentation

Vorstellung

Am Anfang Ihrer Präsentation sollten Sie die Assessoren freundlich begrüßen und sich in aller Kürze vorstellen. Wie viel Privates Sie in dieser Sequenz von sich preisgeben, sollte stark davon abhängen, welche Mehrwerte Sie sich davon versprechen. Beispielsweise kann es durchaus angebracht sein, in einem familiengeführten Unternehmen seine Kinder kurz zu erwähnen, um eine Beziehungsebene zu den Firmeninhabern aufzubauen oder sein Alter zu erwähnen, wenn man sehr schnell Karriere gemacht hat und dadurch seine Zielstrebigkeit unter Beweis stellen möchte. Ebenfalls können Sie dosiert private Details wie beispielsweise Hobbys, Alter, Familienstand oder Kinder erwähnen, wenn Sie dabei über das ganze Gesicht strahlen und somit sympathischer wirken. Andernfalls sollten Sie alle privaten Details aus Ihrer Selbstpräsentation streichen.

Nehmen wir für unser Beispiel aus dem letzten Kapitel an, dass es keine besonderen Anknüpfungspunkte gibt und formulieren die Vorstellung kurz und prägnant:

»Herzlich willkommen, mein Name ist Max Muster.«

Motivation

In einer guten Selbstpräsentation vermitteln Sie den Assessoren, warum Sie diese Stelle antreten möchten. Wir raten Ihnen, hierbei individuelle Gründe zu wählen und nicht auf Standardfloskeln wie »Ich möchte mehr Personalverantwortung übernehmen« oder »Mein Ziel ist es, das Unternehmen zu stärken« zurückzugreifen. Ihre reale Motivation sollte gleichzeitig zum Unternehmensinteresse passen. So ist beispielsweise ein höheres Gehalt in den Augen vieler Assessoren kein guter Motivator für das Unternehmen. Je nach vakanter Stelle und persönlichen Interessen könnte Herr Muster seine Motivation besser wie folgt darlegen:

»Ich freue mich, heute hier zu sein, da die vakante Stelle viele Einsätze in Tschechien vorsieht und ich in diesem Land geboren und aufgewachsen bin. Gleichzeitig bin ich ein Mensch, der neue Herausforderungen gerne meistert und diese sehe ich besonders in einer Expansion in den osteuropäischen Markt, weil ...«.

Qualifikation

Das Herzstück Ihrer Selbstvorstellung sollten die Qualifikationen bilden. Statt mit reinen Zahlen oder leeren Wortphrasen wie im vorherigen Beispiel sollten Sie Ihre Präsentation durch lebendige Beispiele aufwerten. Hierfür sollten Sie auf die GAR-Methode aus dem Abschnitt *Glaubwürdigkeit durch Beispiele* ab Seite 104 zurückgreifen, da Kompetenzbekundungen wie »Ich bin sehr zielstrebig und ausdauernd ...« selten zum Erfolg führen. Beispielsweise könnten die wichtigsten Milestones in kurzer Form wie folgt aufgebaut werden:

»Ich arbeite schon seit über dreißig Jahren in der Getränkebranche, davon die letzten sieben Jahre als Bereichsleiter Marketing bei der Wiesen-Brauerei. Dort koordiniere und plane ich strategisch die Bereiche Marketing und PR. Meine Hauptaufgaben bestehen in der Konzeption und Umsetzung von kanalübergreifenden Marketingstrategien. Dabei bin ich disziplinarisch für sechzehn Mitarbeiter verantwortlich und begleite proaktiv deren strategische Weiterentwicklung.

Besonders herausfordernd war in den letzten beiden Jahren unsere strategische Ausrichtung auf die Sozialen Medien. Vor dieser Social-Media-Strategy hatten wir beispielsweise nur 3.200 Follower auf Facebook. Ich habe in dieser Zeit meinen Fokus auf ... gelegt. Darum haben wir aktuell knapp 250.000 Follower auf Facebook, eine organische Reichweite von ... Bei der Umsetzung war besonders herausfordernd, dass krankheits- und schwangerschaftsbedingt zeitweise drei von fünf Mitarbeitern in diesem Team ausfielen. Da ist es nicht ausgeblieben, dass ... Ich habe daraufhin ... So konnten wir trotz der Ausfälle ...

Als ich diese Stelle vor sieben Jahren übernommen habe, wurde sie gerade neu geschaffen. Das heißt, dass es kaum Materialien gab, auf die ich zurückgreifen konnte. Beispielsweise hatten wir nicht einmal eine funktionsfähige Webseite. Nachdem ich die grundlegende Strategie entwickelt habe, ...

Seit meinem Stellenantritt konnten wir unseren Umsatz um 16 Prozent steigern, obwohl im Vergleich der Biermarkt in Deutschland in dieser Zeit um 9 Prozent eingebrochen ist und viele Brauereien mit einer ähnlichen anfänglichen Produktionsmenge Insolvenz anmelden mussten ...«.

Sie sehen, dass wir in diesem Beispiel in der Chronologie gesprungen sind. Wichtiger als die Chronologie ist der rote Faden durch Ihre Präsentation. Die Punkte, die angesprochen wurden, haben wir ausführlich anhand eines Beispiels erklärt. So wurden unsere Stärken klar platziert, ohne sie direkt zu nennen. Das hat den Vorteil, dass Ihre Beobachter eine Vielzahl von Stärken in diese Aussagen hineininterpretieren können. Die Chance, dass sie sich für eine Stärke entscheiden, die auf dem Beobachterbogen vermerkt ist, ist hoch.

Fazit und Abschluss

Am Ende Ihrer Präsentation haben Sie nochmals die Chance, Ihre wichtigsten Stärken aufzuzählen und einen positiven Ausblick zu schaffen. In dieser Phase sollten Sie kurz und prägnant Ihre gewichtigsten Mehrwerte für das Unternehmen aufzählen. Beschränken Sie sich hier auf maximal fünf Stärken.

Im Anschluss signalisieren Sie, dass Sie am Ende der Präsentation angekommen sind. Planen Sie Ihre letzten Worte genau. Häufig enden Präsentationen mit den Worten »Das war's, glaub ich.« oder »Ja, ich bin jetzt am Ende.« Damit verspielen diese Kandidaten ihren letzten Eindruck bei den Assessoren.

Unser Beispiel könnte Herr Muster so abschließen:
»Ich freue mich, wenn ich meine Ergebnisorientierung, meine Stärken in der Mitarbeitermotivation und mein ausgeprägtes Fachwissen zukünftig bei Ihnen einbringen kann.

Vielen Dank.«

Sprachliche Finessen

Neben der Struktur und den Inhalten einer Selbstpräsentation kommt es vor allem auf die sprachliche Ausarbeitung an. In den vorherigen Beispielen haben wir den sprachlichen Ausdruck schon im Vergleich zum Negativbeispiel optimiert. Die wichtigsten Änderungen sind:

- Aktive Formulierung,
- grobe Datenangaben,
- Schwächen fallen lassen,
- Vorannahmen,
- Zusammenfassung von Themen und
- Orientierung am Anforderungsprofil.

Aktive Formulierung

Bei Ihrer Selbstpräsentation sollen Sie im Aktiv formulieren. Bei einem Aktiv-Satz macht eine Person oder eine Sache etwas, wobei in einem Passiv-Satz etwas mit einer Person oder Sache gemacht wird. So wird beispielsweise aus dem Passiv-Satz »Ich wurde gefragt.« der Aktiv-Satz »Ich habe gefragt.«

Der Unterschied liegt in dem Fokus der Aussage. Beim Passiv-Satz steht der Prozess im Vordergrund, wobei beim Aktiv-Satz die Person im Mittelpunkt steht.

Passiv-Sätze erkennen Sie an den Hilfsverben »sein« oder »werden« in all ihren Konjugationen.

Aus unserem Negativbeispiel wird so etwa aus der Passiv-Formulierung »ich wurde von der Coca-Cola Erfrischungsgetränke AG angenommen« der Aktiv-Satz »die Coca-Cola Erfrischungsgetränke AG hat mich eingestellt.«

Doch bei Ihrer Selbstpräsentation sollen nicht andere Personen oder Organisationen im Mittelpunkt der Erzählung stehen, sondern Sie. Aus diesem Grund empfiehlt es sich, zusätzlich Ich-Botschaften zu verwenden. So wird beispielsweise aus dem gerade beschriebenen Beispiel »habe ich mich in einem Auswahlprozess bei Coca-Cola durchgesetzt« oder »trat ich eine Stelle bei Coca-Cola an«.

So wird Ihre Selbstpräsentation nicht nur spannender für die Zuhörer, sondern Sie präsentieren sich zusätzlich als aktiv handelnde Person. Es macht in der Wirkung einen großen Unterschied, ob Sie »vom Chef befördert wurden« oder ob Sie sich »beworben und durchgesetzt haben«. Dabei spielt es keine Rolle, wie es wirklich war. Selbst wenn Ihr Chef beispielsweise aktiv auf Sie zugegangen ist und Ihre Bewerbung nur noch eine Formalie war, so haben Sie sich doch beworben und sich durchgesetzt.

Um Ihnen das Arbeiten mit Aktiv-Sätzen zu erleichtern, haben wir Ihnen einige Beispiele in der folgenden Tabelle zusammengetragen.

Passiv-Satz	Aktiv-Satz
Das Projekt wurde in time beendet.	Wir haben das Projekt in time abgeschlossen.
Ich wurde gefragt.	Ich habe mich um ... gekümmert.
Der Vorschlag wurde von meinem Chef angenommen.	Ich habe meinen Chef von der Idee überzeugt.
Ich wurde befördert.	Ich trat eine neue Stelle an.
Die Ausgangslage wurde verändert.	Ich habe eine Veränderung der Ausgangslage erkannt.

Passiv-Satz	Aktiv-Satz
Die Insolvenz wurde abgewendet.	Unter großer Anstrengung konnten wir die Insolvenz abwehren.
Die Kunden wurden zufriedener.	Wir haben die Kunden begeistert.
Ein Kollege wurde von den anderen nicht gut behandelt.	Ich habe bemerkt, dass etwas nicht stimmt.

Schwächen fallen lassen

Ihre Aufgabe ist es nicht, in einer Selbstpräsentation Ihre Schwächen zu verraten oder sich selbst abzuwerten. Das ist der Job Ihrer Assessoren. Das heißt nicht, dass Sie lügen sollen, sondern dass Sie einfach negative Handlungen weglassen.

Aus unserem Anfangsbeispiel waren folgende Ergänzungen überflüssig:

- Der Zusatz »FH« nach »Diplombetriebswirt«. Auch wenn er formal sicherlich richtig ist, wertet sich unser Kandidat damit ab. Auf der anderen Seite wird es ihm kaum ein Assessor verübeln, wenn er diesen Zusatz einfach weglässt.
- Nach der Frische Saft GmbH der Zusatz »Diese kennen Sie vermutlich nicht, da sie sehr klein ist.« Diese Aussage bietet keinen Mehrwert und wertet sogar die Anstellung ab.
- Der Zusatz zur Einstellung als Junior-Projektmanager: »Eigentlich wollte ich eine andere Stelle, aber die war auch okay.« In diesem Fall würden wir sogar das »Junior« wegfallen lassen und einfach sagen: »Ich habe eine Stelle bei Coca-Cola im Produktmanagement angenommen.«

Grobe Datenangaben

In Ihrer Selbstvorstellung dürfen Sie gerne Daten runden und generalisieren. Statt eines kaum nachvollziehbaren »Nach meinem Studium wurde ich von der Firma Coca-Cola Erfrischungsgetränke AG als Junior-Produktmanager angenommen. Diese Stelle habe ich von September 1992 bis März

1994 ausgeführt.« können Sie sagen »Nach meinem Studium arbeitete ich eineinhalb Jahre bei Coca-Cola im Produktmanagement.« Wie Sie sehen, müssen Sie den vollständigen Firmennamen nicht aussprechen, sondern können diesen kürzen.

Vorannahmen

Vorannahmen beinhalten Bedingungen, die erfüllt sein müssen, bevor eine Aussage überhaupt Sinn ergibt. Wenn Sie beispielsweise am Ende Ihrer Selbstpräsentation sagen »Ich freue mich, zukünftig meine Stärken ... bei Ihnen einzubringen«, dann unterstellen Sie, dass Sie den Job auch bekommen. Diese verdeckte Nachricht nehmen die Assessoren unbewusst auf, weshalb die Chance da ist, dass dieser Kandidat positiver beurteilt wird. Doch wenn Ihre Beobachter diesen Trick durchschauen und Ihre Intention auffliegt, könnten sie Ihnen Überheblichkeit oder Ähnliches vorwerfen.

Deshalb raten wir Ihnen zu einer abgemilderten und dafür unverfänglicheren Form, für die wir uns auch in unserem Beispiel entschieden haben: »Ich freue mich, wenn ich meine Stärken ... zukünftig bei Ihnen einbringen kann.« So haben Sie den Assessoren ihre Entscheidung nicht abgenommen und gleichzeitig selbstbewusst klar gemacht, dass Sie mit einer Zusage rechnen.

Auch diese Methodik muss zu Ihrem Charakter passen. Wenn Sie dabei beispielsweise rot im Gesicht anlaufen, haben Sie nichts gewonnen – ganz im Gegenteil. Greifen Sie in diesem Fall lieber zu der Konjunktiv-Variante mit »Ich würde mich freuen, wenn ...«.

Zusammenfassung von Themen

Wenn Sie viele Themen platzieren möchten, Ihnen jedoch die Zeit dafür nicht reicht, dann können Sie diese gezielt zusammenfassen. Beispielsweise haben wir in unserem positiven Beispiel alle bisherigen Karriereschritte in einem einzigen Satz zusammengefasst: »Ich arbeite schon seit über dreißig Jahren in der Getränkebranche, davon die letzten sieben Jahre als Bereichsleiter Marketing bei der Wiesen-Brauerei.«

Das gleiche Prinzip können Sie vielfältig einsetzen. Beispielsweise wenn Sie viele Projekte bearbeitet haben, können Sie sagen:»In dieser Zeit leitete ich über fünfundzwanzig Projekte mit durchschnittlich hundertzwanzig Beratertagen. Das wichtigste und größte Projekt war ...«.

So haben Sie den positiven Effekt von beeindruckenden Zahlen, ohne dass Sie viel Zeit für deren Aufzählung vergeuden.

Orientierung am Anforderungsprofil
Bei allen Methoden und Tipps möchten wir noch einmal ausdrücklich darauf hinweisen, dass alles, was Sie sagen, einen Mehrwert für das Unternehmen stiften soll. Egal wie begeistert Sie selbst von einem Abschnitt aus Ihrem Leben sind: Wenn Sie keine Mehrwerte für das Unternehmen daraus ableiten können, dann sollten Sie diesen Abschnitt nicht ansprechen.

Visualisierung
Wie schon im Abschnitt *Mit Visualisierungen überzeugen* ab Seite 185 angesprochen, werden Visualisierungen von Beobachtern häufig überbewertet, weshalb Sie Ihre Selbstpräsentation grafisch unterstützen sollten. Fragen Sie aktiv nach, ob dies erlaubt ist. Auch wenn Sie keine Vorbereitungszeit hatten, raten wir Ihnen dazu, wenigstens Ihren Namen an ein Flipchart zu schreiben.

Ein paar Anregungen in unterschiedlichen Schwierigkeitsgraden finden Sie in der Abbildung auf der folgenden Seite.

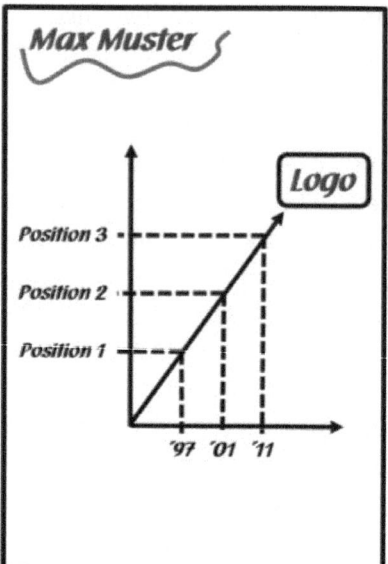

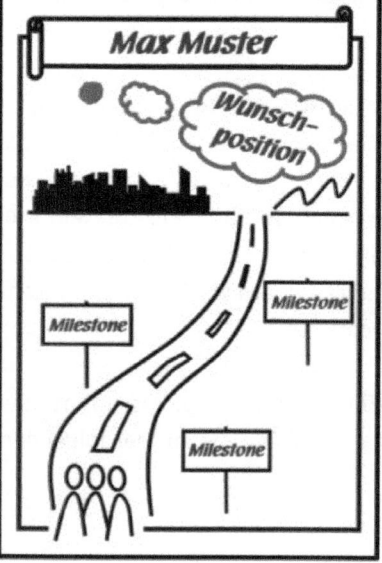

Abbildung 7: Visualisierungen bei einer Selbstpräsentation

Teilnehmer fokussieren sich nur auf den Inhalt der Präsentation.	Form schlägt Inhalt. Präsentieren Sie Ihre Inhalte für ein gutes Ergebnis anschaulich und sympathisch.
Kandidaten versuchen, möglichst viele Argumente und Inhalte in der Präsentation unterzubringen.	Weniger ist manchmal mehr. Präsentieren Sie nur das Notwendigste, das dafür ausgeschmückt.
Aspiranten lassen zusätzliche Präsentationsmittel ungenutzt.	Nutzen Sie Flipcharts und Moderationswände, um Ihre Präsentation aufzuwerten.
Bewerber überziehen das gesetzte Zeitlimit.	Halten Sie sich strikt an Zeitvorgaben. Andernfalls werden Sie meist unterbrochen.
Kandidaten hetzen sich selbst bei der Präsentation und damit auch ihr Publikum.	Achten Sie auf Ihren eigenen Gefühlszustand. Niemand sieht gerne gestressten Menschen zu.
Teilnehmer legen unreflektiert ihre Meinung dar und lassen die Zielgruppe unberücksichtigt.	Bauen Sie eine für die Zielgruppe passende Argumentationsstrategie auf und bieten Sie Mehrwerte.
Bewerber unterschätzen die Wichtigkeit von Einleitung und Schluss.	Planen Sie einen guten Ein- und Ausstieg aus Ihrer Präsentation, der positiv in Erinnerung bleibt.

Dos and Don'ts bei der Präsentation

7.
Rollenspiele: Sozialkompetenz im Zweiergespräch

In diesem Kapitel

- lernen Sie verschiedene Arten von Rollenspielen kennen,

- erfahren Sie, warum Rollenspiele durchgeführt werden und was Unternehmen hierbei über Sie als Teilnehmer erfahren möchten,

- lernen Sie universell einsetzbare Strategien kennen, die Ihnen helfen, in jedem Rollenspiel eine bessere Figur zu machen und

- Sie lernen, wie Sie sich in speziellen Übungsformen souveräner verhalten können, sodass Sie eigentlich nichts mehr überraschen sollte.

»Für ein gutes Gespräch sind die Pausen genauso wichtig wie die Worte.«

Heimito von Doderer (1896 bis 1966), österreichischer Schriftsteller

Rollenspiele werden mittlerweile in fast jedem Führungskräfte-Assessment-Center eingesetzt. Sie können sich fast sicher sein, dass Sie in einem ausführlichen Assessment-Center mindestens ein bis drei Rollenspiele absolvieren werden. Eine intensive Vorbereitung auf diesen Übungstypus zahlt sich daher häufig aus – auch weil Sie merken werden, wie sich Ihre Gesprächsführung im realen Berufsalltag verbessern wird. Alle hier vorgestellten Tools verwenden wir eins zu eins in Kommunikations- und Gesprächsführungsseminaren in der freien Wirtschaft. Methodisch unterscheidet sich ein Gespräch im Assessment-Center und im Berufsalltag nicht. Das heißt, Sie profitieren bei der Lektüre der folgenden Seiten nicht nur für Ihren Auswahlprozess, sondern auch für Ihren Berufsalltag als Führungskraft.

Für Sie als Kandidaten bieten Rollenspiele eine hervorragende Möglichkeit, sich möglichst realitätsnah zu präsentieren, da keine andere Assessment-Center-Übung so dicht am Berufsalltag ist wie es Rollenspiele sind. Ganz egal, auf welche Position Sie sich in welchem Unternehmen auch beworben haben, Sie werden im Dialog mit anderen Menschen kommunizieren müssen. Ganz gleich, ob Sie überwiegend Verhandlungen führen, sich mit Ihren Mitarbeitern arrangieren müssen oder Produkte verkaufen, Sie werden immer Gespräche führen. Dennoch sind viele Kandidaten im Auswahlprozess schon an dieser Hürde gescheitert, da es einen großen Unterschied ausmacht, ob Sie im Interview Ihr Verhandlungsgeschick anpreisen oder ob Sie real mit einem anderen Menschen verhandeln. Schönredner fliegen hier häufig auf und verlassen das Assessment-Center ohne Job. In Rollenspielen kommt es auf Ihre Handlungskompetenz an und diese werden wir optimieren.

7.1 Das sollten Sie über Rollenspiele wissen

Das Wichtigste zuerst: Der Name trügt. Rollenspiele gehören zu den anspruchsvollsten Übungen in einem Assessment-Center und haben nichts mit einem gemütlichen Spieleabend unter Freunden gemeinsam. Aus diesem Grund tragen Rollenspiele in Ihrem Assessment-Center meist auch einen anderen Namen. Beispielsweise absolvieren Sie ein Mitarbeitergespräch, eine Verkaufssimulation oder eine Verhandlungsübung. Merken Sie sich: Sobald Sie eine Rollenanweisung bekommen und einem externen Gegenspieler begegnen, befinden Sie sich in einem Rollenspiel – ganz egal wie die Übung heißt.

Meist haben Sie eine individuelle Vorbereitungsphase, in der Sie sich auf das Gespräch vorbereiten können. Auf Ad-hoc-Gespräche werden Sie wahrscheinlich nicht treffen, da hier maximal Ihre Stressresistenz getestet werden kann. Sollte dies doch einmal vorkommen, hilft nur eins: Ruhe bewahren und strukturiert arbeiten.

Die wichtigsten Rollenspiele

Auf Rollenspiele können Sie sich hervorragend vorbereiten. Auch wenn Unternehmen auf ein unendlich großes Repertoire an unterschiedlichen Rollenspielen zurückgreifen können, gibt es doch nur acht Überkategorien, von denen noch weniger für Sie relevant sein werden. Unternehmen werden in seriösen Assessment-Centern nur Rollenspiele einsetzen, die einen ganz klaren Bezug zu Ihrer späteren Stelle haben werden. Es ist beispielsweise fast ausgeschlossen, dass Sie für eine Stelle im Controlling ein Verkaufsgespräch durchführen müssen. Analysieren Sie kurz alle aufgezeigten Gesprächstypen (siehe Abbildung 8 auf der folgenden Seite) und entscheiden Sie, welche für Sie relevant sind oder nicht. Fokussieren Sie sich in der weiteren Vorbereitung auf Ihre Auswahl.

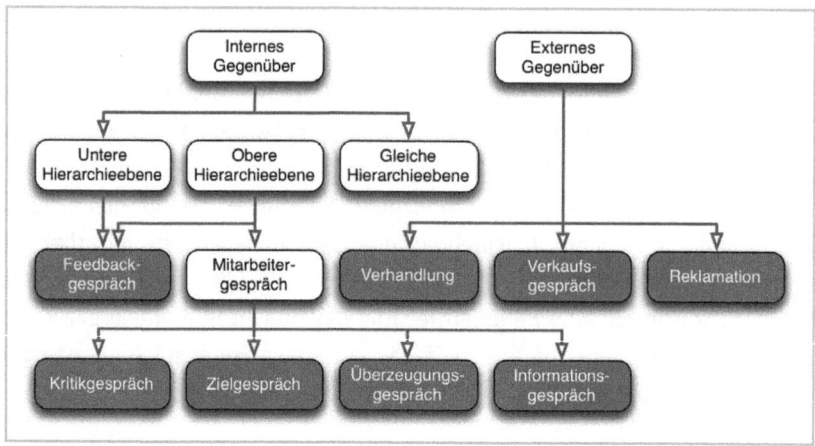

Abbildung 8: Verschiedene Arten von Gesprächen

Die acht Überkategorien sind:

- Feedbackgespräche
- Mitarbeiter-Kritikgespräche
- Mitarbeiter-Zielgespräche
- Mitarbeiter-Überzeugungsgespräche
- Mitarbeiter-Informationsgespräche
- Verhandlungen
- Verkaufsgespräche
- Reklamationsgespräche

Übrigens ist es wahrscheinlich, dass Ihr Rollenspiel im Assessment-Center einen anderen Namen trägt. Gleichzeitig können Sie, nachdem Sie dieses Kapitel durchgearbeitet haben, Ihre Übung in eine diese Überkategorien einordnen und die jeweiligen Tipps und Tricks anwenden. So müssten Sie für jede Gesprächssituation gewappnet sein und es dürfte Sie nichts mehr so leicht aus dem Konzept bringen.

Was wollen Unternehmen erfahren?

Unternehmen möchten einen Eindruck darüber gewinnen, wie Sie in realen Gesprächssituationen agieren. Es geht also um Ihre sozialen und kommunikativen Kompetenzen und Fragen wie:»Können Sie eine Beziehung zu Ihrem Gesprächspartner schaffen?«, »Wie kommen Sie an zusätzliche Informationen?«, »Sind Sie in der Lage, professionell mit Beschwerden umzugehen?«, »Wie führen Sie Mitarbeiter?«, »Können Sie Ihre Position gegen andere durchsetzen?« oder »Versprechen Sie etwas, was Sie später nicht einhalten können?«

Beobachtungsdimensionen bei einem Rollenspiel können recht heterogen sein. Beispielsweise reichen sie von Empathie über Ergebnisorientierung bis hin zur Konfliktfähigkeit. In den letzten Jahren sind uns unter anderem folgende Beobachtungsdimensionen in Rollenspielen begegnet:

- Argumentationsfähigkeit
- Durchsetzungsvermögen
- Eloquenz/Ausdrucksfähigkeit
- Empathie
- Ergebnis- und Zielorientierung
- Flexibilität
- Führungsstärke
- Gesprächsführung
- Interkulturelle Kompetenz
- Kommunikationsstärke
- Konfliktfähigkeit
- Kundenorientierung

- Motivationsfähigkeit
- Prozedurales Denken
- Ressourcenmanagement
- Selbstständigkeit
- Selbstdisziplin/ Deeskalationsgeschick
- Selbstwertgefühl
- Systemisches Denken und Handeln
- Überzeugungskraft
- Verbindlichkeit

Diese werden für spezielle Gesprächsanlässe ergänzt. Sie können beispielsweise bei einem Mitarbeitergespräch zusätzlich auf Führungskompetenz, Problemlösefähigkeit oder Informationspolitik beurteilt werden oder bei einem Verkaufsgespräch auf Kundenorientierung, Einwandbehandlung oder Abschlussorientierung. Sicherlich wirken diese vielen Dimensionen teilweise widersprüchlich auf Sie. Doch genau mit diesen Widersprüchen müssen Sie als Führungskraft umgehen können. Es gibt nicht nur ein Musterverhalten für alle Gespräche, sondern die jeweilige Gesprächssituation und -phase erfordern ganz unterschiedliche Verhaltensweisen von Ihnen – sowohl im Assessment-Center als auch im realen Berufsleben.

 Hinweis: Verschaffen Sie sich Klarheit darüber, welche Gesprächskultur im jeweiligen Unternehmen herrscht. Es macht beispielsweise einen großen Unterschied, ob Sie Ihr Verkaufsgespräch auf Hardselling oder kundenorientierte Gesprächsführung ausrichten. Beides kann zum Bestehen eines Assessment-Centers oder Scheitern in einem Assessment-Center führen. Es kommt eben ganz auf das Unternehmen an.

Aufbau und Ablauf von Rollenspielen

Vor den meisten Rollenspielen können Sie sich fünf bis dreißig Minuten vorbereiten. Sie haben in dieser Phase die Möglichkeit, die Aufgabenstellung richtig zu verstehen und sich eine Strategie sowie eine Struktur zurecht zu legen. Dazu bekommen Sie einen schriftlichen Auftrag, in dem die wichtigsten Punkte umrissen sind.

Nach der individuellen Vorbereitung kommen Sie in der Regel in einen separaten Raum. Hier haben Sie in einigen Fällen auch nochmals Zeit, das Mobiliar umzustellen, sodass Sie eine für sich ideale Arbeitsatmosphäre geschaffen haben. Sie treffen in dem Raum neben den Assessoren auch auf Ihr Gegenüber. Aber Achtung: Sie sollten in den meisten Fällen nicht gegen ihn, sondern mit ihm spielen. So können Sie Ihre Führungsqualitäten viel besser unter Beweis stellen. Wer möchte schon eine nörgelnde oder aggressive Führungskraft einstellen? Ihr Gegenspieler oder besser gesagt Ihr Mitspieler wird vermutlich ein Mitarbeiter der Organisation oder ein professionell engagierter Schauspieler sein.

Hinweis: Suchen Sie sich zu Beginn des Rollenspiels mehrere positive Charaktereigenschaften Ihres Gegenübers. Bilden Sie notfalls Hypothesen wie »er ist ein guter und fleißiger Mitarbeiter«. Das wird Ihnen mental einen Empathieschub geben, da Sie Ihren Mitspieler so unwahrscheinlicher als einen Feind ansehen. Denken Sie immer dran, es ist nur ein Mensch, der seinen Job macht und Ihnen bestimmt nichts Böses wünscht. Vielleicht wird genau diese Person später einmal Ihr liebster Arbeitskollege. Tun Sie einfach so, als ob es schon so weit ist.

Die Gesprächsdauer liegt meist zwischen zehn und dreißig Minuten. Wenn Sie eine deutlich längere Durchführungszeit haben, handelt es sich meist um verschiedene Gespräche, die Sie in einem Termin abarbeiten. Beispielsweise können Sie in einem einzigen Mitarbeitergespräch die Jahresziele abgleichen sowie neue vereinbaren, den Mitarbeiter über die Streichung von zwei Stellen in seinem Team informieren, an Sie weitergereichte Wechselgerüchte klären und ihn davon überzeugen, für sechs Monate nach Südafrika zu gehen, um dort an einem Projekt zu arbeiten. Die Bearbeitungszeit für diese vier unterschiedlichen Gespräche könnte dann beispielsweise achtzig Minuten betragen. Soll heißen, Sie hätten eigentlich vier Gespräche, die im Schnitt zwanzig Minuten dauern. Der einzige Unterschied liegt darin, dass Sie sich zwischen den Gesprächen nicht verabschieden und am Tisch sitzen bleiben.

7.2 Generelle Lösungswege

Rufen wir uns das Wichtigste nochmals in Erinnerung: Rollenspiele stellen eine der häufigsten Assessment-Center-Übungen dar, die ganz besondere Anforderungen an Sie als Kandidaten stellt. Hier haben Sie die Chance, sich möglichst realitätsnah zu präsentieren. Dabei wünschen sich viele Unternehmen die bilderbuchhafte Führungskraft, die ihre Interessen durchsetzen kann und doch Kompromissen nicht abgeneigt ist, die die Interessen der Gesprächspartner herausarbeitet sowie berücksichtigt und gleichzeitig die Zügel in der Hand hält und zusätzlich eine charismatische Ausstrahlung besitzt, authentisch wirkt und gleichzeitig den fachlichen Anforderungskriterien genügt. Aus diesem Wunschdenken heraus resultieren auch die unterschiedlichen Beobachtungsdimensionen, denen Sie in verschiedenen Rollenspielen entsprechen sollen.

Um dieser breiten Anforderungsfront begegnen zu können, benötigen Sie ein stark methodisches, strukturiertes und strategisches Vorgehen. Ein Vorgehen, mit dem Sie alle Aspekte in einem Gespräch abdecken können und doch Sie selbst bleiben. Diese Hürde ist besonders für Gesprächsunerfahrene sehr hoch. Doch vergegenwärtigen Sie sich eins: Sie wollen zukünftig als Führungskraft arbeiten und damit wird ein Hauptteil Ihrer Arbeit in der Kommunikation mit anderen Menschen liegen.

Sie benötigen als erstes neben Ihrem breiten Fachwissen auch ein hohes Maß an kommunikativer Kompetenz. Denn das beste Fachwissen der Welt wird Ihnen als Führungskraft nichts nutzen, wenn Sie es nicht auch einem Mitarbeiter erklären können, wenn Sie die Bedürfnisse Ihrer Kunden nicht verstehen oder wenn Sie nicht in der Lage sind, mit einem Arbeitskollegen einen Kompromiss auszuarbeiten. Die meisten Gespräche scheitern sowohl beruflich als auch im Assessment-Center an einer mangelnden Zielklarheit und Zielverfolgung. Nur wenn Sie wissen, was Sie erreichen möchten, haben Sie eine realistische Chance, es auch zu bekommen. Durch einen klaren Zielfokus haben Sie jederzeit einen roten Faden, auf den Sie zurückgreifen können, wenn Sie vom Thema abgewichen sind. Und genau das wird unter anderem von einer Führungskraft erwartet: Zielorientierung und -erreichung. Doch dies ist nur möglich, wenn Sie auf Ihren Gesprächspartner neugierig sind und nachvollziehen können, warum er sich so verhält, wie er es tut. Nur dann können Sie Ihre Argumente anpassen und schlussendlich Ihr Ziel erreichen.

Der zweite Baustein für ein erfolgreiches Gespräch ist eine sympathische Hartnäckigkeit. Was soll das sein? Ein Schlüssel für einen guten Gesprächsabschluss liegt meist in einer vertrauensvollen Gesprächsatmosphäre. Vielleicht hatten Sie einmal das zweifelhafte Vergnügen mit einem absolut unsympathischen Vertreter, der Ihnen etwas verkaufen wollte. Ganz gleich, wie gut sein Produkt oder seine Dienstleistung objektiv war – Sie haben vermutlich nicht gekauft. Sobald die Beziehungsebene gestört ist, suchen wir unbewusst vermeintlich objektive Gründe, die gegen einen Kauf sprechen. Wenn wir hingegen einen sehr sympathischen Vertreter mit demselben Produkt oder derselben Dienstleistung vor uns haben, übersehen wir sicherlich die eine oder andere Schwäche und finden Vorteile, die es vorher nicht gab. Genau aus diesem Grund gilt es für Sie, nicht nur im Rollenspiel, sympathisch auf Ihr Umfeld zu wirken. Doch mit reiner Sympathie werden Sie vermutlich nicht zum Erfolg kommen. Manchmal bedarf es ein wenig Durchsetzungsstärke und taktischem Geschick. Und hier sind wir beim zweiten Teil unserer Basiskommunikation – der sympathischen Hartnäckigkeit – angelangt. Als Führungskraft dürfen Sie sich nicht einfach so über den Mund fahren lassen oder sich mit dem erstbesten Angebot zufriedengeben.

Als Drittes empfehlen wir Ihnen, sich schon mit Beginn der Vorbereitungszeit an einer funktionalen Grundstruktur für Ihre Rollenspiele zu orientieren. Diese bietet Ihnen ein Handlungsmuster, das alle Gesprächsfallen berücksichtigt und welches Sie entsprechend der jeweiligen Situation flexibel anpassen können.

Merke: In Rollenspielen besteht der grundlegende Weg zum Erfolg aus Struktur, innerer Klarheit und kommunikativem Geschick:

Basismethode: funktionale Grundstruktur
Basishaltung: neugierige Zielfokussierung
Basiskommunikation: sympathische Hartnäckigkeit

Basismethode: funktionale Grundstruktur

Ganz gleich, ob Sie in Ihrem Assessment-Center ein Verkaufsgespräch führen, einen Mitarbeiter kritisieren oder Feedback an einen Praktikanten geben: Mit einer klaren Struktur, etwas Eloquenz und ein paar Tricks ist dies auch ohne angeborenes Sprachtalent und ohne sprecherzieherisches Studium gut zu meistern. Sie sprechen tagtäglich mit Kollegen, Kunden und Freunden, verhandeln um Ihre Interessen und kommen im Idealfall zu einem Ergebnis. In Ihrem Assessment-Center passiert nichts anderes.

Mit sechs einfachen und aufeinander aufbauenden Schritten können Sie jedes Rollenspiel strukturieren, egal ob ein Mitarbeitergespräch, eine Kundenbeschwerde oder eine Verhandlung auf Sie wartet (siehe Tabelle auf der folgenden Seite). Vielleicht wirken diese Schritte auf den ersten Blick zu einfach und logisch. In Assessment-Centern können wir aber immer wieder beobachten, dass Teilnehmer genau an diesen beiden Punkten scheitern. Manche Teilnehmer verzetteln sich in komplexen Strukturen und andere vernachlässigen die grundlegendsten Basiselemente eines gelungenen Gesprächs wie etwa Small Talk. Wir raten Ihnen daher: Nutzen Sie komplexe und gesprächsindividuelle Strukturen, sofern Sie in diesen sicher und über Jahre erprobt sind. In allen anderen Fällen helfen Ihnen diese sechs einfachen und universell einsetzbaren Phasen durch jedes Gespräch – sowohl im Assessment-Center als auch später im Berufsleben. Entscheiden Sie sich lieber für eine einfache und praktikable Struktur als für eine perfekt auf einen Gesprächsanlass ausgerichtete Struktur, die jedoch so komplex ist, dass Sie sich daran verlieren. Egal, für welche Struktur Sie sich schlussendlich entschieden haben, stellen Sie den Gesprächspartner in den Mittelpunkt und nicht Ihre Struktur. Die Struktur bietet lediglich das Grundgerüst für ein gelungenes Gespräch, welches Sie auf jeden Gesprächspartner individuell anpassen und ergänzen.

Phase	Grundstruktur Rollenspiel
Eins	**Einleitung** Die Teilnehmer haben sich begrüßt, eine möglichst angenehme Gesprächsatmosphäre ist hergestellt und der zeitliche Rahmen ist geklärt.
Zwei	**Anlass** Das Sachthema beziehungsweise der Gesprächsanlass ist geklärt und vom Gesprächspartner akzeptiert.
Drei	**Informationsgewinnung** Die Bedürfnisse des Gesprächspartners sind herausgearbeitet und die fremde Sichtweise ist verstanden.
Vier	**Ergebnisabgleich** Die verstandenen Bedürfnisse und Sichtweisen des Gesprächspartners wurden in eigenen Worten wiedergegeben und so von diesem bestätigt.
Fünf	**Lösungsfindung** Eine beidseitig akzeptierte Lösung ist gefunden und festgehalten.
Sechs	**Abschluss** Die Gesprächsergebnisse sind zusammengefasst, gegebenenfalls dokumentiert und die Teilnehmer haben sich verabschiedet.

Natürlich füllen sich die Phasen je nach Gesprächsanlass mit unterschiedlichen Inhalten. Mal fällt etwas weg und mal kommt etwas dazu. Die speziellen Tipps für die verschiedenen Gesprächstypen finden Sie in Kapitel 7.3 *Ausgewählte Gespräche* ab Seite 244. Um die Struktur jedoch generell mit Leben zu füllen und mit universell einsetzbaren Tipps und Tricks anzureichern, werden wir die einzelnen Phasen an einem stark vereinfachten Beispiel durcharbeiten.

Sie sind Führungskraft, seit sechs Monaten im Unternehmen und verantwortlich für acht Mitarbeiter. Sie bemerken, dass einer Ihrer Mitarbeiter, Herr Müller, seit circa zwei Monaten nicht mehr mit demselben Engagement bei der Sache ist. Sie haben dazu folgende Beobachtungen gemacht:

- *In den letzten zwei Jours fixes starrte Herr Müller nur die Wand an, wobei er davor immer sehr aktiv mitgearbeitet hat.*
- *Gestern kam Herr Müller unrasiert und mit glasigen Augen zur Arbeit.*
- *Einer Ihrer wichtigsten Kunden, Herr Kuttler, rief Sie vor zwei Tagen an und erkundigte sich nach Herrn Müller, da er ihn seit drei Wochen nicht erreichen kann.*
- *Gestern sollte Herr Müller einen Bericht bei Ihnen abgeben. Sie haben weder den Bericht bekommen noch etwas von Herrn Müller gehört.*
- *Sie haben von einem Kollegen erfahren, dass Herr Müller wohl mit einem Headhunter in Verbindung steht.*
- *...*

Sie haben aufgrund dieser Vorfälle mit Herrn Müller für heute ein Gespräch vereinbart.

Für dieses Gespräch stehen Ihnen allerdings aus terminlichen Gründen nur fünfzehn Minuten zur Verfügung. Sie haben fünfzehn Minuten Zeit, sich auf dieses Gespräch vorzubereiten.

Einleitung

Beginnen Sie Ihr Gespräch in aller Gemütlichkeit und geben Sie sich und Ihrem Gesprächspartner die Möglichkeit, im Raum anzukommen. Sie werden bei sich selbst feststellen, dass dies Ihrem Stresslevel gut tun wird und Sie das Gespräch anschließend fokussierter und konzentrierter meistern können. Sie haben so die Möglichkeit, sich noch einmal ohne großen Druck mental zu sammeln und sich langsam zu Ihrer Höchstleistung zu reden. Ihr Gegenspieler wird es Ihnen ebenfalls danken, wenn Sie nicht gleich mit der Tür ins Haus fallen. Hierzu gehört es in dem meisten Fällen, dass Sie sich freundlich begrüßen, gemeinsam Platz nehmen und etwas Small Talk betreiben. Doch aufgepasst. Nicht immer ist Small Talk angebracht. Diesen führen Sie nur bei nicht kritischen Gesprächen. Merken Sie sich: Je kritischer das Gespräch, desto kürzer ist der Small Talk. In unserem Beispiel mit Herrn Müller wäre nur ein kurzer Small Talk angebracht. Versetzen Sie sich einmal in die Situation von Herrn Müller: Vermutlich weiß er genau, dass dies kein besonders positives Gespräch für ihn wird. Hätten Sie in solch einer Situation noch Lust, ausgiebigen Small Talk zu führen? Vermutlich nicht.

Anlass

Nachdem Sie eine gute Beziehung zu Ihrem Gesprächspartner aufgebaut haben, geben Sie ihm eine Orientierungshilfe für das weitere Gespräch. Dazu zeigen Sie ihm auf, wie das Gespräch ablaufen wird und weshalb er überhaupt bei Ihnen ist.

Kein Gespräch ohne Anlass: Wenn Sie jemanden zu einem Gespräch eingeladen haben, dann muss es einen Anlass hierfür geben. Gleichzeitig muss dieser Ihrem Gesprächspartner nicht klar sein, weshalb Sie in dieser Phase kurz und bündig darlegen, weshalb das Gespräch stattfindet. Das bedeutet für Sie, dass Sie jetzt das Sachthema beziehungsweise die Ausgangssituation in der gebotenen Kürze präsentieren. Hier gilt immer: Weniger ist mehr. Sprechen Sie nur die Punkte an, von denen Sie glauben, dass sie für Ihren Gesprächspartner eine große Bedeutung haben. Ihre Argumentation für Ihren Standpunkt hat in dieser Phase noch nichts verloren. Hierum kümmern wir uns erst in der Lösungsfindungsphase. Profis wissen, dass der Gesprächspartner nicht das Gefühl bekommen darf, überredet zu werden oder nicht zum Zuge zu kommen. Konzentrieren Sie sich daher auf das absolut Wesentliche. In unserem Beispiel mit Herrn Müller kann das Wesentliche darin bestehen, dass Sie sich Sorgen um Herrn Müller machen, dass er den gestrigen Bericht nicht abgegeben hat und dass Herr Kuttler sich bei Ihnen erkundigt hat. Formulieren Sie hier möglichst konkrete Beispiele und tappen Sie nicht in die Falle und beschuldigen Ihren Gesprächspartner pauschal. Besser beschreiben Sie das Problem als Situation, die Sie gerne klären möchten. Der Gesprächspartner kann so das Sachthema deutlich leichter aufnehmen und gerät unwahrscheinlicher in eine Rechtfertigungshaltung.

Mit der zur Verfügung stehenden Zeit können Sie diese Phase gut schließen. Beispielsweise mit dem kurzen Hinweis:»Ich habe in fünfzehn Minuten, also um 13:45 Uhr, meinen nächsten Termin.« Das bietet Ihrem Gesprächspartner einen zeitlichen Überblick und zeigt den Beobachtern, dass Sie das Gesprächsende schon im Blick haben.

Informationsgewinnung

Bis hierher haben Sie eine gute Gesprächsatmosphäre mit Ihrem Gesprächspartner aufgebaut und mit ihm besprochen, aus welchen Gründen das Gespräch stattfindet. Jetzt gilt es für Sie, an zusätzliche Informationen zu gelangen, die Sie später im Gespräch nutzen können. Auch wenn wir das in vielen Situationen gerne anders hätten: Ohne den Gesprächspartner verstanden zu haben, werden wir zu keiner Lösung kommen. Besonders wenn wir glauben, eine Lösung gefunden zu haben. Sicherlich haben Sie sich schon einmal darüber geärgert, dass ein Gesprächspartner eine Lösung von Ihnen nicht akzeptieren wollte, obwohl Sie sich sicherlich im Recht gefühlt haben. Wir sagen, dass er nicht die Lösung nicht akzeptieren wollte, sondern Sie nicht akzeptieren konnte, weil Sie ihm in der Situation vermutlich nicht zugehört haben. Wenn Menschen sich nicht verstanden fühlen, gehen sie in einen automatischen Widerstandsprozess – ganz egal, wie richtig die Lösung auch objektiv gewesen sein mag. Genau aus diesem Grund versuchen Sie erst einmal, Ihren Gesprächspartner zu verstehen und dazu stellen Sie Fragen, Fragen und noch mehr Fragen. Bis Sie das Gefühl haben, Ihren Gegenspieler im Assessment-Center verstanden zu haben. Gerade im Assessment-Center wird sich Ihre Lösung dadurch auch häufig ändern. Machen Sie sich darauf gefasst, dass Ihr Gesprächspartner eine passende Geschichte hat, die alles, was in der Aufgabenstellung stand, verändern kann. Diese erfahren Sie aber nur, wenn Sie danach fragen. Vor allem im Assessment-Center sind die Rollenspieler häufig angewiesen, Informationen nur preiszugeben, wenn explizit danach gefragt wird.

Als positiven Nebeneffekt stärkt es die Beziehungsebene, wenn Sie den anderen verstehen wollen.

In unserem Beispiel mit Herrn Müller wäre es durchaus interessant zu wissen, wie Herr Müller die Situation sieht, wie es zu dem nicht abgegebenen Bericht kam, wie er sich die Anfrage von Herrn Kuttler erklären kann, ob sich etwas auf der Arbeit für ihn verändert hat und so weiter. Wahrscheinlich ändert sich dadurch Ihre Lösung, die Sie sich im Vorfeld überlegt haben – ganz egal wie sie auch aussieht.

Ergebnisabgleich

Bis jetzt haben Sie eine positive Atmosphäre geschaffen, den Gesprächsanlass vermittelt und versucht, die Situation aus der Sicht Ihres Gesprächspartners zu verstehen. Ob dies geglückt ist, versuchen Sie in dieser Phase herauszufinden. Dazu fassen Sie das von Ihnen Verstandene in eigenen Worten zusammen. Dies kann sehr leicht für Sie sein, wenn Sie glauben, alles gut verstanden zu haben oder auch sehr schwer, wenn alles für Sie noch vage ist. Häufig hören wir von Teilnehmern unserer Trainings, dass es doch sehr gefährlich sei, wenn man die Ergebnisse zusammenfasse, ohne sich ganz sicher zu sein. Schließlich könne ja der Gegenspieler sagen, dass er es anders gemeint habe. Dass dies eine sicherlich unangenehmere Situation ist, steht außer Frage. Doch auch hier gibt es nur Chancen für Sie. Das Missverstehen wird im Laufe des weiteren Gesprächs wahrscheinlich ohnehin auffliegen. Deshalb nehmen Sie nur etwas vorweg, was sowieso eintreten wird. Doch jetzt haben Sie noch die Möglichkeit, freundlich nachzufragen und das Missverständnis zu klären. Die Frage ist also nur, ob Sie gleich die richtigen Worte finden und alles verstanden haben oder ob Sie zur richtigen Zeit die Möglichkeit haben, nochmals nachzusteuern. Egal wie es ausgehen wird: Sie werden gewinnen.

Zusammenfassungen machen selbstverständlich auch in der Informations-gewinnungsphase Sinn, weshalb diese beiden Phasen sich kontinuierlich abwechseln dürfen. Fest steht aber: Ganz am Ende erfolgt nochmals eine ausführlichere Zusammenfassung, die genau so viel enthält, wie relevant ist und gleichzeitig so wenig Zeit wie möglich verschlingt. In dieser Schlusszusammenfassung ist es ebenfalls Ihre Aufgabe, nochmals eine Verbindung zum Gesprächsanlass zu schaffen. Idealerweise haben Sie dadurch zwei Punkte erreicht: Erstens haben Sie mit Ihrem Gesprächspartner ein gemeinsames Verständnis des Problems und zweitens haben beide Seiten erkannt, dass etwas verändert werden muss. Erst wenn diese beiden Punkte geklärt sind, haben Sie den Grundstein für eine gemeinsame Lösungs-entwicklung gelegt.

Lösungsfindung

Erst jetzt, nachdem Sie eine Beziehungsebene geschaffen haben, den Gesprächsanlass prägnant formuliert haben und die Sichtweise Ihres Gesprächspartners erfragt sowie verstanden haben, können Sie gemeinsam mit diesem eine Lösung entwickeln. Schon 70 Prozent der Bearbeitungszeit können manchmal bis hierher vergangen sein. Vielleicht fragen Sie sich, ob dann überhaupt noch eine Lösung gefunden werden kann. Nach unserer Einschätzung ist dies absolut möglich. Die Erfahrung zeigt uns immer wieder, wenn die erste Phase sauber durchgearbeitet worden ist, liegt eine Lösung häufig schon auf dem Präsentierteller und muss nur noch ergriffen werden. Eine gute Lösung erkennen Sie immer anhand von vier Kriterien:

- Die Bedürfnisse beider Seiten sind in die Lösung eingeflossen. Das gewährt eine langfristige Zusammenarbeit, was eine Beurteilungsdimension in Ihrem Assessment-Center sein kann.
- Die Lösung ist möglichst einfach und kurzfristig umsetzbar. Gedankenschlösser, die zum Scheitern verurteilt sind, sind hier fehl am Platz.

- Problemlösung ist durch den Kompromiss möglich. Die beste Lösung der Welt bringt Ihnen nichts, wenn dadurch nicht das Ursprungsthema gelöst wird. Sie wären überrascht, wenn Sie wüssten, wie häufig dieses Kriterium in Assessment-Centern nicht erfüllt wird.
- Der Aufwand und der Nutzen der Lösung stehen in einem gesunden Verhältnis zueinander. Denken Sie hier immer langfristig und unternehmerisch. Sicherlich können Sie beispielsweise einen demotivierten Mitarbeiter mit 20.000 Euro mehr Jahresgehalt kurzfristig zufriedenstellen. Nur langfristig schaden Sie Ihrem fiktiven Unternehmen dadurch massiv.

In Ihrem Assessment-Center werden Sie unwahrscheinlich direkt eine gute Lösung von Ihrem Gesprächspartner präsentiert bekommen. Jetzt ist endlich die Zeit reif für Ihre Argumente, für eine Diskussion mit Ihrem Gegenspieler und taktische Manöver. So lange, bis Sie die bestmögliche Lösung für Ihr Rollenspiel gefunden haben.

Für unser Beispiel mit Herrn Müller nehmen wir an, dass er berichtet, dass sein Sohn einen schweren Autounfall hatte, was ihn sehr beschäftigt und er nicht möchte, dass es jemand erfährt. Eine Lösung könnte beispielsweise so aussehen:

Herr Müller bekommt ab morgen zwei Wochen Urlaub genehmigt, wobei er Sie zwei Werktage vor Urlaubsende anruft und Ihnen einen Zwischenstand mitteilt. Heute Nachmittag fasst Herr Müller alle offenen Projekte zusammen und übergibt diese heute ab 16:00 Uhr an Sie. Sie haben weiter mit Herrn Müller besprochen, dass aktuell keiner etwas über den Unfall erfahren soll, da es ihm unangenehm sei. Dies akzeptieren Sie, auch wenn Sie der Meinung waren, dass Offenheit die bessere Lösung ist. Daher wird an die Kollegen von Herrn Müller morgen am Arbeitsbeginn lediglich kommuniziert, dass Herr Müller aus persönlichen Gründen zwei Wochen Urlaub eingereicht hat.

Abschluss

Das Gespräch beenden Sie am besten so, wie Sie es angefangen haben – mit der Beziehungsebene. Sofern es möglich ist, schaffen Sie einen positiven Ausblick oder loben den Gesprächsverlauf und beispielsweise die gute Zusammenarbeit.

Wenn Sie das Gefühl haben, dass beidseitige Klarheit herrscht, ist es wichtig, dass Sie das Gespräch aktiv beenden, sofern Sie in der gastgebenden Rolle sind. Dies trifft auch zu, wenn Sie in Ihrem Assessment-Center noch Bearbeitungszeit zur Verfügung hätten. Häufig sehen wir dann Teilnehmer, die fragend in die Runde blicken, noch mal mit dem Gesprächspartner ausschweifenden Small Talk führen oder noch mal mit einer anderen Gesprächsphase beginnen. Nein, Sie beenden aktiv das Gespräch, wenn Sie das Gefühl haben, dass es jetzt zu Ende ist, selbst wenn Sie noch Zeit zur Verfügung hätten. So würden Sie es vermutlich auch in der Praxis tun – warum also nicht auch in einem Assessment-Center?

Hinweis: Für ein erfolgreiches Gespräch
- **eröffnen Sie in der gastgebenden Rolle das Gespräch und schaffen eine passende Gesprächsatmosphäre,**
- **vermitteln Sie den Gesprächsanlass kurz und prägnant,**
- **verstehen Sie die Sichtweise und Bedürfnisse Ihres Gesprächspartners,**
- **fassen Sie diese in eigenen Worten zusammen,**
- **argumentieren Sie für Ihre Lösung und halten an dieser fest und**
- **verabschieden Sie sich von Ihrem Gesprächspartner.**

Basiskommunikation: sympathische Hartnäckigkeit

Nachdem Sie wissen, was Sie wann im Gespräch machen, beleuchten wir, wie Sie das in jeder einzelnen Gesprächsphase am besten tun. Hierzu werden wir alle sechs Phasen zusätzlich mit kommunikativen Tipps und Tricks für eine ‚sympathische Hartnäckigkeit' ergänzen. Das heißt, wir möchten Ihnen zeigen, wie Sie Ihre Interessen auf eine sympathische Weise durchsetzen können. Das Mitarbeitergespräch von Herrn Müller rufen wir uns hierfür nochmals ins Gedächtnis, da wir weiter an diesem Beispiel arbeiten werden:

Herr Müller ist seit zwei Wochen nicht mehr mit demselben Engagement bei der Sache. Beispielsweise starrte er in den letzten beiden Jours fixes nur an die Wand, kam gestern unrasiert und mit glasigen Augen zur Arbeit, hat gestern einen Bericht nicht abgegeben und Herr Kuttler, ein wichtiger Kunde, hat sich nach seinem Wohlbefinden erkundigt, da er Herrn Müller seit drei Wochen nicht erreicht hat. Zusätzlich hörten Sie Wechselgerüchte.

Die emotionale Brücke bauen: die Einleitungsphase

Aller Anfang ist schwer, doch die richtige Begrüßung sollte bei einer (angehenden) Führungskraft kein Problem darstellen. Das dachten wir uns zumindest, bis wir häufiger eines Besseren belehrt wurden. Nachdem wir uns lange gefragt haben, wie es dazu kommt, haben wir auch eine Lösung gefunden: Unser fehlerhaftes soziales Verhalten korrigieren in der Regel Menschen, denen wir sehr nahe stehen. Dazu zählen unsere Familie, gute Freunde und lieb gewonnene Arbeitskollegen. Unglücklicherweise begrüßen wir diese Personen in der Regel nicht formell, wie wir es mit Fremden tun. Oder heißen Sie Ihre Liebsten mit einem »Guten Tag Herr ...« und einem kräftigen Händedruck willkommen? Wohl eher nicht. Nutzen Sie daher die Chance, Ihre eingeschliffenen Begrüßungsrituale in Ihrer Assessment-Center-Vorbereitung zu reflektieren. Knigge-Profis und Meister im Gesprächsatmosphärenaufbau können die nächsten Absätze überspringen und bei der zweiten Gesprächsphase wieder einsteigen: der Anlassphase.

Gesprächseröffnung durch gekonnte Begrüßung

Beginnen wir mit den Füßen und hören beim Kopf auf. Natürlich stehen Sie bei der Begrüßung auf und gehen auf Ihren Gesprächspartner ein paar Schritte zu, um in passender Distanz vor ihm stehen zu bleiben. Als Faustregel können Sie sich merken: So nahe, dass Sie sich mit leicht gestrecktem Arm die Hand reichen können oder Sie bleiben einfach circa einen guten

Meter vor Ihrem Gesprächspartner stehen. Der nächste Fallstrick liegt im Händedruck. Kaum etwas ist unangenehmer als ein schlaffer Händedruck, der sich nach totem Fleisch anfühlt oder eine im Anschluss schmerzende Hand, da der Gesprächspartner sich seiner Kräfte offenbar nicht bewusst war. In unseren Vorbereitungstrainings sind wir immer wieder überrascht, wie stark die Selbstbilder der Teilnehmer von unseren Einschätzungen beim Händedruck abweichen. Holen Sie sich daher unbedingt Feedback bei guten Kollegen oder Freunden ein – selbst, wenn Sie sich eines guten Händedrucks sicher sind. Einer zierlichen Frau dürfen Sie dabei die Hand etwas dezenter geben als einem gestandenen Mannsbild. Der Profi passt ohnehin den Handschlag bei jeder Person individuell in der Stärke und Dauer an. Sobald Sie die Hand umgriffen haben, genügt eine kurze Auf- und Abbewegung, bis Sie die Hand wieder loslassen können. Das minutenlange Händeschütteln ist Politikern vor der Kamera vorbehalten. Seien Sie immer wachsam, was Ihr Gesprächspartner möchte und passen Sie Ihr Verhalten entsprechend an. Hierbei dürfen Sie auch dezent lächeln. Häufig gewinnen Sie dadurch Sympathiepunkte, die Sie später im Gespräch einlösen können. Zeitgleich begrüßen Sie Ihren Gesprächspartner mit Namen, beispielsweise »Guten Tag Herr Müller.« Saloppe Grußfloskeln wie »Hallo«, »Servus« oder »Moin« haben hingegen im Businesskontext nichts zu suchen. Wenn Sie es für angebracht halten, können Sie sich zusätzlich bei Ihrem Gesprächspartner bedanken. Beispielsweise »Guten Tag Herr Müller, vielen Dank, dass Sie den Termin einrichten konnten.« oder »Guten Morgen Herr Müller, es freut mich, dass Sie spontan Zeit für mich gefunden haben.« So schaffen Sie von Beginn an eine positive Atmosphäre, auf der Sie im weiteren Verlauf aufbauen können.

Nach einer freundlichen und höflichen Begrüßung bieten Sie Ihrem Gesprächspartner direkt einen Sitzplatz und gegebenenfalls ein Getränk an – natürlich nur, wenn Sie in der gastgebenden Rolle sind und die Möglichkeiten dazu haben. Besprechen Sie dies im Vorfeld mit dem Moderator, sofern es nicht aus der Aufgabenstellung hervorgeht.

Beziehungsaufbau durch Small Talk

Small Talk verfolgt das Ziel, eine positive Gesprächsatmosphäre zu schaffen und gegebenenfalls an Zusatzinformationen zu gelangen. Beachten Sie hierbei, dass es kaum möglich ist, die durch Small Talk geschaffene Beziehung an einen anderen Platz im Raum zu transportieren. Deshalb bieten Sie zuerst Ihrem Gesprächspartner einen Sitzplatz an, sofern die Situation dies zulässt.

Gleichzeitig wirkt sich die Platzwahl selbst auf die Beziehung aus. Menschen empfinden dabei einen Sitzwinkel von 90 bis 130 Grad am angenehmsten. Für Sie heißt das bei Gesprächen, dass Sie am besten über Eck im 90-Grad-Winkel sitzen, oder wenn Sie Ihrem Gesprächspartner gegenübersitzen, Ihren Stuhl um circa 50 Grad eindrehen. Testen Sie es mit Freunden und Kollegen und überzeugen Sie sich von der positiven Wirkung. Im Gegenzug empfinden wir es als unangenehm, wenn wir einem Gesprächspartner frontal gegenübersitzen. So haben wir kaum eine Chance, den anderen Blicken auszuweichen und können uns schnell in die Ecke getrieben fühlen. Bei einigen Menschen löst dieses Gefühl einen inneren Widerstand aus, welcher zur kontinuierlichen Ablehnung von allen Vorschlägen führt. Achten Sie deshalb während der Raumvorbereitung für Ihr Rollenspiel auf eine spätere Sitzposition in einem 90- bis 130-Grad-Winkel. Häufig ist dies direkt vor Ihrem Rollenspiel noch möglich.

Nachdem Sie gemütlich Platz genommen haben und Ihrem Gesprächspartner ein Getränk angeboten haben, ist der richtige Zeitpunkt für Small Talk gekommen – aber nur, wenn es sich nicht um ein kritisches Gespräch handelt. Die goldene Regel hierzu heißt: Je kritischer das Gespräch, desto kürzer der Small Talk. Stellen Sie sich vor, wie sich beispielsweise ein Mitarbeiter fühlen muss, wenn er weiß, dass er gleich kritisiert wird und vorher noch über das letzte Fußballwochenende mit Ihnen sprechen muss oder, noch schlimmer, wenn Sie mit einem Mitarbeiter vor seiner Kündigung in aller Ruhe über seine Kinder sprechen. Aus diesem Grund sollten Sie den Small Talk bei Kritik- oder Kündigungsgesprächen komplett weglassen. Bei Verhandlungen oder anderen kritischen Themen wird der Small Talk sehr kurz gehalten. Nachdem Sie jetzt wissen, wann Sie Small Talk halten, schauen wir uns jetzt an, wie Sie das am besten umsetzen können. Hierzu sind drei Bereiche besonders wichtig: die innere Einstellung zum Small Talk, die richtige Eröffnung sowie der Umgang mit den Antworten auf Ihre Fragen.

Beginnen wir mit der inneren Einstellung zum Small Talk, die bei vielen Menschen als oberflächlich und nicht zielführend empfunden wird. Doch genau das Gegenteil ist der Fall. Zum einen bietet Ihnen Small Talk eine hervorragende Möglichkeit, ganz unverfänglich in ein Gespräch einzusteigen. Man vergisst schnell, dass viele Menschen vor neuen Situationen Angst haben, sich zu blamieren. Daher werden sie es Ihnen danken, wenn Sie mit ganz unverfänglichen Themen beginnen. Der zweite große Pluspunkt liegt in der Chance auf zusätzliche Informationen, die Sie sonst nie hätten sammeln können. Während des Small Talks können Sie direkte Einblicke in die Gefühlswelt Ihres Gesprächspartners erhalten und Charaktereigenschaften feststellen, an die Sie ohne Small Talk vermutlich nie gekommen wären.

Der Kreis an möglichen Small-Talk-Themen und -Strategien ist sehr groß. Für Ihre Assessment-Center-Vorbereitung greifen wir uns die zwei effektivsten Varianten heraus: informationsbringende Fragen und Komplimente. Ihre Fragen stellen Sie am besten sehr offen, unverfänglich und mit der Intention auf zusätzliche Informationen, beispielsweise den Gesundheitszustand, Interna aus der Abteilung oder Lieblingsbeschäftigungen. Gute Beispiele dafür sind:

»Wie geht es Ihnen?«
»Was gibt es Neues in Ihrer Abteilung/Firma?«

Auf diese Fragen kann Ihr Gesprächspartner nahezu alles sagen, was er in dieser Situation von sich preisgeben möchte. Dies ist genau das, was guten Small Talk auszeichnet. Die zweite Taktik, die Komplimente, sind ein häufig unterschätzter Gesprächsbooster. Die mit Abstand beste Form eines Kompliments ist eine gelungene Frage, die meistens mit dem Wörtchen »wie« beginnt. Beispielsweise können Sie einen externen Firmeninhaber fragen: »Wie haben Sie es nur geschafft, so schnell zu wachsen?« oder einen Mitarbeiter: »Wie konnten Sie noch den Zeitverzug im Projekt X aufholen?« Der Trick liegt darin, dass Ihr Gesprächspartner sich selbst loben darf und jemanden gegenübersitzen hat, der dies bewundert und sich mit ihm freut. Ich habe es noch nie erlebt, dass ein Gesprächspartner bei einer guten Komplimentfrage nicht ins Plaudern gekommen ist. Dafür sind die Situationen, in denen wir uns selbst vor anderen loben dürfen, zu selten. Testen Sie es einmal in einem unverfänglichen Rahmen, beispielsweise heute Abend bei Ihrer Familie. Beachten Sie dabei zwei Punkte: Sprechen Sie nur ein Lob aus, wenn Sie sich wirklich für den anderen freuen können und zweitens sprechen Sie nur ein Lob aus, wenn danach keine Kritik kommt. Es wirkt einfach verlogen, wenn nach dem Positiven etwas stark Negatives folgt.

Nachdem Sie eine Frage gestellt haben, ist es im dritten Schritt enorm wichtig, dass Sie gut zuhören und versuchen zu verstehen, was Ihnen Ihr Gesprächspartner mitteilen möchte. Nehmen wir an, Sie stellen Herrn Müller aus unserem Beispiel zu Beginn die Frage: »Wie geht es Ihnen gerade, Herr Müller?« und Herr Müller antwortet: »Naja, geht so.«, dann dürfen Sie auf gar keinen Fall den Fehler begehen und mit einem neuen Thema beginnen. Als aufmerksamer Zuhörer gehen Sie auf das Gesagte ein und fragen nach. Beispielsweise können Sie erwidern: »Hm, das klingt nicht so gut. Was ist denn gerade los?« Vielleicht können Sie die Information auch als Überleitung zur nächsten Phase, der Anlassphase, nutzen. Beispielsweise indem Sie sagen: »Oh, das hört sich nicht so gut an. Vielleicht hat es ja auch damit zu tun, weshalb Sie heute bei mir sind, Herr Müller.« Der Tonfall wird hierbei nicht selten unterschätzt. Das »Was« ist in der Reaktion auf Ihre Frage meist gar nicht das Entscheidende. Viel gewichtiger sind dabei Ihre Körpersprache, Mimik und Stimmfarbe. Hier gilt es für Sie, glaubhaft, empathisch und wertschätzend zu wirken. Am besten sind Sie es wirklich und müssen es nicht schauspielern.

Wenn wir die Bausteine zusammenfügen, könnte die Einleitungsphase folgendermaßen ablaufen: Herr Müller klopft an die Türe. Sie bitten ihn herein und gehen auf ihn zu. Sie begrüßen ihn mit den Worten:»Guten Tag Herr Müller, es freut mich, dass Sie diesen Termin so spontan wahrnehmen können.« und reichen ihm gleichzeitig mit einem passenden Händedruck die Hand. Im Anschluss bieten Sie ihm gleich einen Platz an:»Nehmen Sie doch schon einmal Platz. Darf ich Ihnen derweil etwas zu trinken anbieten?« Sie erfüllen nach Möglichkeit den Getränkewunsch und setzen sich im 130-Grad-Winkel zu Herrn Müller an den Tisch. Sie fragen ihn:»Wir haben uns diese Woche noch gar nicht gesehen. Wie geht es Ihnen?« Herr Müller könnte antworten:»Schon schlimmer gewesen.« Sie sind sich des kritischen Gesprächsanlasses bewusst, wissen, dass Sie den Small Talk sehr kurz halten sollen und nutzen die Aussage direkt als Überleitung zur nächsten Phase, indem Sie sagen:»Oh, das klingt nicht gerade euphorisch. Vielleicht hat es auch damit zu tun, weshalb Sie heute hier sind, Herr Müller.«

 Fassen wir zusammen: Zu Beginn eines Gesprächs schaffen Sie eine positive Atmosphäre und berücksichtigen dabei,

- dass Sie Ihren Gesprächspartner mit einem angemessenen Händedruck begrüßen,
- ihm gegebenenfalls für den Termin danken,
- ihm gleich nach der Begrüßung einen Sitzplatz anbieten,
- bei unkritischen Themen Small Talk mit Ihrem Gesprächspartner halten
- und dabei Komplimente oder informationsgewinnende Fragen einsetzen.

Das Wesentliche auf den Punkt bringen: die Anlassphase

Der Gesprächsanlass ist Ihrem Gegenspieler im Assessment-Center nur selten bewusst, weshalb Sie bei den meisten Gesprächen kurz und bündig zusammenfassen, aus welchen Gründen das Gespräch stattfindet. Kommen Sie dabei auf den Punkt. Wir sind immer wieder überrascht, wie schwer dies selbst gestandenen Führungskräften fällt, die sich für das höhere Management bewerben. Am deutlichsten wurde uns das in einem Rollenspiel bewusst, in dem die Kandidaten einem Mitarbeiter (Herr Zulu) auf seinen unangenehmen Körpergeruch aufmerksam machen sollten, um anschließend mit ihm eine Lösung zu finden. Statt ihn kurz und prägnant auf den Sachverhalt hinzuweisen, wurde versucht, das Thema durch die Blume zu platzieren. Angefangen wurde beispielsweise mit: »Herr Zulu, Sie wissen bestimmt, weshalb Sie hier sind?« In der stillen Hoffnung, dass Herr Zulu die Nase rümpft, tief Luft holt und sagt: »Oh, hier stinkt es ja. Moment, das bin ja ich. Vielen Dank, dass Sie mich darauf hingewiesen haben.« Natürlich ist das im Assessment-Center wie auch im realen Leben absolut unwahrscheinlich. Weiter ging es mit einer vorsichtigen Andeutung: »Manchmal nehmen Menschen Dinge anders wahr als andere. Können Sie damit etwas anfangen?« Wieder in der Hoffnung, dass er die Nase rümpft und so weiter. Natürlich tat er das nicht. Die nächste Andeutung verlief meist etwas so: »Wie finden Sie denn, dass es hier im Raum riecht?« Wieder in der unwahrscheinlichen Hoffnung auf eine unerwartete Einsicht beim Mitarbeiter. Meist gab es noch weitere Fragen mit derselben Erfolgswahrscheinlichkeit – besonders in einem Assessment-Center. Ungeschickterweise wird es durch diese Schiebetaktik immer unangenehmer, das eigentliche Thema zu platzieren. Professionell auf den Punkt gebracht hätte das so aussehen können:

»Herr Zulu, nehmen Sie doch bitte Platz. Ich habe heute ein unangenehmes Thema mit Ihnen zu besprechen. Mir ist Ihr Körpergeruch bei unseren letzten Treffen unangenehm aufgefallen. Genau genommen letzten Montag im Meeting und heute Morgen im Fahrstuhl. Gerne können Sie das erst einmal kurz sacken lassen. [Gesprächspause] Mir geht es heute darum, mit Ihnen

zu klären, wie dies möglich ist, um dann gemeinsam mit Ihnen eine Lösung zu finden.«

Häufig hören wir von Teilnehmern, dass dies doch zu hart und direkt sei. Man könne ja nicht die Gefühle des Mitarbeiters so stark verletzen. Einen besseren Vorschlag konnte uns jedoch niemand unterbreiten. Unangenehme Themen müssen als solche auch auf den Tisch, da spontane Erleuchtungen durch vages Andeuten sehr unwahrscheinlich sind. Aus welchem Grund sollte sonst das Verhalten noch bestehen? Wäre es so einfach, würde das kritische Verhalten überhaupt nicht bestehen. Verschleierung gestaltet den Prozess nur noch schwieriger und wird sich langfristig nicht auszahlen.

Drei weitere Tricks haben wir in die Musterantwort eingebaut, die wir jetzt transparent machen. Erstens sind unangenehme Themen bei Weitem nicht mehr so unangenehm, wenn sie als solche tituliert werden. Einen ähnlichen Effekt kennen Sie, wenn Ihnen etwas Peinliches passiert ist und Sie sagen: »Oh, das ist jetzt aber peinlich.« Schlagartig sinkt danach das unangenehme Gefühl, wobei es natürlich nicht vollständig verschwunden ist. Doch es ist deutlich angenehmer als vorher. Nehmen Sie die Hürde des Aussprechens Ihrem Gesprächspartner ab und präsentieren Sie sich dadurch als empathische Führungskraft vor den Beobachtern.

Als Nächstes haben wir das Verhalten anhand von konkreten Beispielen belegt. Ihr Gesprächspartner kann so das Sachthema deutlich leichter aufnehmen und gerät unwahrscheinlicher in eine Rechtfertigungshaltung. Diese stellt sich vor allem bei pauschalen Angriffen ein wie beispielsweise: »Herr Zulu, Sie riechen unangenehm.« So wird behauptet, dass dies immer der Fall sei, was nicht zutreffen muss. Stattdessen bleiben wir ganz konkret bei unseren Beobachtungen, mit denen wir unsere These stützen. Übertreiben Sie es dabei jedoch nicht, selbst wenn in Ihrer Aufgabenstellung zwanzig konkrete Beobachtungen stehen, reicht es in der Regel im Gespräch, wenn Sie die zwei bis vier wichtigsten Beobachtungen nennen. Alle anderen können Sie vorerst für sich behalten. Die Anlassphase soll möglichst kurz sein und nicht schon für eine etwaige spätere Diskussion oder Argumentation missbraucht werden. Andernfalls wird Ihr Gesprächspartner sich überrollt fühlen und geistig abschalten. Achten Sie bei Beispielen zusätzlich darauf, dass diese auf eigenen Beobachtungen beruhen. Zum Beispiel stand in der originalen Aufgabenstellung, dass sich auch Frau Zenk über Herrn Zulu beschwert hat. Kurzfristig könnten Sie dadurch den Schwarzen Peter an Frau Zenk weiterreichen, indem Sie sich nur auf sie beziehen. Einige Führungskräfte haben die Situation sogar noch verschlimmert, indem sie sagten: »Ich finde das jetzt nicht so dramatisch wie Frau Zenk.« Dadurch gewinnen Sie zwar kurzfristig Sympathiepunkte bei Herrn Zulu, doch im realen Leben schaffen Sie dadurch riesige Folgeprobleme in Ihrer Abteilung und zusätzlich wird die Veränderungsbereitschaft bei Herrn Zulu sinken: ein klassisches Lose-lose-Ergebnis. Damit würde es in Ihrem Assessment-Center bestimmt eng für Sie werden. Das gleiche Prinzip gilt übrigens auch für schlechte Nachrichten, die Sie übermitteln müssen. Häufig wird sich dabei aus falsch verstandener Empathie oder einfach nur aus Feigheit mit dem Gesprächspartner verbündet, was zu riesigen Problemen führen würde. Beispielsweise wenn Sie einem Teamleiter erklären müssen, dass er zukünftig eine Planstelle in seinem Team weniger bei gleicher Arbeitsbelastung hat. Einige Führungskräfte formulieren dabei fatale Sätze wie: »Ich bin ebenfalls total verärgert darüber. Die da oben haben wieder einen Blödsinn beschlossen und wir müssen jetzt halt schauen, wie wir damit leben.« Nicht nur, dass Sie sich damit selbst jeden Führungsanspruch absprechen, vielmehr hetzen Sie gleichzeitig gegen die Unternehmensführung. Würden Sie als Organisation jemanden einstellen, der Ihnen schon im Assessment-Center in den Rücken fällt? Besser zeigen Sie hier den Beobachtern Ihre Unternehmensloyalität, selbst wenn in Ihrer Aufgabenstellung steht, dass Sie sich mit Händen und Füßen dagegen gewehrt haben. Beispielsweise können Sie erklären:»Ich habe heute eine unangenehme Aufgabe. Aus Einsparungsgründen bin ich gemeinsam mit unserem Bereichsleiter zu dem Ergebnis gekommen, dass wir eine Planstelle aus Ihrem Team streichen müssen, da …«. Denken Sie daran, Sie bewerben sich auf eine Führungsstelle und hier wird von Ihnen erwartet, dass Sie Verantwortung für das Unternehmen übernehmen.

Als dritten Trick haben wir eine taktische Pause eingesetzt. Dies ist in solch unangenehmen Situationen eine sehr wertschätzende Geste. Sie schenken damit Ihrem Gesprächspartner Zeit, sich zu sammeln. Stellen Sie sich vor, wie es für Sie wäre, wenn Ihr Chef zu Ihnen sagen würde, dass Ihr Körpergeruch unangenehm sei. Vermutlich müssten Sie erst einmal schlucken und Ihre Gedanken erst kurz sortieren. Arbeitsfähig wären Sie jedenfalls vermutlich nicht. Die Arbeitsbereitschaft können Sie häufig an den Augen Ihres Gesprächspartners ablesen. Wenn er Sie anschaut, sind Sie wieder am Zuge. Solange die Augen zur Decke, an die Wand oder auf den Boden gerichtet sind, können Sie unbesorgt Pause machen. Wenn diese zwanzig Sekunden dauern sollte, kommt sie Ihnen vermutlich wie eine halbe Ewigkeit vor – vor allem im Assessment-Center bei nur fünfzehn Minuten Bearbeitungszeit. Doch Ihr Gesprächspartner wird es Ihnen danken, auch Ihr Gegenspieler im Assessment-Center. Wenn Sie nach dieser Zeit noch immer keinen Blickkontakt herstellen konnten, sollten Sie wieder verbal in Aktion treten. Etwas Fingerspitzengefühl in der richtigen Situation wird Ihnen Bonuspunkte bei den Beobachtern einbringen.

Die Anlassphase könnte in unserem Beispiel mit Herrn Müller so aussehen:

»Ich mache mir gerade etwas Sorgen um Sie, Herr Müller. In letzter Zeit habe ich den Eindruck, dass sich bei Ihnen etwas verändert hat. Beispielsweise haben Sie sich in den letzten beiden Jours fixes nicht ein einziges Mal zu Wort gemeldet, wobei Sie sonst immer sehr aktiv dabei waren. Gestern haben Sie einen Bericht ohne Begründung nicht abgegeben und was mich am meisten irritierte, Herr Kuttler rief bei mir an, um sich bei mir nach Ihnen zu erkundigen. Er hatte Sie wohl drei Wochen lang vergebens versucht zu erreichen. Mir liegt sehr daran, heute Ihre Sichtweise zu verstehen, um anschließend eine gemeinsame Lösung mit Ihnen zu finden. Hierzu haben wir bis 13:45 Uhr Zeit, da ich zu einem Folgetermin muss.«

Fassen wir zusammen: In der Anlassphase geben Sie den zeitlichen Rahmen vor und platzieren den Gesprächsanlass. Dabei

- halten Sie sich so kurz wie möglich,
- begrenzen Sie sich auf die wirklich relevanten Punkte,
- belegen Sie Ihre These mit konkreten, selbst erlebten Beispielen
- und achten darauf, dass ein kooperatives Verhalten im Anschluss noch möglich ist.

Der Grundstein für Erfolg: die Informationsgewinnungsphase

Eine gute Führungskraft packt Herausforderungen an, trifft schnell Entscheidungen und verfolgt ein Ziel. Leider tut sie dies alles auf einer unzureichenden Informationsbasis, da sie zu selten und zu knapp nachfragt – auch im Assessment-Center. Einige Führungskräfte lassen diese Phase in ihrem Rollenspiel sogar ganz weg und schlagen direkt eine Lösung vor, wobei dieses Verhalten zum Scheitern verurteilt ist. Wahrscheinlich durch das hohe Stresslevel, eine falsch verstandene Ergebnisorientierung oder einfach Unwissenheit begehen viele Kandidaten im Assessment-Center einen kapitalen Fehler. Sie bombardieren den Gesprächspartner direkt mit allen Argumenten und Lösungsvorschlägen, die ihnen eingefallen sind. Dabei vergessen sie jedoch, dass sie nur ein sehr getrübtes Bild vom Gesprächspartner haben – gerade im Assessment-Center, wenn sie nur eine kurze Rollenbeschreibung gelesen haben. Sie wissen nicht, was seine Hintergründe sind, welche Erwartungen er hat, was seine Motive und Bedürfnisse sind oder wie seine Ziele für das Gespräch lauten. Das heißt für Sie, dass Sie als gute Führungskraft in dieser Phase genau diese Punkte herausarbeiten müssen. Hier liegt in aller Regel der Schlüssel zum Gesprächserfolg.

Sie können sich vielleicht an einen gut gemeinten Ratschlag aus der jüngsten Vergangenheit von einem Kollegen oder Freund erinnern. Wahrscheinlich haben Sie ihn nicht eins zu eins umgesetzt. Ganz einfach aus dem Grund, dass er nicht für Ihre Situation gepasst hat. Wahrscheinlich haben Sie ebenfalls in dieser Situation unbewusst die Schotten dicht gemacht und sind dem restlichen Gespräch nur noch oberflächlich gefolgt. Menschen möchten verstanden werden, bevor sie eine Lösung aufgetischt bekommen. Deshalb versuchen wir in dieser Phase, alles Relevante aus unserem Gesprächspartner herauszukitzeln. Das bedingt, dass Sie sich möglichst zurückhalten und Ihr Gesprächsanteil auf weniger als 30 Prozent fällt. In diesen knapp 30 Prozent agieren Sie am geschicktesten empathisch und gleichzeitig emotionsarm. So haben Sie die höchsten Chancen auf zusätzliche Informationen. Etwas Hartnäckigkeit zahlt sich hier häufig für Sie aus. Dazu stellen Sie am Anfang offene und wertschätzende Fragen.

Gute Initialfragen zu unserem Beispiel mit dem weniger engagierten Herrn Müller sind:

»Mich interessiert Ihre Sichtweise dazu. Wie kam es zu diesen Situationen?«
»Wie haben Sie die letzten drei Wochen mit Herrn Kuttler erlebt?«
»Wie kam es dazu, dass Sie sich in den letzten zwei Jours fixes so ruhig verhalten haben?«
»Wie könnte ich Sie dabei unterstützen?«
»Was bräuchten Sie, dass so etwas wie mit Herrn Kuttler nicht nochmals vorkommt?«
»Gibt es vielleicht nicht-berufliche Gründe, die Sie nennen möchten? ... Wie kann ich Sie dabei unterstützen?«
»Wie zufrieden sind Sie gerade mit Ihrer Arbeit bei uns?«

Nachdem Sie eine Initialfrage gestellt haben, heißt es wieder wertschätzend nachhaken und aktiv zuhören.

Sie stellen so lange Fragen, bis Sie das Gefühl haben, dass Sie Ihren Gesprächspartner für diese Situation verstanden haben. Wenn Sie hierfür 50 Prozent der Bearbeitungszeit benötigen, dann ist dies in Ordnung. Keine Sorge, dies ist für die meisten Menschen am Anfang noch ungewohnt und vielleicht auch etwas unnatürlich. Doch ohne diese Informationen können Sie später keine langfristige Lösung im Gespräch erarbeiten und deswegen scheitern an diesem Punkt die meisten Gespräche. Im beruflichen Kontext haben Sie dadurch Folgeprobleme und im Assessment-Center werden Sie es dadurch schwer haben, zu bestehen. Es lohnt sich also, diese Kompetenz zunehmend auszubauen und vor Ihrem Assessment-Center reichlich in realen Gesprächen zu trainieren. Es braucht etwas Zeit, bis dieser Prozess automatisch abläuft und Sie die deutlichen Mehrwerte selbst erlebt haben. Besonders im Assessment-Center ist diese Phase absolut erfolgskritisch, da viele Rollenspieler angewiesen sind, Informationen nur preiszugeben, wenn sie explizit danach gefragt werden. Darum geben Sie sich nicht mit ein paar wenigen Worten zufrieden, sondern fragen nach, fragen nach, und wenn Sie das Gefühl haben, genug gefragt zu haben, fragen Sie noch mal nach, um ganz sicher zu sein. Eben sympathisch hartnäckig.

Fassen wir zusammen: Sie können mit Ihrem Gesprächspartner keine Lösung finden, wenn Sie nicht seine Sichtweise auf die Dinge verstanden haben. Dazu

- stellen Sie offene Initialfragen
- deren Antworten Sie weiter hinterfragen,
- geben sich erst zufrieden, wenn Sie das Gefühl haben, alles verstanden zu haben und
- agieren dabei möglichst empathisch und gleichzeitig emotionsarm.

Auf einer Wellenlänge sein: der Ergebnisabgleich

Sobald Sie das Gefühl haben, Ihren Gesprächspartner verstanden zu haben, fassen Sie in eigenen Worten nochmals für ihn zusammen, was Sie verstanden haben. Anschließend lassen Sie sich dieses Ergebnis von Ihrem Gesprächspartner bestätigen. Seien Sie nicht verwundert, wenn das in Ihrem Assessment-Center nicht der Fall ist, dies passiert häufig. Widerspricht Ihnen Ihr Gesprächspartner, ist dies nicht tragisch. Ganz im Gegenteil können Sie froh sein, dass der Missstand jetzt schon angesprochen wird. Wahrscheinlich wäre er ohnehin im Gespräch irgendwann zutage getreten. Entscheidend ist, wie Sie reagieren, wenn Ihr Gesprächspartner Ihnen in der Zusammenfassung widerspricht. Sie dürfen hier auf gar keinen Fall eine Diskussion anfangen oder gar darauf pochen, dass er etwas so gesagt hat, wie Sie es verstanden haben. Als souveräne Führungskraft zeigen Sie sich wertschätzend interessiert an seiner Meinung. Beispielsweise können Sie sagen:»Okay, dann habe ich Sie scheinbar nicht richtig verstanden. Für mich ist es allerdings sehr wichtig, Ihre Sichtweise nachvollziehen zu können. Was habe ich denn nicht richtig wiedergegeben?« Sie werden feststellen, dass es häufig lediglich Nuancen sind, die nicht richtig wiedergegeben wurden. Sie sehen also, dass Sie mit einer Zusammenfassung nur gewinnen können. Entweder gibt Ihnen Ihr Gesprächspartner recht, was zu einer besseren Beziehungsebene führt oder er widerspricht Ihnen, wodurch Sie die Chance haben, einen Fehler zu korrigieren, bevor es zu spät ist. Betrachten Sie Missverständnisse nicht als peinliche Panne, sondern vielmehr als Chance, Ihre Führungsqualitäten unter Beweis zu stellen. Der ein oder andere Bewerber konnte erst durch einen Fehler zeigen, was wirklich in ihm steckt und sich deutlich von seinen Konkurrenten absetzen. Eine gute Führungskraft muss auch in der Lage sein, mit Fehlern konstruktiv umzugehen.

Selbstverständlich macht es Sinn, schon während der Informationsgewinnungsphase einzelne Aspekte in eigenen Worten zu wiederholen. Deshalb wechseln sich diese beiden Phasen auch häufig ab, was ein erwünschter Effekt ist.

Ein weiterer Trick besteht darin, dass Sie Ihrem Gesprächspartner emotionale Zustimmung geben. Das sind Sätze wie »Das kann ich gut nachvollziehen.«, »Vielleicht hätte ich in Ihrer Situation auch so gehandelt.«, »Das hätte mich auch verärgert.« und so weiter. Beachten Sie zugleich, dass Sie hier Ihrem Gesprächspartner nicht juristisch recht geben. Wenn Sie beispielsweise sagen »Da haben Sie vollkommen recht«, haben Sie Ihren Verhandlungsrahmen verspielt. Ein weiser Stratege stimmt also rein emotional zu. Vergegenwärtigen Sie sich, dass sich Ihr Gesprächspartner nicht ohne Grund so verhalten hat. Ganz gleich, wie dieses Verhalten ausgesehen hat, im Idealfall können Sie es zumindest nachvollziehen, auch wenn Sie es nicht gutheißen oder gar verurteilen. Den Ergebnisabgleich beenden Sie, indem Sie die gewonnenen Informationen mit dem ursprünglichen Gesprächsanlass verknüpfen. Dadurch schaffen Sie eine für alle Beteiligten nachvollziehbare Struktur.

Rufen wir uns nochmals unser Beispiel mit Herrn Müller in Erinnerung und nehmen wir an, dass Herr Müller von großen privaten Problemen berichtet hat. Dann könnte der Ergebnisabgleich verkürzt so formuliert sein:

»... das tut mir leid, Herr Müller. Wenn ich Sie jetzt richtig verstanden habe, sind Sie seit dem Unfall von Ihrem Sohn mit Ihren Gedanken ganz bei ihm und nicht mehr bei der Arbeit. Und weil Sie festgestellt haben, dass einiges liegen geblieben ist, war es Ihnen noch viel unangenehmer, die Sachen anzusprechen, weshalb Sie die Probleme etwas verdrängt haben. Auch weil Sie stark bleiben wollten. Habe ich Sie hier richtig verstanden?« [Herr Müller bejaht] »Das kann ich gut nachvollziehen. Gleichzeitig ist diese Situation besonders für unsere Kunden nicht zufriedenstellend, weshalb wir jetzt gemeinsam nach einer Lösung suchen müssen. Ist dies so für Sie in Ordnung, Herr Müller?«

Fassen wir zusammen: In guten Gesprächen ist ein beidseitiges Verständnis des anderen entscheidend. Deshalb fassen Sie die Aussagen Ihres Gesprächspartners in eigenen Worten zusammen.

- Bei komplexen Gesprächen kann dies im Wechsel mit der Informationsgewinnungsphase geschehen.
- Am Ende der Informationsgewinnung wird der gesamte Kenntnisstand zusammengefasst.
- Dabei halten Sie sich so kurz wie möglich, ohne etwas Wichtiges zu vergessen.
- Missverständnisse klären Sie wertschätzend und interessiert.

Einigung erzielen: die Lösungsphase

Erst jetzt haben Sie eine Datenbasis, mit der Sie zielführend arbeiten können. In vielen Fällen haben Sie zusätzlich noch die Möglichkeit, den Zielrahmen durch Ihren Gesprächspartner abstecken zu lassen. Dazu können Sie von ihm einen ersten Lösungsvorschlag einholen. Der unterste Lösungsrahmen ist damit genannt und Sie wissen genau, was Sie für Ihr Maximalziel erreichen müssen. Natürlich wenden Sie diese Taktik nur an, wenn Sie sich von Ihrem Gegenüber eine sinnvolle Lösung vorstellen können. So ist es beispielsweise in einem Verkaufsgespräch ausgeschlossen, dass sich Ihr Kunde entscheidet, ohne etwas über die passenden Produkte gehört zu haben. Gleiches gilt für reine Informationsgespräche, bei denen Ihr Gegenspieler keinen Gestaltungsfreiraum hat, beispielsweise bei einer Kündigung, die Sie einem Mitarbeiter mitteilen.

Vergegenwärtigen wir uns noch einmal: Bis zu diesem Zeitpunkt haben Sie nicht ein einziges Argument unbedacht um sich geworfen. Ihre volle Aufmerksamkeit war ganz auf Ihren Gesprächspartner gerichtet und Sie haben versucht, seine Sicht der Dinge zu verstehen. Diese dadurch gewonnenen Zusatzinformationen können Sie jetzt in Ihre Argumentation integrieren (siehe auch Kapitel 4.4 *Argumentation* ab Seite 76). Achten Sie jedoch darauf, dass Sie Ihren Gesprächspartner auch jetzt nicht überrollen und in einen Monolog verfallen. Es wäre schade, wenn Sie Ihre gute Vorbereitung zerstören. Dazu gehört auch, dass Sie in Ihrem Assessment-Center gelassen mit Ihrem Gegenspieler diskutieren und nicht mit ihm streiten oder sich gar gegenseitig anschreien. Halten Sie sich immer vor Augen, dass Ihr Gesprächspartner nur dann mit Ihnen eine Einigung erzielen wird, wenn die Gesprächsatmosphäre stimmt und er nicht mit dem Rücken zur Wand steht. Das Sachthema von der Person zu trennen hat schon vielen unserer Teilnehmer geholfen. In der Sache können Sie hart argumentieren und alle Tipps und Tricks einsetzen, die Sie kennen. Auf der anderen Seite sollten Sie immer weich zum Menschen sein. Soll heißen, dass Sie kontinuierlich auf die Beziehungsebene achten und wertschätzen, wie Ihr Gesprächspartner für seinen Standpunkt kämpft, den er aus gutem Grund hat. Respektieren Sie den Menschen, der Ihnen gegenübersitzt – auch wenn er Sie inhaltlich auf die Palme treibt.

Ein guter Kompromiss ist keine schlechte Lösung. Einige Führungskräfte ruinieren sich in ihrem Assessment-Center eine solide Lösung, da sie um jeden Preis ihr Maximalziel erreichen möchten. Den jeweiligen Gesprächspartner verärgern sie dann schnell durch übertriebene Bissigkeit. In manchen Fällen wurde am Ende sogar ein schlechteres Ergebnis festgehalten, als zwischenzeitlich schon ausgehandelt war. Wägen Sie in Ihrem Assessment-Center gut für sich ab, wann sich eine Hartnäckigkeit noch lohnt und an welcher Stelle der Scheitelpunkt erreicht ist und Hartnäckigkeit das Ergebnis nur noch verschlechtert. Es muss nicht immer Ihr Maximalziel sein.

Die absolute Mindestlösung in Ihrem Assessment-Center ist, dass Sie keine gemeinsame Lösung gefunden haben, Ihnen eine Lösung jedoch am Herzen liegt und Sie einen weiteren Termin mit Ihrem Gesprächspartner ausmachen. Idealerweise haben Sie dabei nochmals zusammengefasst, was bisher besprochen wurde. Merken Sie sich, dass keine Lösung viel besser ist als eine schlechte Lösung. Nehmen wir an, dass Sie bei unserem Beispiel mit Herrn Müller noch nicht alles besprechen konnten. Dann könnten Sie sagen:

»Leider muss ich gleich zu meinem nächsten Termin. Mir liegt aber sehr viel daran, Sie hier bestmöglich zu unterstützen. Wir haben ja gerade vereinbart, dass wir uns heute Abend um 16:00 Uhr noch einmal treffen, um die aktuellen Projekte kurz zu besprechen. Hier möchte ich gerne aufgreifen, wie wir Ihre Abwesenheit den Kollegen kommunizieren. Vielleicht möchten Sie sich bis heute Nachmittag dazu schon Gedanken machen. Ist dies für Sie so in Ordnung?« [Herr Müller bejaht] »Prima, dann sehen wir uns heute Nachmittag um 16:00 Uhr wieder und Sie übergeben mir eine Liste, auf der ...«.

Von unserem Beispiel losgelöst könnten Sie bei einem totalen Scheitern folgende Struktur sinngemäß anwenden:

»Leider muss ich gleich wieder los. Darf ich festhalten, dass wir uns in den Punkten … einig waren und noch Gesprächsbedarf bei den Punkten … besteht?« [Idealerweise bejaht ihr Gegenüber, andernfalls klären Sie die Diskrepanz.] »Mir liegt sehr daran, mit Ihnen eine Lösung zu finden. Haben Sie am … Zeit für einen weiteren Termin?«

In der Regel reicht es aus, wenn Sie das Ergebnis kurz zusammenfassen und es sich von Ihrem Gesprächspartner bestätigen lassen. Schaffen Sie bei allem nicht mehr Bürokratie als notwendig. Wenn Sie eine schriftliche Dokumentation für zwingend notwendig halten, dann können Sie dies am Ende dieser Phase tun, beispielsweise bei einem Jahreszielgespräch mit einem Mitarbeiter.

 Fassen wir zusammen: Erst jetzt verhandeln Sie mit Ihrem Gesprächspartner über eine Lösung. Dazu holen Sie nach Möglichkeit erst von Ihrem Gesprächspartner einen Lösungsvorschlag ein, den Sie noch weiter ausbauen werden. Die Minimallösung in Ihrem Assessment-Center ist immer, dass Sie noch keine Lösung gefunden haben, aber an einer Lösung interessiert sind. Sie haben lieber keine Lösung als eine schlechte Lösung!

Das Gespräch aktiv beenden: der Abschluss
Wenn die Lösung gefunden ist, können Sie das Gespräch aktiv beenden, sofern Sie in der gastgebenden Rolle sind. Dazu stehen Sie am besten auf. Das signalisiert der anderen Partei unmissverständlich, dass das Gespräch am Ende angelangt ist. Anschließend begleiten Sie Ihren Gesprächspartner bis zur Türe und verabschieden ihn mit einem wohldosierten Händedruck.

Basishaltung: neugierige Zielfokussierung

Die neugierige Zielfokussierung als Basishaltung erklärt sich sicherlich nicht auf den ersten Blick und vielleicht sind Sie auch etwas skeptisch. Doch genau diese Kombination aus Neugier und Zielfokussierung ist der innere Grundstein für ein erfolgreiches Gespräch. Nur wenn Sie neugierig sind, was Ihr Gesprächspartner möchte und welche Bedürfnisse er hat, können Sie eine Win-win-Beziehung schaffen. Doch sollte dies nicht in Voyeurismus ausarten, weshalb Sie immer Ihr Ziel im Fokus haben müssen.

Den Gesprächspartner zu verstehen ist gar nicht so einfach. Nachdem Sie die Aufgabenstellung gelesen haben, haben Sie sehr schnell ein Bild von der Situation und Ihrem Gegenspieler im Kopf. Doch von diesem Bild müssen Sie sich lösen, wenn Sie Ihren Gesprächspartner verstehen wollen. Dies beinhaltet auch, dass Sie sehr empathisch und wertschätzend agieren und Ihre eigenen Lösungen sowie Begründungen so lange für sich behalten, bis sie das Gefühl haben, Ihren Gegenspieler verstanden zu haben. Setzen Sie immer voraus, dass es für das Verhalten des Gesprächspartners eine gute Begründung gibt, selbst wenn die Aufgabenstellung etwas anderes vermuten lässt. In unserem Beispiel mit Herrn Müller könnte es unzählige plausible Gründe für sein Verhalten geben, die teilweise nicht aus der Aufgabenstellung ersichtlich gewesen wären. Bei einigen Gründen, wie wir noch sehen werden, müssten Sie sich als Führungskraft sogar schützend vor Herrn Müller stellen. Entscheidend für Sie ist, Sie wissen es nicht. Daher tun Sie gut daran, wenn Sie kontinuierlich ein kooperatives Verhalten ermöglichen und dies nicht durch Anschuldigungen oder gut gemeinte Lösungsvorschläge zerstören. Eine kleine Auswahl an möglichen Hintergrundgeschichten von Herrn Müller könnte in Ihrem Assessment-Center wie folgt aussehen:

• Der Kollege hat bezüglich der Wechselgerüchte gelogen, um sich einen vermeintlichen Vorteil bei einer anstehenden Beförderung zu verschaffen.

- Herr Müllers Sohn hatte einen schweren Autounfall und liegt seit zwei Monaten im Koma. Herr Müller versucht hier, für alle stark zu sein und sich nichts anmerken zu lassen.
- Herr Müller wird von seinen Kollegen extrem gemobbt, seitdem vor zwei Monaten herauskam, dass er homosexuell ist.
- Herr Müller ist seit mehreren Jahren trockener Alkoholiker und hat seit zwei Monaten einen Rückfall, da ihn seine Frau verlassen hat.
- Herr Müller hat eine neue Stelle, die erst in vier Monaten beginnt. Da er weiß, dass Sie ihn mit einer Frist von drei Monaten kündigen könnten, behält er den Wechsel noch für sich.

Sie sehen, es kann sich durchaus lohnen, erst die Geschichte des anderen zu erfahren, bevor Sie urteilen.

Ihr Ziel können Sie am besten erreichen, wenn Sie empathisch und gleichzeitig emotionsarm handeln. Damit meinen wir, dass Sie die Gefühle Ihres Gesprächspartners empathisch wahrnehmen sowie würdigen und gleichzeitig Ihre eigenen Gefühle kontrollieren können. Als Führungskraft disqualifizieren Sie sich, wenn Sie Ihre Gefühle nicht zügeln können und beispielsweise pampig oder aggressiv auftreten. Besonders, wenn Ihr Gegenspieler versucht zu provozieren, ist besondere Achtsamkeit gefragt. Beobachter wollen in solchen Situationen von Ihnen sehen, dass Sie ruhig und souverän durch die Situation manövrieren. Denken Sie immer daran, dass Ihr Gegenspieler auch nur eine Rolle spielt und Ihnen eigentlich nichts Böses wünscht. Sie haben also keinen Grund, sich aufzuregen oder gar aggressiv zu werden. Versuchen Sie lieber, neugierig und wertschätzend herauszufinden, aus welchen Gründen Ihr Mitspieler so handelt, wohl wissend, dass dies der Schlüssel zur Zielerreichung ist.

Vergegenwärtigen Sie sich kontinuierlich Ihre Gesprächsziele und wägen Sie ab, ob Sie noch auf dem richtigen Weg sind. Ihr Gegenspieler möchte vielleicht ausschweifen und Sie auf eine falsche Fährte locken. Das umgehen Sie, indem Sie immer wieder Fragen stellen, die auf Ihr Ziel ausgerichtet sind. Zeigen Sie den Beobachtern, dass Sie einfühlsam, neugierig und zielorientiert in Gesprächen agieren.

Rollenspiele vorbereiten

Die individuelle Vorbereitungszeit beginnt idealerweise mit dem nochmaligen und genauen Klären der Aufgabenstellung und der Zielsetzung. Hierzu lesen Sie sich Ihre Rollenbeschreibung einmal ausführlich durch und notieren sich parallel alle relevanten Daten auf einem separaten Blatt Papier. Der Vorteil liegt darin, dass Sie gerade bei mehrseitigen Aufgabenstellungen so alles auf einen Blick vor sich liegen haben. Notieren Sie sich aber nur die wirklich relevanten Informationen und filtern Sie großzügig unwichtige Informationen heraus. Wenn Sie das Gefühl haben, die Aufgabenstellung beim ersten Durchlesen nicht vollständig erfasst zu haben, lesen Sie sie ein zweites Mal. Ihnen muss erst klar sein, was Sie eigentlich tun sollen, bevor Sie mit der Bearbeitung anfangen. Dieses an sich logische Vorgehen wird jedoch häufig in Assessment-Centern durch blinden Aktionismus ersetzt, was meist zu einem Scheitern im Gespräch führt.

Sie können vor dem Gespräch alle Phasen mit Ausnahme der Ergebnisabgleichphase vorbereiten. Doch denken Sie immer daran, dass Gespräche niemals vorhersagbar sind. Ein Gespräch wird immer anders verlaufen, als Sie es sich vorgestellt haben. Doch durch eine gute Vorbereitung sind Sie für viele Situationen gewappnet.

Wir empfehlen Ihnen bei der Vorbereitung, dass Sie Ihr Gespräch chronologisch rückwärts planen und mit der Abschlussphase beginnen.

Abschluss vorbereiten

Beginnen Sie in der Vorbereitung mit dem, was Sie am Ende erreicht haben möchten: Ihrem Ziel. Wenn Sie genau wissen, was Sie erreichen möchten, erleichtern Sie sich die weitere Vorbereitung. So können Sie alles Weitere auf Ihr Wunschergebnis abstimmen. Dazu formulieren Sie Ihre Minimal-

und Maximalziele für das Gespräch (siehe auch Kapitel 4.5 *Effektiv Ziele setzen* ab Seite 78). Diese können Sie an den oberen Rand Ihres Datenblattes schreiben, auf dem Sie die wichtigsten Informationen zusammengefasst haben. Lassen Sie deshalb einen oberen Rand frei, wenn Sie Informationen aus der Aufgabenstellung herausarbeiten.

Lösungsfindung vorbereiten

Als zweiten Schritt planen Sie Ihre Gesprächsstrategie und bereiten Ihre Argumente vor (siehe auch Kapitel 4.4 *Argumentation* ab Seite 76). Nur gute Ziele zu haben reicht nicht aus, sondern Sie brauchen auch Argumente, mit denen Sie Ihr Ziel erreichen können. Dafür können Sie 25 bis 50 Prozent der Vorbereitungszeit nutzen. Fragen Sie sich hierzu:

• Wie kann ich mein Minimal- und Maximalziel am besten erreichen?
• Mit welchen Argumenten kann ich meine Position stärken?
• Welche Gegenargumente könnte mein Gesprächspartner einbringen und wie kann ich diese entkräften?
• Wie kann ich einen direkten Mehrwert für meinen Gesprächspartner schaffen?

Informationsgewinnungsphase vorbereiten

Der Schlüssel zu einer guten Lösung sind die Informationen, die Sie von Ihrem Gegenüber erhalten. Damit Sie im Gespräch keine wichtigen Informationen vergessen, sollten Sie sich im Vorfeld alle relevanten Informationsgebiete notieren. Dabei schreiben Sie sich lediglich Überbegriffe wie Arbeitsatmosphäre, Arbeitsbelastung, Umgang mit Kollegen und so weiter auf. Die finalen Fragen stellen Sie erst im Gespräch, da Sie erst hier die Situation einschätzen und die Fragen auch untereinander in Bezug setzen können. Würden Sie die Fragen im Vorfeld alle vorbereiten und dann stupide abarbeiten, würde dies merkwürdig anmuten und Ihnen wenig Führungsqualität zusprechen. Ebenfalls können Sie bei den Punkten auf der Liste flexibel sein. Manche Punkte fallen weg und manche kommen dazu – die Liste ist eben nur eine Orientierung und ein Back-up, falls Sie den Überblick im Gespräch verlieren. In unserem Beispiel mit Herrn Müller könnte eine Liste folgende Punkte enthalten:

- Aktuelles Wohlbefinden
- Berufliche Veränderungen
- Wohlbefinden im Team
- Änderungen im Arbeitsbereich
- Arbeitsbelastung
- Zufriedenheit mit der Stelle
- Zufriedenheit mit der Firma
- Andere Ursachen für verändertes Engagement
- Gründe für Bericht
- Gründe für verändertes Meetingverhalten
- Gründe für den Anruf von Herrn Kuttler
- Berufliche Weiterentwicklung
- Mögliche Unterstützung

Anlassphase vorbereiten

Für uns als Beobachter ist es immer wieder erstaunlich, wie schwer es Führungskräften fällt, den Gesprächsanlass auf den Punkt zu bringen. Statt den Anlass kurz und prägnant zu nennen verfallen viele Teilnehmer in lange Ausschweifungen und reichern diese mit unzähligen Verharmlosungen und Verniedlichungen an. Aus diesem Grund empfehlen wir Ihnen: Schreiben Sie sich den Gesprächsanlass wortwörtlich in der Vorbereitungsphase auf. Dies führt dazu, dass Sie sich automatisch kürzer halten und im Gespräch eine Hilfe haben, die Sie unterstützt, den Anlass klar und prägnant zu benennen.

In unserem Beispiel mit Herrn Müller lautete unser Anlass:
»Ich mache mir gerade etwas Sorgen um Sie, Herr Müller. In letzter Zeit habe ich den Eindruck, dass sich bei Ihnen etwas verändert hat. Beispielsweise haben Sie sich in den letzten beiden Jours fixes nicht ein einziges Mal zu Wort gemeldet, wobei Sie sonst immer sehr aktiv dabei waren. Gestern

haben Sie einen Bericht ohne Begründung nicht abgegeben und was mich am meisten irritierte, Herr Kuttler rief bei mir an, um sich bei mir nach Ihnen zu erkundigte. Er hatte Sie wohl drei Wochen lang vergebens versucht zu erreichen. Mir liegt sehr daran, heute Ihre Sichtweise zu verstehen, um anschließend eine gemeinsame Lösung mit Ihnen zu finden. Hierzu haben wir bis 13:45 Uhr Zeit.«

Einleitungsphase vorbereiten

Zu guter Letzt vergegenwärtigen Sie sich nochmals die Struktur der Einleitung aus Begrüßung, Handschlag, Platzanbieten und Small Talk. Lernen Sie den Namen Ihres Gesprächspartners gezielt auswendig und notieren Sie ihn sich nochmals auf Ihrem Blatt, welches Sie in das Gespräch mitnehmen möchten. Im Eifer des Gefechts kann der Name schnell vergessen werden, was erst im Gespräch auffällt – hier dafür sehr schlagartig und unangenehm. Weiter können Sie mögliche Small-Talk-Themen und gegebenenfalls dezente Komplimente vorbereiten. Denken Sie immer daran, dass die erste Phase auch für Sie sehr wichtig ist, da Sie hier im oberflächlichen Gespräch Ihren Stresshaushalt in den Griff bekommen und mit dem Gesprächspartner warm werden können.

7.3 Ausgewählte Gesprächstypen

Rufen wir uns in Erinnerung: Vermutlich setzt jedes Unternehmen einzigartige Rollenspiele ein. Doch jedes erfolgreiche Gespräch durchläuft dieselben Phasen, welche in der funktionalen Grundstruktur zusammengefasst sind. Diese einfache und logische Struktur wird in diesem Kapitel für verschiedene Gesprächsanlässe mit weiteren Tipps und Tricks ergänzt.

 Zu jedem Gesprächstypus finden Sie ein Beispiel auf der beiliegenden CD-ROM, an dem Sie Ihr Wissen gleich mit einem Partner praktisch üben können.

Mitarbeiter-Kritikgespräch

Das Kritikgespräch ist der Klassiker aller Mitarbeitergespräche. Sie werden kaum ein Führungskräfte-Assessment-Center durchlaufen, in dem Sie nicht in mindestens einem Gespräch eine unangenehme Situation mit einem Mitarbeiter meistern müssen. Ihre Aufgabe ist es meistens, ein Fehlverhalten Ihres Mitarbeiters zu korrigieren. Die häufigsten Anlässe für Kritikgespräche sind:

- Leistungsabfall des Mitarbeiters, beispielsweise durch Alkoholprobleme oder Burn-out,
- Beschwerden von internen oder externen Kunden,
- Fehlverhalten im Arbeitsablauf, beispielsweise Verspätungen bei Meetings oder Nichteinhaltung von Deadlines,
- grobes Fehlverhalten gegen Arbeitskollegen, beispielsweise Mobbing oder sexuelle Belästigung und
- Missachtung von Unternehmensregeln oder Gesetzen, beispielsweise Nichteinhaltung von Pausenzeiten.

Verkürztes Beispiel von der beiliegenden CD-ROM:
Einer Ihrer Angestellten kommt jeden Tag etwas später zur Arbeit und geht früher nach Hause. Seine Arbeitsergebnisse sind leicht unterdurchschnittlich. Stellen Sie sicher, dass dieses Fehlverhalten nicht mehr auftritt.

Das sollten Sie tun

Mit etwas Small Talk sollten Sie Ihr Kritikgespräch beginnen. Je kritischer das Gespräch wird, desto schneller werden Sie zur Anlassphase überleiten.

Es kann gute Gründe für das Fehlverhalten Ihres Mitarbeiters geben. Seien Sie sich dessen stets bewusst, auch wenn die Aufgabenstellung etwas anderes vermuten lässt. Versuchen Sie, erst mögliche Gründe für das Fehlverhalten herauszufinden, bevor Sie Ihren Mitarbeiter bewerten. Häufig erleben wir, dass Kandidaten sich vor dem Gespräch unbewusst auf eine Hintergrundgeschichte festgelegt haben und daran festhalten, selbst wenn der Rollenspieler andere Indizien erzählt, die gegen die Geschichte des Kandidaten sprechen. Versuchen Sie also, möglichst lange eine offene und wertschätzende Einstellung zu Ihrem Gesprächspartner zu wahren. Dies ist besonders im Assessment-Center für Sie wichtig, da Ihre Gegenspieler häufig angehalten sind, nur zu kooperieren, wenn die Gesprächsatmosphäre gut ist. Daher haben auch Ironie und Sarkasmus in Mitarbeitergesprächen nichts zu suchen, da Sie damit die Gesprächsatmosphäre verschlechtern.

Nur Verhalten soll kritisiert werden – nie die Person. Unter gar keinen Umständen dürfen Sie die Verhaltensweisen Ihres Mitarbeiters generalisieren und ihn zu einem Menschen machen, der so ist. Es gab Fehlverhalten in konkreten Situationen und nur genau daran halten Sie sich bei der Kritik. Doch diese bringen Sie klar und prägnant auf den Punkt. Wenn Ihr Mitarbeiter sich nicht des Ernstes der Lage bewusst ist, ist es Ihre Aufgabe als Führungskraft, Ihrem Mitarbeiter die Konsequenzen seines Verhaltens zu verdeutlichen. Machen Sie ihm greifbar, warum sein Verhalten schädlich war. Diese Einsicht ist für einen Veränderungsprozess zwingend erforderlich. Nur mit einem gemeinsamen Verständnis der Situation können Sie später gemeinsam eine Lösung erarbeiten.

Beim Kritikgespräch hinterfragen Sie so lange die Ansicht des Mitarbeiters, bis Sie sein Verhalten nachvollziehen können. Versuchen Sie dabei, die Ursachen für das Verhalten herauszufinden und betrachten Sie dieses getrennt vom Fehlverhalten. Häufig liegt in der Ursache und nicht im fehlerhaften Verhalten die Lösung. Trauen Sie sich auch, nach einer Weile private Themen anzusprechen, wenn Sie beruflich keine Ursachen gefunden haben.

Sie haben immer ein Auge auf das Gesprächsverhalten Ihres Mitarbeiters. Sie dürfen sich als Führungskraft nicht auf der Nase herumtanzen lassen. Wenn Sie ein Mitarbeiter nicht ernst nimmt, müssen Sie dies sofort unterbinden. Ihr Mitarbeiter muss sich immer bewusst sein, dass es sich um ein Kritikgespräch handelt und nicht um ein Gespräch zwischen Freunden, auch wenn die Wertschätzung ähnlich ausgeprägt sein darf. Dazu gehört es, Ihrem Mitarbeiter zu spiegeln, dass Sie sein Verhalten nachvollziehen können, auch wenn Sie es nicht gutheißen. Achten Sie wieder darauf, dass Sie Ihrem Mitarbeiter nur emotional und nicht juristisch Zustimmung geben. Doch Vorsicht! Manche Rollenspieler nutzen diese Phase, um vom Thema abzulenken. Sobald Sie dies bemerken, leiten Sie elegant und ruhig zum Ursprungsthema über. Da Sie Fragen stellen, ist das Überleiten nicht schwierig.

Fordern Sie zuerst einen Lösungsvorschlag von Ihrem Gesprächspartner ein. Häufig ist es hilfreich, wenn Sie Ihren Mitarbeiter dazu in Ihre Position bringen, indem Sie ihn fragen, was er an Ihrer Stelle tun würde. Auf diesem Ergebnis aufbauend beginnen Sie mit Ihrer Argumentation und versuchen, das Ergebnis zu verbessern. Wir erleben immer wieder, dass sich Kandidaten mit dem erstbesten Ergebnis zufriedengeben, wodurch sie viel Potenzial verspielen.

Sie können Ihrem Mitarbeiter Hilfestellungen anbieten. Achten Sie nur darauf, dass diese nicht von Ihrem Mitarbeiter missbraucht werden oder Sie am Ende des Gesprächs etwas tun, was nicht Ihre Aufgabe ist. Eine kritische Grundhaltung ist hier genau das Richtige.

Hierarchische Macht ist immer das letzte Mittel, wenn alles andere versagt hat. Versuchen Sie immer bis zur letzten Sekunde, eine einvernehmliche Lösung zu finden. Scheuen Sie sich gleichzeitig nicht, dieses letzte Mittel anzuwenden. Sollte dieser Punkt erreicht sein, ist es jedoch kein Kritikgespräch mehr, sondern hat sich zu einem Informationsgespräch entwickelt: einem Abmahnungsgespräch, welches wieder speziellen Besonderheiten unterliegt.

Vereinbaren Sie genaue Maßnahmen, damit das Fehlverhalten nicht mehr auftreten kann. Ebenso kann es in manchen Fällen angebracht sein, auf mögliche Konsequenzen bei erneutem Fehlverhalten hinzuweisen. Schaffen Sie bei allem keine unnötige Bürokratie. Häufig reicht es, mündlich zu einem Ergebnis zu kommen.

Mitarbeiter-Zielgespräch

Viele Unternehmen verwenden noch Jahreszielgespräche für Ihre Mitarbeiterbeurteilung oder -entwicklung. Obgleich in jüngerer Zeit und in Zeiten agiler Unternehmen das Jahreszielgespräch immer mehr zur Diskussion gestellt wird, müssen Sie noch bei vielen Unternehmen mit diesem Übungstypus rechnen. Deshalb testen die Arbeitgeber in ihren Assessment-Centern, ob potenzielle Führungskräfte die Aufgabe souverän meistern können.

Ist dies bei Ihnen der Fall, bekommen Sie in der Regel eine ausführliche Aufgabenstellung mit Hintergrundinformationen über einen Mitarbeiter, seine vereinbarten Ziele, seine Zielerreichung und gegebenenfalls firmenweite Durchschnittswerte. Sie können fest davon ausgehen, dass nicht alle Ziele erreicht worden sind und es teilweise auch auffallende Zielverfehlungen gab.

 Verkürztes Beispiel von der beiliegenden CD-ROM:
Einer Ihrer Angestellten hat jedes Jahresziel verfehlt, obwohl er von Ihrem Vorgänger als Leistungsträger beschrieben wurde. Finden Sie heraus, wie es zu dieser Leistungsdiskrepanz kam und vereinbaren Sie geeignete Maßnahmen, damit dies zukünftig ausbleibt.

Das sollten Sie tun

In den meisten Zielgesprächen nehmen Sie die Rolle einer neuen Führungskraft ein und das simulierte Gespräch ist Ihr erstes Jahresgespräch mit dem Mitarbeiter. Unternehmen versuchen so, die Rollenspiele realistischer zu gestalten und damit einflussreiche Hintergrundgeschichten zu tilgen. Das heißt für Sie, dass die Ziele nicht mit Ihnen ausgemacht wurden, sondern mit Ihrem Vorgänger. Kontrollieren Sie daher während Ihrer Vorbereitung auch die Sinnhaftigkeit der Ziele. Manche Unternehmen versuchen hier, Fallen zu stellen.

Ihr Gespräch beginnen Sie mit Small Talk. Zeigen Sie ehrliches Interesse an Ihrem Mitarbeiter, gerade wenn es Ihr erstes Jahreszielgespräch ist. Fragen Sie ihn, ob es gerade etwas Aktuelles in der Abteilung gibt, wie zufrieden er gerade mit seinen Aufgaben ist und versuchen Sie, ihm vorsichtig Zusatzinformationen zu entlocken.

Falls dies laut Aufgabenstellung Ihr erstes Gespräch mit dem Mitarbeiter ist, empfiehlt es sich, ihn zu fragen, wie die Gespräche bisher abgelaufen sind und was davon auf jeden Fall beibehalten werden soll und was damals unangenehm war oder gar gestört hat. Versuchen Sie anschließend, sinnvolle Wünsche in Ihrem Gesprächsaufbau zu berücksichtigen.

Bevor Sie in die Zielauswertung einsteigen, sollten Sie sich unbedingt bei Ihrem Mitarbeiter erkundigen, ob ihm die Zahlen schon vertraut sind. In einigen Rollenspielen ist dies nicht der Fall. Einige Unternehmen möchten testen, ob Sie diese Frage stellen und bauen deshalb diese Falle ein. Falls Ihr Mitarbeiter seine Zielerreichung nicht kennt, sollten Sie ihm seine Auswertung zeigen und ihm etwas Zeit geben, sich diese durchzulesen. Alternativ können Sie auch selbst verbal einen Überblick geben, während Sie ihm seinen Zielerreichungsgrad zeigen.

Beginnen Sie die Auswertung mit einem erreichten oder gar übertroffenen Ziel (falls vorhanden) und würdigen Sie dieses Verhalten ausreichend. Bestärken Sie Ihren Mitarbeiter in dem, was er getan hat und ermutigen Sie ihn, weiter dieses Verhalten zu zeigen. Halten Sie sich gleichzeitig nicht zu lange daran auf. Ihr Mitarbeiter weiß, dass er nicht alle Ziele erreicht hat, weshalb er sprichwörtlich auf heißen Kohlen sitzt.

Bei negativen Punkten sollten Sie zu Beginn der Auswertung kurz um eine Einschätzung Ihres Mitarbeiters bitten. Achten Sie jedoch darauf, dass er Ihnen nicht lange und abschweifende Geschichten erzählt, da die Zeit während Ihres Assessment-Centers knapp ist und Sie diese sinnvoll nutzen müssen.

Während der Problemschilderung sollten Sie herausfinden, ob sich Ihr Mitarbeiter des Problems überhaupt mit all seinen Auswirkungen bewusst ist. Andernfalls müssen Sie zeitnah nachsteuern. Nur wenn ihm die negativen Folgen bewusst sind, kann er sie langfristig beseitigen. Erkenntnis ist der erste Schritt zur Veränderung.

Nach einer kurzen Problemschilderung durch den Mitarbeiter sollten Sie die Lösung fokussieren. Fragen Sie Ihren Mitarbeiter, was er benötigt, um das Ziel zukünftig zu erreichen und fordern Sie zuerst Lösungsvorschläge von Ihrem Mitarbeiter ein. Diese können Sie direkt festhalten und gemeinsam vereinbaren, falls diese Ihnen sinnvoll erscheinen. Achten Sie darauf, dass der Nutzen den Aufwand übersteigt. Es geht nicht darum, Ihren Mitarbeiter mit Lösungsmaßnahmen zu überfrachten, sondern darum, ihn langfristig und zielführend zu fördern – auch wenn es nur ein simuliertes Gespräch ist.

Lassen sich kurzfristige und pragmatische Lösungen nicht erarbeiten, sollten Sie mit Ihrem Mitarbeiter gemeinsam einen langfristigen Plan erstellen, in dem Sie mehrere Zwischenschritte festhalten. Vereinbaren Sie direkt Feedbacktermine mit Ihrem Mitarbeiter, in denen Sie den Fortschritt gemeinsam mit ihm reflektieren werden. Anschließend können Sie neue Ziele mit Ihrem Mitarbeiter formulieren. Es ist wichtig, dass er dabei erkennt, warum diese Sinn für das Unternehmen stiften. Gehen Sie davon aus, dass ein einfacher Angestellter nicht das große Ganze für das Unternehmen erkennt. Achten Sie zusätzlich darauf, dass diese ihn fordern und gleichzeitig nicht überfordern. Wie Sie Ziele sinnvoll aufbauen, lesen Sie in Kapitel 4.5 *Effektiv Ziele setzen* ab Seite 78.

Prüfen Sie, ob Ihr Gesprächspartner die vereinbarten Ziele wirklich versteht und akzeptiert oder ob er Ihnen nur seine Zustimmung signalisiert, um das Gespräch beenden zu können. Verlassen Sie sich hierbei auf Ihr Bauchgefühl.

Fassen Sie am Ende des Gespräches alle Maßnahmen und die getroffenen Ziele zusammen und halten Sie diese schriftlich fest.

Mitarbeiter-Überzeugungsgespräch

Bei einem Überzeugungsgespräch müssen Sie einen Mitarbeiter für eine Aufgabe oder Idee gewinnen und haben dafür rechtlich keine disziplinarischen Mittel zur Verfügung. Mögliche Aufgabenstellungen für ein Überzeugungsgespräch sind:

- Übernahme von Zusatzaufgaben, beispielsweise Auszubildenden- oder Datenschutzbeauftragter,
- Motivation zu Überstunden und Mehrarbeit,
- Verschiebung seines Urlaubes,
- Versetzung in eine andere Abteilung oder an einen anderen Standort.

Da Sie bei diesem Aufgabentypus auf die Unterstützung Ihres Angestellten angewiesen sind und auf diese hinarbeiten müssen, gehört das Überzeugungsgespräch zu den schwersten Rollenspielen in einem Assessment-Center.

Verkürztes Beispiel von der beiliegenden CD-ROM:
Sie müssen einen Ihrer Mitarbeiter für mehrere Wochen nach Spanien entsenden. Ihr Wunschkandidat ist Herr Ablers, von dem Sie jedoch wissen, dass er seinen vorherigen Arbeitgeber wegen zu vieler Dienstreisen verlassen hat. Überzeugen Sie ihn davon, diese Aufgabe zu übernehmen.

Das sollten Sie tun

Beginnen Sie das Gespräch mit Small Talk und bauen Sie damit eine positive Gesprächsatmosphäre auf. Diese ist bei diesem Gesprächstypus besonders wichtig, da die Beziehungsebene einen erheblichen Anteil daran haben wird, ob Ihr Gegenspieler einlenken wird oder nicht.

Schildern Sie nach einem beziehungsaufbauenden Einstieg kurz und prägnant Ihr Anliegen und reißen Sie kurz die Vorteile an. Ihnen muss dabei der Unterschied zwischen überzeugen und überreden klar sein. Ein klassischer Fehler im Assessment-Center besteht darin, dass der Bewerber den Mitarbeiter im Gespräch mit Argumenten und Lösungsvorschlägen überschüttet und dieser dadurch zunehmend eine ablehnende Haltung einnimmt. Stattdessen sollten Sie nach einer kurzen Zusammenfassung Ihres Anliegens auf die Bedenken und Wünsche Ihres Mitarbeiters eingehen.

Der Schlüssel zum Erfolg besteht darin, Ihren Mitarbeiter zu verstehen. Nur wenn sich dieser wertgeschätzt und verstanden fühlt, wir er bei Ihrem Vorschlag einlenken.

Da Sie keine legitimen Druckmittel zur Verfügung haben, müssen Sie Ihrem Mitarbeiter einen Mehrwert aufzeigen. Zum Beispiel einen materiellen Anreiz wie mehr Gehalt, oder Sie sprechen einen seiner Werte an wie Gemeinschaftsgefühl oder Herausforderung.

Gerade bei großen Veränderungen, wie einem Standortwechsel, dürfen und sollen Sie Ihrem Mitarbeiter Bedenkzeit einräumen. Fassen Sie am Ende des Gesprächs alles Gesagte zusammen und vereinbaren Sie mit Ihrem Mitarbeiter einen Termin, an dem Sie seine Entscheidung mit ihm besprechen.

Mitarbeiter-Informationsgespräch

Bei einem Informationsgespräch steht eine getroffene Entscheidung schon fest, die Sie Ihrem Mitarbeiter verkünden müssen. In Ihrem Assessment-Center wird dies sicherlich keine erfreuliche Entscheidung sein, die Sie überbringen müssen. Beispiele dafür sind:

• Schließung eines Standortes,
• Umstrukturierung der Abteilung,
• Ankündigung längerer Arbeitszeiten,

- Verkündung von Gehaltskürzungen,
- Aussprache von Kündigungen,
- Ablehnung von Wünschen oder
- Ablehnung einer Beförderung.

Das sind unangenehme Aufgaben, die eine souveräne Führungspersönlichkeit zur Bewältigung benötigen.

Verkürztes Beispiel von der beiliegenden CD-ROM:
Ihr Mitarbeiter kommt jeden Tag zur spät zur Arbeit und geht früher in den
Feierabend – trotz mehrfacher Gespräche und einer Abmahnung. Dieser Zustand ist nicht tragfähig, weshalb Ihr Unternehmen sich für eine Kündigung entschieden hat. Setzen Sie den Mitarbeiter über die Kündigung in Kenntnis.

Das sollten Sie tun
Kommen Sie direkt auf den Punkt. Das heißt, Sie führen keinen ausschweifenden Small Talk, sondern sagen Ihrem Mitarbeiter, dass Sie heute leider keine guten Nachrichten für ihn haben und bieten ihm direkt einen Platz an. Danach erklären Sie den Sachverhalt kurz und prägnant.

Dabei ist es wichtig, dass Sie die Verantwortung für diese Entscheidung übernehmen oder diese mindestens mittragen. Einige Kandidaten begehen den Fehler und schieben die Schuld auf einen Vorgesetzten oder externe Berater oder äußern sich abschätzig über die Entscheidung. Damit möchten sie sich vermutlich mit dem Mitarbeiter solidarisieren und eine Beziehungsebene aufbauen. Im Gespräch erfüllt dies sicherlich auch seinen Sinn, doch langfristig würden Sie damit Folgeprobleme im Unternehmen schaffen, weshalb Ihre Beobachter im Assessment-Center wahrscheinlich speziell darauf achten werden. Stehen Sie deshalb hinter der Entscheidung, auch wenn in der Aufgabenstellung genau das Gegenteil geschrieben steht.

Lassen Sie Ihrem Mitarbeiter gegebenenfalls etwas Zeit, die schlechte Nachricht sacken zu lassen, nachdem Sie sie verkündet haben. Dabei hilft es häufig, Verständnis für seine Gefühle zu äußern, beispielsweise »Da sind Sie sicherlich enttäuscht.«

Sofern Sie weiter mit dem Mitarbeiter zusammenarbeiten werden, sollte Ihr Ziel die Erhaltung seiner Motivation und Leistungsfähigkeit sein. Unterscheiden Sie dazu klar zwischen der Inhalts- und der Beziehungsebene. Auf der Inhaltsebene agieren Sie souverän und lassen keine Zweifel an der Entscheidung. Unter keinen Umständen sollten Sie in eine Diskussion einsteigen. Auf der Beziehungsebene hingegen sollten Sie Ihr Mitfühlen ausdrücken, beispielsweise durch Ihre Körpersprache oder Ihren Tonfall.

Dies fällt Ihnen vielleicht leichter, wenn Sie sich während Ihrer Vorbereitung vorstellen, wie Sie selbst nach einer solchen Nachricht im realen Leben reagieren würden und was Sie sich dabei von Ihrem Vorgesetzten wünschen würden.

Im weiteren Verlauf des Gesprächs ist es je nach Aufgabenstellung wichtig, die weitere Kommunikation an Kollegen oder Kunden zu besprechen. Wer soll wann und wie in Kenntnis gesetzt werden?

Je nach Situation können Sie das Lösungsgespräch auf einen anderen Zeitpunkt verschieben, um Ihrem Mitarbeiter Bedenkzeit einzuräumen.

Verhandlung

In einem Assessment-Center können Sie auf zwei unterschiedliche Verhandlungspartner treffen: Kollegen oder externe Verhandlungspartner. Bei Verhandlungen unter Kollegen sind mögliche Themen beispielsweise:

- Klärung von Differenzen,
- Verhandlung über die zeitweise Überlassung von Mitarbeitern,

- Überzeugung von eigenen Ideen,
- Verhandlungen über Budgetaufteilungen oder
- Verhandlungen über Infrastruktur.

Die Inhalte bei Verhandlungen mit externen Gesprächspartnern hängen maßgeblich von Ihrer Zielposition ab. Möglich sind beispielsweise unterschiedliche Verhandlungen mit

- anderen Unternehmen,
- Interessensverbänden oder
- Behörden.

Auch wenn die Verhandlungspartner sowie die Inhalte unterschiedlich sind, können Sie die folgenden Tipps und Tricks universell einsetzen.

Verkürztes Beispiel von der beiliegenden CD-ROM:

Aufgrund einer erfolgreichen Werbeaktion möchten Sie gerne Mitarbeiter aus einer anderen Abteilung ausleihen. Dazu haben Sie ein Gespräch mit deren Vorgesetztem vereinbart.

Das sollten Sie in Verhandlungen tun
Begrüßen Sie Ihren Gesprächspartner freundlich, bedanken Sie sich für das Treffen und führen Sie etwas Small Talk. Halten Sie diesen jedoch nicht zu lang. Beide Parteien wissen, dass im Anschluss verhandelt wird und jede Partei ein anderes Ziel verfolgen wird.

Sofern Ihrem Gesprächspartner der Anlass noch nicht bekannt ist, sollten Sie diesen möglichst kurz zusammenfassen und schnell auf die Bedürfnisse Ihres Gesprächspartners eingehen.

Menschen mögen es gerne, wenn es sich um sie dreht. Daher sollten Sie die Informationsgewinnungsphase möglichst ausführlich halten. Nehmen Sie die Einwände und Bedenken Ihres Gesprächspartners ernst und versuchen

Sie, diese nicht zu bagatellisieren. Versuchen Sie stattdessen herauszufinden, welchen Mehrwert Sie Ihrem Gesprächspartner bieten können. Nur wenn er einen Mehrwert für sich entdeckt, wird er mit Ihnen kooperieren.

Arbeiten Sie kontinuierlich auf ein für beide Seiten tragbares Ergebnis hin. Idealerweise sollten beide Parteien am Ende des Gesprächs einen Mehrwert haben (Win-win-Beziehung). Bedenken Sie, dass Ihr Gesprächspartner vermutlich ebenfalls Rechenschaft ablegen muss. Aus diesem Grund wird er – gerade in einem Assessment-Center – einem nachteiligen Ergebnis nicht zustimmen.

Das erfordert von Ihnen ein hohes Maß an Flexibilität, wobei Sie nicht an Ihrer vorbereiteten Lösung beziehungsweise Position festhalten dürfen, sondern versuchen müssen, Ihre Interessen auch mit anderen Lösungen zu erreichen.

Falls Ihr Gesprächspartner sich Zeit für Überlegungen wünscht, sollten Sie ihm diese gewähren. Einige Kandidaten in einem Assessment-Center versuchen mit aller Gewalt, einen Abschluss zu erzielen und zerstören damit die positive Gesprächsatmosphäre und damit auch die Chance auf eine erfolgreiche Verhandlung. Falls Sie keine Lösung gefunden haben, sollten Sie mindestens versuchen, einen zweiten Termin festzulegen.

Verkaufsgespräch

Gerade wenn Sie eine Position im Vertrieb anstreben, müssen Sie mit Verkaufsgesprächen rechnen. Dabei gibt es keine Tipps, die in jeder Branche bei jedem Unternehmen in einem Assessment-Center richtig sind. In einigen Unternehmen werden Sie besonders punkten, wenn Sie einen Hardsellingansatz verfolgen und in anderen, wenn Sie sehr kundenorientiert agieren. Entscheidend ist, in welchem Unternehmen Sie sich beworben haben.

Entscheiden Sie sich für eine Strategie, indem Sie Ihrem eigenen Hintergrund berücksichtigen. Generell gibt es auch unter Verkaufsexperten keine Einigkeit darüber, wie ein perfektes Verkaufsgespräch aufzubauen ist. Wenn man etwas zum Erfolg im Verkauf generell sagen kann, dann ist es, dass es »den Spitzenverkäufer-Typus« nicht gibt. Beobachtungen zeigen, dass gerade auch stillere und zur Introversion neigende Menschen sehr erfolgreich im Verkauf sein können. Sie sollten daher immer versuchen, authentisch zu bleiben. Als weitere generelle Empfehlung können wir Ihnen mit auf den Weg geben, dass ein höfliches, aber selbstbewusstes Auftreten und ein gewisses Streben zum erfolgreichen Verkaufsabschluss hilfreich sind. Weiterhin zeigen Untersuchungen, dass Kunden Verkäufer dann besonders schätzen, wenn diese wirklich als Berater auftreten und echte Kauf- und Entscheidungshilfen liefern.

Verkürztes Beispiel von der beiliegenden CD-ROM:
Sie verkaufen hochpreisigen, dafür qualitativ hochwertigen Kaffee. Sie haben gleich einen Verkaufstermin mit einem vielversprechenden Kunden.

Reklamationsgespräch

In Reklamationsgesprächen untersuchen Unternehmen, wie Sie mit Einwänden umgehen. In vielen Fällen können Sie sich auf eine Reklamation nicht im Vorfeld vorbereiten, da Unternehmen diese häufig verdeckt in andere Gespräche einfließen lassen. So ist es beispielsweise gut möglich, dass Sie sich auf ein Verkaufsgespräch vorbereiten und beim ersten Zusammentreffen mit Ihrem Gesprächspartner unerwartet eine Reklamation entgegennehmen müssen.

Verkürztes Beispiel von der beiliegenden CD-ROM:
Ein wichtiger Kunde beschwert sich bei Ihnen über unhaltbare Zustände auf einer bei Ihnen gebuchten Reise. Finden Sie mit ihm eine einvernehmliche Lösung.

Das sollten Sie tun

Das Wichtigste in dieser Situation ist, dass Sie ruhig und souverän bleiben. Vor allem dann, wenn Sie nicht drauf vorbereitet sind. Seien Sie flexibel und passen Sie Ihren vorbereiteten Plan an die neue Situation an – Ihr alter Plan wird ohnehin nicht mehr funktionieren.

Bringen Sie Ihrem Gesprächspartner so lange emotionale Zustimmung entgegen, bis er sich beruhigt hat. Beispielsweise formulieren Sie Sätze wie »Das kann ich sehr gut nachvollziehen.«, »Da wäre ich persönlich auch enttäuscht. Sie haben ...« oder »Ich verstehe, dass Sie verärgert sind.« Versetzen Sie sich in die Rolle Ihres Gesprächspartners. Er möchte vermutlich Dampf ablassen und verstanden werden. Befriedigen Sie diese Bedürfnisse so lange, bis er wieder in einem arbeitsfähigen Zustand ist. Das kann in einem Assessment-Center auch manchmal bis zu fünf Minuten dauern. Wichtig ist für Sie zu wissen, dass Sie mit keinem Gesprächspartner zielführend diskutieren können, wenn dieser wütend ist und sich nicht verstanden fühlt.

Bei aller emotionalen Zustimmung dürfen Sie nicht vergessen, dass Sie unter keinen Umständen juristische Zustimmung abgeben dürfen. Das sind Sätze wie beispielsweise »Da haben Sie recht.« oder »Sicherlich, das geht natürlich überhaupt nicht.« Wenn Sie das tun, haben Sie es bei der anschließenden Verhandlung sehr schwer, ein optimales Ergebnis zu erzielen, da Sie Ihrem Gesprächspartner schon das Recht zugesprochen haben.

Versuchen Sie während der Ergebnisfindung herauszufinden, was den Kunden besänftigen kann. Fragen Sie den Kunden am besten direkt nach Lösungen. Sollte er nichts vorschlagen, bieten Sie diese proaktiv an. Zeigen Sie sich kulant – auch in einem Assessment-Center. Achten Sie gleichzeitig darauf, dass Sie es mit dem guten Willen nicht übertreiben. Sie sollten in dieser Situation Ihr unternehmerisches Denken unter Beweis stellen. Beenden Sie das Gespräch positiv, beispielsweise mit einem Ausblick auf die weitere Zusammenarbeit.

Feedbackgespräch

Feedbackgespräche können in einem Assessment-Center auf drei unterschiedlichen Ebenen stattfinden:

- Feedback an einen Mitarbeiter,
- Feedback an einen hierarchisch gleichstehenden Kollegen oder
- Feedback an einen Vorgesetzten.

Um auch Ihre Beobachtungsfähigkeit zu testen, setzten einige Unternehmen Filmsequenzen oder Rollenspiele von Schauspielern ein. So sehen Sie beispielsweise eine Verkaufssequenz eines Mitarbeiters, dem Sie später ein Feedback geben sollen.

Verkürztes Beispiel von der beiliegenden CD-ROM:
Ein neuer junger Kollege äußert sich häufig inhaltlich unverständlich in Meetings, worüber Ihre Mitarbeiter verärgert sind und sich schon bei Ihnen beschwert haben. Finden Sie eine geeignete Lösung für diesen Sachverhalt.

Das sollten Sie tun
Fragen Sie Ihren Gesprächspartner zuerst, ob Sie ihm ein Feedback geben dürfen. Das ist besonders wichtig, wenn das Feedback auf der gleichen Hierarchieebene oder sogar an einen Vorgesetzten gegeben wird.

Bei hierarchisch unter Ihnen stehenden Personen können Sie direktiver vorgehen. Vermitteln Sie gleichzeitig den Nutzen von Feedback:

- Verhalten wird bewusst gemacht,
- Folgen und Konsequenzen des Verhaltens werden transparent und dadurch ist eine
- persönliche Weiterentwicklung möglich.

Wenn Sie Feedback geben, sollten Sie die klassischen Feedbackregeln beachten. Diese sind:

- Beginnen Sie mit einer positiven und wertschätzenden Rückmeldung,
- berufen Sie sich nur auf Beobachtungen und nicht auf Vermutungen,
- beschreiben Sie das Verhalten ganz konkret und interpretieren Sie dieses nicht,
- beschreiben Sie die individuelle Wirkung auf Sie und Ihre Deutung und deklarieren Sie diese auch als solche,
- fragen Sie nach, ob das Feedback nachvollziehbar ist,
- äußern Sie Verbesserungsvorschläge wertschätzend und
- fassen Sie das gesamte Feedback am Ende positiv zusammen.

Teilnehmer drücken sich vor der klaren Nennung des Gesprächsanlasses.	Schaffen Sie in der Anfangsphase des Gesprächs Klarheit darüber, aus welchem Anlass es stattfindet.
Kandidaten hinterfragen nicht oder unzureichend die Bedürfnisse des Gesprächspartners.	Versuchen Sie Ihren Gesprächspartner zu verstehen. In den meisten Fällen ist das der Schlüssel zum Erfolg.
Bewerber geben sich mit der erstbesten Lösung zufrieden oder versteifen sich auf ihre vorbereitete Lösung.	Bleiben Sie flexibel und versuchen Sie bis zum Ende, das beste Ergebnis auszuhandeln.
Kandidaten werden unsachlich oder persönlich und lassen sich von ihren Emotionen leiten.	Versuchen Sie, emotionsarm zu agieren und seien Sie hart in der Sache, aber weich zum Menschen.
Teilnehmer lästern über Vorgesetzte oder andere Kollegen.	Beziehen Sie all Ihre Aussagen auf eigene Beobachtungen und sprechen Sie niemals schlecht über Dritte.
Aspiranten machen zu schnell oder zu große Zugeständnisse, um das Rollenspiel positiv zu beenden.	Beachten Sie immer das langfristige Unternehmensinteresse, auch wenn es nur ein Rollenspiel ist.
Bewerber lassen sich vom Rollenspieler auf der Nase herumtanzen.	Achten Sie stets auf eine souveräne Haltung und führen Sie den Prozess zu jeder Zeit sicher.

Dos and Don'ts im Rollenspiel

8.
Gruppenübungen: Im direkten Vergleich überzeugen

In diesem Kapitel

- lernen Sie verschiedene Arten von Gruppenübungen kennen,
- erfahren Sie, warum Gruppenübungen durchgeführt werden und was Unternehmen hierbei über Sie als Teilnehmer erfahren möchten,
- lernen Sie generelle Strategien kennen, die Ihnen helfen, in jeder Gruppenübung eine bessere Figur zu machen und
- lernen Sie, wie Sie sich in speziellen Übungsformen souveräner verhalten können, sodass Sie eigentlich nichts mehr überraschen sollte.

»Ein Kluger bemerkt alles, ein Dummer macht über alles eine Bemerkung.«

Heinrich Heine (1797 bis 1856), deutscher Dichter und Schriftsteller

In Gruppenübungen kommen zu dem Stress, den Sie bei Einzelübungen spüren und den kommunikativen Herausforderungen von Zweier-Gesprächen noch gruppendynamische Aspekte als zusätzliche Herausforderung hinzu. So mancher Kandidat, der fachlich und in Einzelübungen noch eine gute Figur machen konnte, scheitert hier. Gruppenübungen sind somit die Königsdisziplin der Assessment-Center-Übungen. Besonders Menschen, die sich im Umgang mit anderen schwertun, geraten hier an ihre Grenzen. Fachwissen und Intelligenz alleine reichen in diesen Testszenarien nicht aus. Daher sind Gruppenübungen weltweit ein beliebter Assessment-Center-Bestandteil. Ob Gruppenübungen wirklich einen hohen Vorhersagecharakter haben und Ihre Stärken tatsächlich in den Gruppenübungen sichtbar werden, braucht uns zunächst nicht zu interessieren. Wichtig ist nur: Ab drei Personen in Übungen wird es im Assessment-Center richtig spannend und Ihre volle Präsenz ist gefordert.

8.1 Das sollten Sie über Gruppenübungen wissen

Zunächst einmal gilt es, eine Gruppenübung als solche zu erkennen und von anderen Testformen wie Einzelgespräch oder Rollenspiel zu unterscheiden. Das ist wichtig, um sich optimal vorzubereiten und sich von seiner besten Seite zeigen zu können. Der gemeinsame Arbeitsauftrag und eine Teilnehmerzahl von meist vier bis acht Personen sind die zentralen Erkennungsmerkmale einer Gruppenübung. Meist gibt es eine Vorbereitungsphase, in der Sie sich zunächst einzeln vorbereiten und beispielsweise Arbeitsmaterial durcharbeiten. Erst danach folgt die eigentliche Gruppenarbeitsphase. Die anderen Teilnehmer der Übung werden meist Ihre Mitbewerber sein, einige Firmen setzen aber auch Rollenspieler ein. Diesen Part übernehmen dann in den Übungen entweder Mitarbeiter oder professionelle Schauspieler.

Die wichtigsten Gruppenübungen

Unternehmen wählen zwar meist Gruppenübungen im Kontext der ausgeschriebenen Stelle oder der eigenen Branche, dennoch können die Übungen
sehr facettenreich sein. Das erschwert – wie wir noch sehen werden – auf
den ersten Blick eine gute Vorbereitung. Auch bei internen Assessments
empfinden Kandidaten die Übungen fast immer als neu und ungewohnt.
Stellen Sie sich also mental darauf ein, dass es Ihnen in der konkreten Prü-
fungssituation ähnlich ergehen wird. Allerdings können Sie auch darauf
vertrauen, dass auch die anderen Kandidaten Gruppenübungen so gut wie
nie als vertrautes Terrain und Homerun empfinden.

Die wichtigsten Gruppenübungen sind:
• Klassische Gruppendiskussionen,
• Meeting-Simulationen,
• Indoor- oder Outdoor-Übungen
• oder heute auch Kochevents als ungewöhnliche Testsituation.

Es wird übrigens selten gesagt, dass Sie eine Gruppenübung zu meistern
haben, doch wenn Sie mit mindestens drei Teilnehmern eine gemeinsame
Aufgabenstellung bekommen und sich gemeinsam dazu in einem Raum
wiederfinden, dann wissen Sie, dass Sie in der Königsdisziplin der Assess-
ment-Center-Verfahren angelangt sind.

Was wollen Unternehmen erfahren?

Unternehmen möchten einen Eindruck gewinnen, wie Sie in Meetings, Verhandlungen und Abstimmungsprozessen agieren. Es geht also um Ihre sozialen Kompetenzen und Fragen wie »Können Sie ein Meeting führen?«,
»Wie bringen Sie sich in Gruppenarbeit ein?«, »Wie streben Sie in der
Gruppe eine Führungsrolle an?«, »Wie agieren Sie unter Gruppenzwang
und Gruppendruck?«, »Können Sie Ihre Position gegen andere durchsetzen?« oder »Lassen Sie sich von anderen leicht aus dem Konzept bringen?«

Beobachtungsdimensionen einer Gruppenübung können recht heterogen sein. Beispielsweise reichen sie von sehr kollegialem Verhalten über Zielorientierung bis hin zur Durchsetzungsfähigkeit. In den letzten Jahren sind uns unter anderem folgende Beobachtungsdimensionen in Gruppenübungen begegnet:

- Ausdauer/Standfestigkeit
- Durchsetzungsfähigkeit/ Überzeugungskraft
- Einsatzbereitschaft
- Ergebnisorientierung
- Frustrationstoleranz
- Führungskompetenz
- Gruppenintegration
- Initiative
- Integrationsfähigkeit

- Kollegialität
- Kommunikatives Geschick
- Kooperationswille
- Kreativität
- Kundenorientierung
- Selbstsicherheit
- Teamfähigkeit
- Veränderungswille
- Zielstrebigkeit

Die Dimensionen erscheinen Ihnen vielleicht recht unterschiedlich und sogar ein wenig widersprüchlich. So mögen Sie denken, dass Durchsetzungsfähigkeit und Kooperationswille nicht besonders gut vereinbar sind oder auch Veränderungswille und Kollegialität nicht zwingend gut vereinbar sind. Doch mit diesen Widersprüchen müssen Sie als Führungskraft umgehen können – sowohl in Ihrer beruflichen Praxis als auch in Ihrem Assessment-Center.

 Insidertipp: Verschaffen Sie sich Klarheit darüber, welche Vorstellungen über erwünschte Führungsqualitäten in Ihrem Fall gefragt sind. Was wird in Ihrer Branche erwartet? Denn es gibt keine generellen Idealkandidaten für alle Branchen und Aufgabenbereiche. Ein gutes Unternehmen wird daher nach dem passenden Kandidaten für seine Bedürfnisse suchen.

Gruppenübungen sind leicht zu beeinflussen

Kritiker von Gruppenübungen in Assessment-Centern bemängeln immer wieder die unnatürlichen Verhaltensweisen der Kandidaten und haben damit auch weitgehend recht. Wenn in Gruppenübungen Kandidaten beispielsweise Ideen oder Arbeitsergebnisse vortragen, dann entstehen für die anderen Teilnehmer relativ lange Pausen zwischen den einzelnen Redebeiträgen. Der Kandidat hat also Zeit, die Beiträge anderer aufzunehmen, sein Verhalten bewusst zu reflektieren und gegebenenfalls seine weiteren Beiträge und Verhaltensweisen anzupassen. Statt der eigenen Persönlichkeit präsentieren Teilnehmer so häufig ein vermeintlich erwünschtes Verhalten, was einem Schauspiel gleichkommt.

Diesen Schwachpunkt jeder Gruppenübung können Sie nutzen. Passen Sie Ihr natürliches Verhalten leicht dem erwarteten Anforderungsprofil an. Wenn Sie also eher zu den Ruhigeren in Gruppen gehören, versuchen Sie, sich häufiger zu Wort zu melden oder wenn Sie schon das Feedback bekommen haben, dass Sie manchmal etwas unbeherrscht wirken, legen Sie einen größeren Fokus auf Ihre Sympathie und loben beispielsweise andere Kandidaten gezielt. Achten Sie gleichzeitig darauf, dass Sie noch Sie selbst sind und nicht eine Rolle spielen, bei der Sie sich sehr unwohl fühlen. Wenn Sie aufgesetzt, übertrieben angepasst oder unnatürlich motiviert erscheinen, wird sich das vermutlich negativ auf Ihre Bewertung auswirken. Als Profi vergegenwärtigen Sie sich daher vor dem Assessment-Center-Termin und idealerweise auch noch einmal zu Beginn der Gruppenübung das erwartete Idealprofil und richten Ihre Aktivitäten in der Gruppenübung darauf aus, achten dabei aber auf eine natürliche Balance. Schon viele Kandidaten sind durch ihr Assessment-Center gefallen, weil sie sich zu stark verändert haben. So konnten wir beispielsweise einen Kandidaten in einer Gruppendiskussion beobachten, der alle anderen Kandidaten kontinuierlich unterbrach, forsch wurde, wenn er unterbrochen worden ist, und stets bemüht war, immer und zu allem etwas zu sagen. Als wir ihn im anschließenden Interview auf dieses Verhalten ansprachen, erzählte er uns, dass er durch ein vorheriges Assessment-Center durchgefallen sei und als Feedback bekommen habe, dass er zu wenig durchsetzungsstark sei. Dies wollte er dieses Mal korrigieren – leider maßlos übertrieben. Treten Sie nicht in dieselbe Falle und passen Sie Ihr Verhalten nur minimal an.

 Insidertipp: Vermeiden Sie auch in Gruppenübungen Verhaltensweisen, bei denen Sie sich unwohl fühlen oder unsicher sind. Trainieren Sie gegebenenfalls Gruppeninteraktionen. Denn negative Emotionen werden fast immer unbewusst über Ihre Körpersprache sichtbar. Die Gefahr ist somit groß, dass Ihre echte Stimmungslage das gespielte Rollenbild überzeichnet und Sie unnatürlich oder sogar unsicher erscheinen lässt.

Aufbau und Ablauf von Gruppenübungen

Die meisten Gruppenübungen beginnen mit einer persönlichen Vorbereitungszeit, die in der Regel zwischen zehn und dreißig Minuten dauert. In Ausnahmefällen kann es auch eine individuelle Bearbeitungszeit von bis zu zwei Stunden geben. Ein Beispiel hierfür wäre eine Gruppendiskussion, für die Sie im Vorfeld eine Fallstudie bearbeiten.

Nach der individuellen Vorbereitung kommen also die Übungsteilnehmer zusammen und beginnen mit der eigentlichen Aufgabe. Die Gruppengröße umfasst in der Regel vier bis acht Mitglieder, welche typischerweise gegeneinander antreten. Damit ist aber nicht gemeint, dass Sie als Teilnehmer Ihre Mitbewerber ausboten sollen. Vielmehr geht es darum, dass Sie auf empathische und wertschätzende Art und Weise Ihre Interessen durchsetzen.

Der konkrete Ablauf hängt stark von der spezifischen Aufgabenstellung ab. Es macht einen Unterschied, ob Sie in der Gruppe ein Konzept erarbeiten und dann vorstellen sollen oder ob Sie in einer Diskussion Ihren jeweiligen Standpunkt gegen die Positionen anderer Teilnehmer durchsetzen sollen.

Die Bearbeitungszeit in der Gruppe liegt meist zwischen fünfzehn und sechzig Minuten. Andererseits wurde uns von einem Seminarteilnehmer berichtet, dass seine Gruppenübung vier volle Stunden gedauert hat. Dies ist jedoch sicherlich eine Ausnahme.

Achten Sie genau auf die Aufgabenbeschreibung

Aufgrund der vielen Gruppenübungen, die wir selbst begleitet haben, können wir eine wichtige Erkenntnis vermitteln. Die meisten Menschen auf der Unternehmensseite verstehen ihr Geschäft. Genauso wenig wie Sie in schriftlichen Tests auf immer gleiche Testaufgaben treffen dürfen Sie hoffen, auf Gruppenübungen nach einem Standardschema zu treffen. Gerade deshalb ist es so wichtig für Sie, dass Sie sich methodisch und nicht inhaltlich auf die Gruppenübungen vorbereiten.

Tipp: Unternehmen verwenden individuelle und neue Gruppenübungen. Sie dürfen keine Standardgruppenübung erwarten.

Eines ist aber immer gleich: Zu Anfang erhalten Sie als Teilnehmer eine Aufgaben- und Situationsbeschreibung. Diese sollten Sie genau studieren, dann Sie können mit etwas Geschick auch erkennen, welche Beobachtungsdimensionen abgeprüft werden sollen. Hierzu ist es wichtig, dass Sie die unterschiedlichen Stellschrauben der Unternehmen kennen und einschätzen können. Gleichzeitig lernen Sie so die mögliche Vielzahl an unterschiedlichen Aufgabenstellungen kennen und werden wahrscheinlich in Ihrem Assessment-Center nicht überrascht.

Kooperativ oder konfrontativ

Die Aufgabenstellungen von Gruppenübungen haben entweder einen eher kooperativen oder konfrontativen Charakter. Sucht ein Unternehmen eine Führungskraft mit einem besonders kooperativen Führungsstil, werden Sie dies an Formulierungen wie »Erarbeiten Sie gemeinsam ...« oder »Entwickeln Sie im Team ...« erkennen können. Sind hingegen Überzeugungskraft und Standfestigkeit gefragt, so dürfte in der Aufgabenstellung etwas stehen wie »Setzen Sie ... durch.« oder »Überzeugen Sie Ihre Mitbewerber von ...«. Rufen Sie sich hierbei auch nochmals ins Gedächtnis, auf welche Stelle in welchem Unternehmen Sie sich beworben haben. Ihr Verhalten während einer kooperativen Gruppenübung bei einer sozialen Einrichtung wird wahrscheinlich nicht mit dem gewünschten Verhaltensmuster bei einer großen Unternehmensberatung übereinstimmen. Wenn Sie dies berücksichtigen, haben Sie schon während der Vorbereitungsphase die Chance, Ihr Verhaltensrepertoire etwas anzupassen. Versuchen Sie zugleich immer, eine Balance zwischen beiden Extrempolen zu finden – nur den Schwerpunkt passen Sie Ihrem Assessment-Center an.

Mit und ohne Gesprächsleiter oder Moderator

In manchen Gruppenübungen wird zu Beginn ein Gesprächsleiter oder Moderator durch das Unternehmen bestimmt. Der große Unterschied für Sie liegt darin, dass es ein Hierarchiegefälle in der Gruppe gibt, wodurch eine Vielzahl an weiteren Komponenten berücksichtigt werden muss. Wie Sie dies meistern können, lesen Sie im Kapitel 8.4 *Spezialfall Meeting und Moderation* ab Seite 312.

Mit und ohne eine inhaltliche Positionierung

In seltenen Fällen ist es möglich, dass Sie eine inhaltliche Position vorgegeben bekommen, beispielsweise durch Einleitungen wie: »Sie sind der Ansicht, dass ...«, »Ihr Ziel ist ... zu erreichen.« oder »Verhindern Sie ...«.

Solche Gruppenübungen sind dann eine Herausforderung, wenn Sie der inhaltlichen Position persönlich nicht zustimmen. Denn es wird von Ihnen erwartet, dass Sie in der Außenwahrnehmung die inhaltliche Position authentisch und glaubwürdig vertreten können.

Mit und ohne Rollenvorgabe

Hin und wieder sind Sie im Assessment-Center gezwungen, eine bestimmte Rolle anzunehmen. Beispielsweise »Als Bürgermeister der Stadt ...«, »In Ihrer Rolle als Abteilungsleiter ...« oder »Sie sind CEO der Firma ...«. Dies erfordert ein hohes Maß an Flexibilität von Ihnen – vor allem, wenn Sie noch nie in dieser Rolle waren. Zum Beispiel wenn Sie in Ihrem Assessment-Center eine Führungsrolle einnehmen müssen und Sie davor noch keine Führungserfahrung sammeln konnten. Fühlen Sie sich zur Lösung dieses Dilemmas zu Beginn der Vorbereitungszeit in diese fiktive Person ein und adaptieren Sie deren vermutliche Interessen, Erwartungen und Einstellungen für die Dauer der Übung. Sie können sich dabei auch vorstellen, dass Sie eine Ihnen gut bekannte Person sind – vielleicht sogar Ihr Chef.

Unternehmensnah oder unternehmensfern

Abhängig vom Aufbau und der Zielsetzung des Assessment-Centers sind die Themen der Gruppenübungen unternehmens- und branchennah oder -fern. Jedoch sind die Zeiten von fiktiven Weltraummissionen oder Flugzeugunglücken in der Wüste in den meisten Firmen vorbei. Gleichzeitig ist es möglich, dass Sie mit fachfernen Themen und Rollen konfrontiert werden. Beispielsweise »Sie sind Bürgermeister der Stadt Berlin und treffen gleich auf dem ersten deutschen Großstädtekongress auf die Bürgermeister der Städte ... Ihr Ziel ist es, die öffentliche Meinung ...«. Versetzen Sie sich auch hier mental in jeweilige Rolle und hinterfragen Sie die eigenen Interessen, Erwartungen und Einstellungen.

In den meisten Fällen werden Sie jedoch auf unternehmensnahe Themen stoßen. Häufig können Sie sich schon vor Ihrem Assessment-Center-Termin einen kleinen inhaltlichen Vorteil verschaffen, wenn Sie aktuelle Veränderungsprozesse auf der Unternehmenswebseite recherchieren und sich inhaltlich auf diese vorbereiten. Eine ähnliche Aufgabenstellung kann in Ihrem Assessment-Center gestellt werden. Mögliche Themen sind beispielsweise: »nachhaltiges Wachstum«, »Akquise-Konzepte«, »demografischer

Wandel«, »Compliance«, »Bestandsentwicklung«, »energetische Sanierung« und so weiter.

Mit und ohne Schauspielerbeteiligung

Für eine bessere Validität des Assessment-Centers entscheiden sich einige Firmen, Rollenspieler in die Gruppenübung zu integrieren. So agieren Sie dann nicht mit und gegen andere Bewerber, sondern gegen geschulte Schauspieler. Die gute Nachricht: An den grundlegenden Techniken ändert sich hierdurch für Sie nichts. Gleichzeitig können Sie davon ausgehen, dass Sie mehr gefordert und provoziert werden. Bleiben Sie in diesen Situationen besonders ruhig und selbstreflektiert und begegnen Sie den Schauspielern mit Empathie und Wertschätzung. Dadurch werden Sie in den meisten Fällen deutlich positiver beurteilt. Führen Sie sich immer vor Augen, dass es im Grunde gute Menschen sind, die auch nur Ihren Job machen – in diesem Fall, Sie etwas zu fordern.

Mit und ohne Kombination von anderen Übungen

Um Ihnen eine größere Identifikation mit der Rolle und dem Thema zu ermöglichen, kombinieren manche Unternehmen mehrere Übungen miteinander. Beispielhaft ist es möglich, dass Sie zu Beginn ein Konzept in einer Fallstudie für sich alleine ausarbeiten und es dann später in der Gruppenübung gegen die anderen Kandidaten durchsetzen müssen. Verschaffen Sie sich einen direkten Vorteil gegenüber anderen Kandidaten, indem Sie bei Einzelaufgaben immer einen starken Fokus auf eine Argumentationslinie legen. Dadurch tun Sie sich später nicht nur in der Gruppenübung deutlich leichter.

Das Ende der Gruppenübung

Das Ende der Gruppenübung kann ebenfalls stark variieren: Von einer gemeinsamen Ergebnispräsentation über eine einfache Ergebnisverkündung bis hin zum unkommentierten Abbruch der Übung durch den Moderator. Vieles ist möglich. Achten Sie stets darauf, dass Sie diese Besonderheiten in Ihrer Zeitplanung berücksichtigen.

8.2 Generelle Lösungswege

Rufen wir uns in Erinnerung: In Gruppenübungen wünschen sich viele Unternehmen die eierlegende Wollmilchsau, die durchsetzungsstark und doch kompromissbereit ist, die sich nicht in den Vordergrund stellt und doch den Gruppenprozess sicher steuert und zusätzlich authentisch wirkt und gleichzeitig den Anforderungskriterien genügt. Aus diesem Wunschdenken heraus resultieren auch die unterschiedlichen Beobachtungsdimensionen, denen Sie in Gruppenübungen entsprechen sollen.

Diese Vielzahl an unterschiedlichen Gestaltungsmöglichkeiten von Gruppenübungen erfordert von Ihnen ein stark methodisches, strukturiertes und strategisches Vorgehen. Gerade wenn Sie bisher als Fachkraft gearbeitet haben, müssen Sie sich eines vergegenwärtigen: Sie wollen einen Job für eine Führungsposition, also benötigen Sie neben Ihrem Fach- und Branchenwissen auch eine Toolbox an Führungsmethoden, mit denen Sie Gruppenprozesse bewerten und gestalten können. Dieses Wissen lässt sich auch hervorragend in eine Gruppenübung einbringen, da sich viele Teilnehmer – und das ist die typische, manchmal merkwürdig erscheinende Situation – auf die eigene Selbstdarstellung fokussieren. Der Gruppenprozess leidet häufig erheblich darunter. Nutzen Sie diese Schwäche aus, gestalten Sie den Gruppenprozess aktiv mit und sammeln Sie so bei den Beobachtern Pluspunkte. Zeigen Sie in Gruppenübungen, dass Sie für das Unternehmen denken und Sie das Ziel sowie Ergebnis stets im Blick haben. Mit dieser Grundeinstellung lässt sich sehr gut arbeiten, da bestehende Stärken so noch besser zur Geltung kommen und kleine Schwächen kaschiert werden.

Als Kommunikationsstrategie empfehlen wir Ihnen eine an der Führungsaufgabe orientierte Schlagfertigkeit. Was ist damit gemeint? Die typische Aufgabe von Führungskräften ist es, Konflikte, Verhandlungs- und Gesprächssituationen im Sinne des Unternehmens zu gestalten. Gerade in typischen Sandwichpositionen und Projektleiterkonstellationen gilt es einiges auszuhalten. Sie dürfen sich weder von anderen Führungskräften noch von Mitarbeitern einfach verbal überfahren lassen oder in Meetings sprachlos zurückbleiben, nur weil Ihnen gerade keine passende Reaktionsmöglichkeit einfällt.

Als Drittes empfehlen wir Ihnen beginnend mit der Analyse der Aufgabenstellung eine funktionale Grundstruktur im Umgang mit Gruppenübungen, in welche situative und flexible Komponenten natürlich einfließen.

 Merke: Der grundlegende Weg zum Erfolg in Gruppenübungen besteht aus Methodik, innerer Haltung und der passenden persönlichen Kommunikation:

Basismethode: funktionale Grundstruktur
Basishaltung: Gruppen- und Ergebnisorientierung
Basiskommunikation: führungsorientierte Schlagfertigkeit

Basismethode: funktionale Grundstruktur

Egal ob Gruppendiskussion oder Meeting-Szenario, auch wenig führungserfahrene Menschen können diesen Part im Assessment-Center gut bestehen. Dazu braucht es keine herausragenden oder gar angeborenen Talente, gefragt ist eher die Anwendung einer soliden Grundstruktur bei der Bewältigung der Gruppenaufgabe. In Unternehmen arbeiten Menschen zusammen, um eine bestimmte Aufgabe in einer bestimmten Zeit zu lösen. Immer wird ein Ergebnis erwartet. Nichts anderes passiert in Gruppenübungen: Vier bis acht Menschen sollen in einem engen Zeitfenster eine zunächst komplex erscheinende Aufgabe bewältigen.

Egal wie komplex eine Aufgabenstellung auch sein mag, mit fünf einfachen und aufeinander aufbauenden Schritten können Sie jede Gruppenübung strukturieren (siehe folgende Tabelle). Diese Schritte möchten vielleicht auf den ersten Blick zu einfach und logisch erscheinen. Unsere Erfahrung zeigt uns aber, dass genau diese Einfachheit und Logik im Assessment-Center häufig vernachlässigt wird, da viele Kandidaten in blinden Aktionismus verfallen. Zeigen Sie den Assessoren Ihre Stärken, indem Sie den Prozess einfach und effektiv anhand dieser fünf Schritte lenken.

Schritt	Grundstruktur Gruppenübung
Eins	**Zielklärung und Orientierung** Bearbeitungsauftrag, Zielsetzung, Vorgehensweise und Gruppenrollen werden besprochen und vereinbart.
Zwei	**Informationsgewinnung und -austausch** Notwendige Informationen und Positionen werden generiert, gesammelt oder ausgetauscht.
Drei	**Lösungsgenerierung** Ergebnisse werden in der Gruppe erarbeitet.
Vier	**(Zwischen-)Ergebnisprüfung** Der aktuelle Stand wird zusammengefasst und die Gruppe so auf einen einheitlichen Wissensstand gebracht.
Fünf	**Ergebnisformulierung oder -darstellung** Ergebnisse werden festgehalten und gegebenenfalls aufbereitet.

Zur Veranschaulichung der Abläufe und vor allem der Herausforderungen, die Gruppenübungen innewohnen, werden wir die einzelnen Phasen anhand einer sehr vereinfachten Aufgabenstellung erklären.

Der Stadt Berlin stehen aus EU-Fördermitteln 150.000 Euro zur Verfügung. Ihre Aufgabe besteht darin, mit Ihren drei Mitstreitern in den nächsten vierzig Minuten die Mittelvergabe zu beschließen. Dabei sind folgende Kriterien zu beachten:

- *Die Fördermittel müssen gebündelt für ein Projekt ausgegeben werden und dürfen nicht aufgeteilt werden.*

- *Die Fördermittel sollen Menschen zugutekommen, denen sonst nicht so viel zugutekommt.*
- *Das Projekt soll innovativ und wirtschaftlich tragfähig sein.*

Zielklärung und Orientierung

Zu Beginn einer strukturierten Gruppenübung werden der Gruppenauftrag und das gemeinsame Ziel festgelegt. Häufig hören wir in Seminaren, dass dies doch jedem Teilnehmer klar sein müsse und dies nur vergeudete Zeit sei. Die Praxis lehrt uns hier genau das Gegenteil. Denn verständlicherweise versuchen viele Kandidaten, direkt in die Diskussion einzusteigen und ihre Argumente vorzubringen, da sie sich positiv in Szene setzen möchten. Wie von selbst steigen andere Teilnehmer in diesen Diskussionsprozess ein und eine intensive Diskussion ist innerhalb kürzester Zeit in Gange. Das wäre hervorragend, wenn dadurch nicht jegliche Ziel- und Ergebnisorientierung verloren ginge. Häufig sehen wir, dass dann kurz vor Ende der Gruppenübung nochmals über das Ziel und die Aufgabenstellung diskutiert wird – leider viel zu spät. Wie diese Gruppenübungen enden, können Sie sich sicherlich vorstellen: nicht gut.

Sowohl im Assessment-Center als auch im beruflichen Alltag übersehen Menschen oft, dass eine übereinstimmende Vorstellung über das Ziel und den Gruppenprozess das Fundament für eine funktionierende Zusammenarbeit ist. Man urteilt schnell, dass doch alles klar sei und vergisst dabei, dass jeder Mensch durch seine Vorerfahrungen und Einstellungen Informationen auf ganz unterschiedliche Art und Weise verarbeitet. Unterschiedliche Endergebnisse sind hier vorprogrammiert.

Wer in Gruppenübungen überzeugen möchte, der tut daher gut daran, neben seiner eigenen Inszenierung auch den Gruppenarbeitsprozess ins Auge zu fassen. Als Kandidat sollte es Ihr Ziel sein, dass Ihre Gruppe zunächst ein gemeinsames Aufgabenverständnis erarbeitet und das gesetzte Ziel verinnerlicht.

Wenn wir auf unsere vereinfachte Aufgabenstellung schauen, könnte diese Phase wie folgt von Ihnen angesprochen werden:

»Wenn ich die Aufgabenstellung richtig verstanden habe, sollen wir gemeinsam über die Mittelvergabe entscheiden. Am Ende der vierzig Minuten sollen wir uns auf ein einziges Projekt geeinigt haben – da die Mittel nicht geteilt werden dürfen. Dieses Projekt muss drei Kriterien genügen: Es muss für Menschen sein, denen sonst nicht so viel zugutekommt – ich habe das so interpretiert, dass es für sozial benachteiligte Menschen ausgegeben werden soll. Weiter muss es innovativ sein – also auch eine neue Idee sein, die es so vielleicht noch nicht gibt. Und es muss wirtschaftlich sein. Das heißt, die 150.000 Euro müssen für die Projektlaufzeit ausreichend sein. Wahrscheinlich sollten wir diese auch voll ausschöpfen.«

Je nach Gruppengröße und Erfahrungshorizont der Kandidaten können in dieser Phase den Anwesenden bestimmte Rollen oder Aufgabenpakete für den Gruppenprozess zugewiesen werden. Beispielsweise die Rolle des Protokollanten, des Moderators oder des Zeitnehmers.

Wir empfehlen, die Übernahme einer solchen Gruppenrolle vor allem von Ihrem eigenen Erfahrungsschatz abhängig zu machen. Trauen Sie sich zu, eine dieser Rollen parallel zu Ihrer inhaltlichen Arbeit auszufüllen? Dann warten Sie am besten ab, ob jemand aus der Gruppe einen Bedarf anspricht und setzen sich dann gegebenenfalls dafür ein, dass Sie diese Rollen (teilweise) offiziell begleiten dürfen. Andernfalls raten wir Ihnen, dies nicht zu thematisieren und diese Rolle lieber inoffiziell auszuführen. So setzen Sie sich vor den Beobachtern positiv in Szene, wenn Sie die Rolle erfüllen und müssen gleichzeitig keine Angst vor Minuspunkten haben, wenn Sie aus der Rolle fallen, da Sie diese nicht offiziell begleiten.

Trauen Sie sich eine oder mehrere dieser Rollen jedoch unter Assessment-Center-Stress nicht zu, dann sollten Sie diese Rollen in der Gruppe aufteilen. Dies trifft erfahrungsgemäß auf die meisten Kandidaten in einem

Assessment-Center zu. Versuchen Sie, Aufgabenpakete an andere Mitglieder in der Gruppe zu delegieren. Ihre Gesamtbeurteilung wird besser ausfallen, wenn Sie hier geschickt den Vergabeprozess moderieren, als wenn Sie die Rollen offiziell annehmen und diesen nicht gerecht werden oder wenn die Rollen vakant bleiben und die Gruppenperformanz dadurch abnimmt. Häufig reichen für die Vergabe die einfachen Fragen:

»Wer möchte denn gerne auf die Uhrzeit achten?« und »Wer möchte gerne die Ergebnisse am Flipchart festhalten?«

Sollte sich keiner aus der Gruppe für verschiedene Aufgabenpakete bereit erklären, versuchen Sie, diese gleichmäßig über die Gesamtzeit zu verteilen. Beispielsweise so:

»Gut, wenn keiner diese Aufgabe übernehmen möchte, schlage ich vor, dass wir uns diese Aufgabe aufteilen. Wir haben vierzig Minuten zur Verfügung und sind vier Personen. Ich schlage vor, dass jeder zehn Minuten ... gerne beginne ich damit. Ist dies für Sie so in Ordnung?«

Da typischerweise unter Zeitdruck zu arbeiten ist, benötigt die Gruppe zusätzlich eine Übereinkunft, in welchen Schritten man gemeinsam ans Ziel gelangen möchte und wie der Zeitplan sowie die Zeitaufteilung des knappen Zeitbudgets aussehen soll.

Wie Sie die Zeit ganz konkret einteilen, hängt sicherlich von der jeweiligen Aufgabenstellung und Bearbeitungszeit ab. Entweder wird die Informationsgewinnungsphase oder die Lösungsgenerierungsphase die meiste Zeit beanspruchen. Passende Richtwerte finden Sie in der folgenden Tabelle:

Phase	Bearbeitungszeit in Prozent
Zielklärung und Orientierung	5 – 10
Informationsgewinnung und -austausch	15 – 60
Lösungsgenerierung	20 – 60
(Zwischen-)Ergebnisprüfung	5 – 10
Ergebnisformulierung oder -darstellung	0 – 25

In unserem Beispiel von oben könnte das wie folgt aussehen:
»*Wir müssen um 13:40 Uhr unser Ergebnis abgeben. Das heißt, wir haben jetzt noch fünfunddreißig Minuten Bearbeitungszeit. Ich schlage vor, dass wir in einem Brainstorming fünf bis zehn Minuten Ideen sammeln und dann via Punktvergabe die drei Erfolg versprechendsten Ideen herausfiltern. Damit müssten wir also spätestens um 13:15 Uhr fertig sein. Anschließend optimieren wir die Ideen jeweils circa drei Minuten. Mit etwas Puffer müssten wir dann um spätestens 13:25 Uhr damit fertig sein. Anschließend haben wir noch fünfzehn Minuten, um die drei Projekte in einer Scoretabelle anhand der drei Kriterien zu gewichten und unser Endergebnis kurz aufzubereiten.*«

Gerade in Gruppenübungen, die eine ausführliche Ergebnisformulierung verlangen, ist eine Zeiteinhaltung wichtig. Häufig haben wir erlebt, dass Bewerber die Zeit aus den Augen verloren haben und die Ergebnisse nicht zufriedenstellend aufbereiten konnten. Gleichzeitig hat eine Ergebnispräsentation einen großen Bewertungseffekt auf die Beobachter, weshalb häufig bei schlechten Ergebnispräsentationen alle Kandidaten schlechter beurteilt werden.

Falls eine Abweichung vom Zeitplan unausweichlich ist: Beschließen Sie das weitere Vorgehen offen in der Gruppe und berücksichtigen Sie die daraus entstehenden Nachteile. Erstellen Sie zeitgleich eine neue Zeiteinteilung. Beispielsweise können Sie festhalten:

»Wir haben jetzt schon 13:20 Uhr und wollten schon vor fünf Minuten unsere drei Favoriten bestimmt haben. Ich schlage vor, dass wir jetzt nicht weiter ... sondern direkt abstimmen. Ich glaube, die Zeit können wir am besten bei der Bewertung am Ende einsparen, sodass wir noch immer drei Minuten an jeder Idee arbeiten.«

 Fassen wir zusammen: In der Zielklärungs- und Orientierungsphase fassen Sie die Aufgabenstellung für alle zusammen, legen ein von allen getragenes Ziel fest, vergeben gegebenenfalls Sonderaufgaben und teilen die Zeit ein.

Informationsgewinnung und -austausch

Nachdem Sie Aufgabe, Ziel und Vorgehensweise in der Gruppe festgelegt haben, dürfen Sie nicht den Fehler begehen und sofort in die Diskussion eintauchen. Ähnlich wie die Zielklärungs- und Orientierungsphase wird diese Phase fatalerweise mit ebenso gravierenden Konsequenzen von Kandidaten häufig übersprungen. Sie benötigen Informationen oder inhaltliche Positionierungen von anderen Teilnehmern, bevor Sie mit diesen diskutieren können. Unzählige Methoden stehen Ihnen zur Strukturierung zur Verfügung, die mehr oder weniger zielführend sind. Wir empfehlen Ihnen, bereits bekannte und von Ihnen erprobte Tools zu verwenden. Falls Sie keine passenden Möglichkeiten kennen oder weitere dazulernen möchten, stellen wir Ihnen jeweils ein Tool für die Informationsgewinnung und ein Tool für den Informationsaustausch vor. Mit diesen beiden Methoden können Sie in dieser Phase nahezu jede Gruppenübung souverän meistern.

Das klassische Brainstorming bietet Ihnen hervorragende Möglichkeiten, um Ideen und Informationen zu gewinnen. Diese Methode können Sie immer dann einsetzen, wenn Sie nicht alle Informationen zur Verfügung haben, die zur Lösung der Aufgabe notwendig sind. Dies kann beispielsweise bei der Erstellung eines Konzepts oder einer Strategie der Fall sein. Alle Kandidaten bringen bei dieser Methode spontan Ideen und Vorschläge ein, die erst einmal nur gesammelt werden. Damit Sie für sich und Ihre Gruppe das bestmögliche Ergebnis erzielen, ist es wichtig, dass Sie vier Regeln beachten:

Keine Bewertung: Achten Sie darauf, dass weder Sie noch andere Mitbewerber Ideen und Vorschläge kommentieren, korrigieren oder gar kritisieren. Durch eine sofortige Bewertung der Ideen würde unweigerlich der kreative Prozess ins Stocken geraten. Zusätzlich würden Sie hier schon mit Ihren Kontrahenten diskutieren – jedoch gibt es noch gar nichts zu diskutieren und Sie verlieren nur unnötig Zeit. Für eine Diskussion haben Sie im Anschluss ausreichend Raum und Zeit.

Jede Idee gehört allen: Alles Gesammelte kann und soll von jedem Gruppenmitglied aufgegriffen, erweitert und kombiniert werden. Somit kann eine Idee nicht beansprucht werden. Ganz im Gegenteil wirken Sie vermutlich sonderbar, wenn Sie auf die Urheberschaft einer Idee bestehen. Schrecken Sie auch nicht davor zurück, Ideen von anderen Teilnehmern aufzugreifen und weiterzuentwickeln. Sie setzten sich so ebenfalls positiv in Szene.

Masse vor Klasse: Oberstes Ziel ist die maximale Ausbeute von Ideen. Auch Ideen, bei denen Sie sich nicht ganz sicher sind, ob sie gut oder schlecht sind, sollen laut den Brainstorming-Regeln genannt werden. Vielleicht entsteht ja aus dieser nicht so guten Idee später im Gruppenprozess eine bessere. Beachten Sie hierbei jedoch die besondere Beobachtungssituation in einem Assessment-Center. Mit grobem Unsinn sowie vulgären oder zynischen Äußerungen navigieren Sie sich selbst ins Abseits.

Je kreativer desto besser: Diese letzte Regel sollten Sie ebenfalls wegen der besonderen Beobachtungssituation mit großem Fingerspitzengefühl anwenden. Wie kreativ Sie in dieser Phase tatsächlich sind, hängt sicherlich auch von Ihrer angestrebten Stelle ab. Große Kreativität ist im Marketing sicherlich mehr gefragt als im Controlling.

Hinweis: Stilles Brainstorming: Studien ergaben, dass die Ergebnisse von klassischem Brainstorming nicht so gut wie ihr Ruf sind. In Einzelarbeiten wurden so beispielsweise bis zu 50 Prozent mehr Ideen entwickelt. Diesen Vorteil können Sie zusätzlich in die Gruppenübung einfließen lassen. Schlagen Sie der Gruppe vor, dass vor dem offenen Austausch eine individuelle Ideensammlung stattfinden soll. Planen Sie hierfür höchstens drei Minuten ein. Als Argument für dieses Vorgehen können Sie ebenfalls die wissenschaftlichen Studien heranziehen.

Wie Sie vielleicht festgestellt haben, haben wir das Brainstorming auch in unserer Probeaufgabe vorgeschlagen. Es passt hier hervorragend, da noch nicht alle Informationen zur Lösung der Aufgabe vorhanden sind. Anders verhält es sich bei Aufgaben, bei denen im Grunde alle Informationen vorhanden sind, beispielsweise wenn jeder Kandidat einen Praktikanten für ein Förderprogramm durchsetzen möchte, es aber nur einen freien Platz gibt oder wenn Sie ein fertiges Konzept gegen Ihre Mitbewerber durchsetzen müssen.

In diesen Fällen brauchen Sie kein Tool für eine Informationssammlung, sondern für einen Informationsaustausch. Hierzu schlagen wir Ihnen den klassischen Elevator Pitch vor. Beim Elevator Pitch handelt es sich um eine spezielle Präsentationsmethode, die sich an der kurzen Zeit während einer Fahrstuhlfahrt orientiert. Genaugenommen geht es um die Situation, dass Sie zufällig im Aufzug mit dem Vorstand Ihres Unternehmens oder einem wichtigen Kunden ins Gespräch kommen und nur solange der Aufzug fährt die Chance haben, Ihre Ideen für ein Projekt oder Vorhaben zu vermitteln. Da ein Aufzug nur eine begrenzte Zeit benötigt, um vom Erdgeschoss in den obersten Stock zu gelangen, haben Sie nur dreißig bis sechzig Sekunden Zeit, um Ihr Anliegen überzeugend zu vermitteln.

Da auch im Assessment-Center die Zeit knapp ist, aber in Gruppenübungen möglichst jeder seine Ideen einbringen kann und soll, ist ein ähnliches Vorgehen sehr passend. Warum schlagen Sie also nicht vor, dass zum

Ideenaustausch jeder Teilnehmer seinen Standpunkt oder seine Idee in nur sechzig Sekunden vorstellen soll? Etliche Male haben wir schon beobachtet, wie effektiv diese Methode in Gruppenübungen ist. Sie strukturiert den natürlichen Drang eines jeden Kandidaten, sofort seine Idee ausgiebig und als Erster zu erläutern. Fragen oder Gegenargumente sind an dieser Stelle jedoch verboten, wie auch beim Brainstorming. Wenn Sie den Fehler machen und hier Diskussionen zulassen, können Sie beobachten, wie alle Kandidaten versuchen werden, den präsentierten Vorschlag abzuwerten und wie der Präsentator kontern wird. Das ist meist ein endloser Prozess und Ihre begrenzte Zeit läuft ungenutzt ab – ohne Ergebnis. Kontrollieren Sie daher in der ersten Phase die Zeitvorgaben bei allen Kandidaten strikt. Dadurch ersticken Sie Ungerechtigkeitsdebatten im Keim. Wir empfehlen Ihnen, nach jedem Kandidaten kurz seinen Präsentationstitel an einem Flipchart festzuhalten. Sie werden merken, wie viel einfacher die weitere Diskussion verläuft, wenn alle Kandidaten eine Übersicht vor Augen haben. Dies erleichtert die Strukturierung einer folgenden Diskussion.

Hinweis: Wenn Sie bereits in der individuellen Vorbereitungsphase ein- **planen, in der folgenden Gruppenarbeitsphase einen Ideenaustausch gemäß Elevator Pitch vorzuschlagen, haben Sie einen doppelten Vorteil. Sie können schon in der Vorbereitungsphase Ihren persönlichen Beitrag zum Elevator erstellen. Sie haben so einen klaren Vorteil gegenüber Ihren Mitbewerbern. Die Chancen, dass ein solcher Vorschlag angenommen wird, sind groß, denn der Elevator Pitch gilt als faire Methode und da alle Kandidaten beobachtet werden, ist eigentlich nicht damit zu rechnen, dass jemand einen solchen positiven Vorschlag ablehnt.**

Achten Sie dabei auf folgende Tipps:
- **Geben Sie Ihrer Idee oder Position einen prägnanten Namen. Dieser bleibt deutlich besser in Erinnerung als die reine Idee oder Position. Auch dieses Kind braucht einen Namen.**
- **Bereiten Sie den ersten Satz am ausführlichsten vor. Dieser sollte das Interesse der Teilnehmer wecken.**

- Achten Sie darauf, dass Sie in dieser kurzen Zeit nicht alles erklären können. Legen Sie sich auf die ein bis zwei wichtigsten Punkte fest.
- Stellen Sie das Besondere heraus und schaffen Sie nach Möglichkeit auch einen direkten Mehrwert für Ihre Mitbewerber.
- Wecken Sie Emotionen bei Ihren Mitbewerbern – am besten mit guten Beispielen oder Metaphern.
- Beenden Sie Ihren Elevator Pitch mit einer Aufforderung.
- Keep it simple.
- Präsentieren Sie nach Möglichkeit als Letzter in der Gruppe. So können die anderen Teilnehmer nichts von Ihrer Methodik und Ihren Inhalten übernehmen.

Lösungsgenerierung

Nachdem auch alle Informationen ausgetauscht und sortiert sind, können Sie endlich mit der Lösungsgenerierung beginnen – aber auch erst dann. In dieser Phase wird nach Herzenslust argumentiert, diskutiert und manchmal auch ein wenig gestritten. Besonders bei konfrontativ angelegten Übungen ist vermehrt mit Widerstand für eigene Ideen zu rechnen. Gerade aus diesem Grund ist es wichtig, eine von allen Gruppenmitgliedern getragene Methodik zur Ideenbewertung anzuwenden. Greifen Sie hier auf Ihren breiten Erfahrungsschatz aus Studium und Berufspraxis zurück und wählen Sie eine zum Thema passende Methodik. Ganz gleich, ob Sie gerne mit dem Fischgrätendiagramm, einer Score-Tabelle, einer 2×2-Matrix, dem Flussdiagramm, dem Mindmap, einer SWOT-Analyse oder mit den Porters Five Forces arbeiten, nutzen Sie eine Methodik, die passend zum Thema ist und in deren Anwendung Sie erprobt sind. Die entscheidende Erkenntnis ist, dass auch hier wieder über Methodik der Gruppenprozess geführt wird. Schlagen Sie also den Gruppenlösungsweg vor und lenken Sie den Prozess. Die meisten Gruppenübungen können Sie übrigens mit einer einfachen Pro- und Kontraliste oder einer einfachen Score-Tabelle lenken. Egal welche Lösung letztlich gefunden wird, in jedem Fall dürften die Assessoren wahrnehmen, wie positiv Sie die Gruppe beeinflusst haben.

(Zwischen-)Ergebnisprüfung

Unsere Kommunikation unterliegt vielen Fehlerquellen und ist selten klar. Aus diesem Grund ist es in Gruppenprozessen wichtig, erreichte Ergebnisse immer wieder zusammenzufassen – besonders dann, wenn Sie das Gefühl haben, dass nicht alle Teilnehmer denselben Prozess in Richtung Gesamtergebnis verfolgen.

Hier ist Achtsamkeit gefragt. Es gibt in Gruppenarbeitsphasen klare Indizien für ein Verlassen der gewünschten Struktur. Häufige Themenwechsel, Unruhe in der Gruppe oder auch ein eigenes unruhiges Gefühl zeigen an, wenn es nicht optimal läuft. Achten Sie besonders auf Ihren inneren Dialog. Wenn Sie Worte wie »boa«, »puh« oder »oh man« denken, ist das ein Signal für eine gestörte Kommunikation.

Werden Sie in so einem Fall unbedingt aktiv und handeln Sie. Durch das Zusammenfassen von Ergebnissen setzen Sie sich auch wieder positiv vor den Beobachtern in Szene. Einleiten können Sie die Zwischenzusammenfassungen mit:

»Ich möchte gerne ein Zwischenfazit ziehen ...«,
»Damit das bisher Gesagte nicht untergeht, halte ich ... fest.«
»Ich habe gerade das Gefühl, dass die Diskussion ins Stocken geraten ist. Wenn ich es richtig verstanden habe ...«.

Es gilt die Grundregel: Soviel wie nötig zusammenfassen, aber so wenig wie möglich. Spätestens, wenn Sie mehr zusammenfassen als interagieren, haben Sie es zu gut gemeint.

Eine weitere gute Möglichkeit, um in der Gruppenübung zu überzeugen, bietet sich zwei bis drei Minuten vor dem Bearbeitungsende. Hier haben Sie die große Chance, mit einer Schlusszusammenfassung das Ergebnis festzuhalten. Die anderen Teilnehmer haben dann rein zeitlich kaum noch die

Möglichkeit, Ihnen etwas zu erwidern. Zusätzlich können Sie das Ergebnis nochmals minimal beeinflussen.

Der Grat zwischen leichter Korrektur und einem deplatzierten Missverstehen der Situation oder anderer Teilnehmer ist aber oft schmal. Versuchen Sie daher, das für Ihre Position Positive deutlich herauszustellen und alles für Sie Negative nur großzügig zu streifen. Vermeiden Sie zwingend den direkten Angriff anderer Positionen.

Einleiten können Sie diese Schlusszusammenfassung beispielsweise mit den Worten:

»Wie ich gerade sehe, neigt sich unsere Bearbeitungszeit dem Ende entgegen. Daher fasse ich das Ergebnis zusammen. Wir waren uns in den Punkten ... einig. Noch kein Ergebnis haben wir bei ... Für mich ist dadurch klar geworden, dass ...«.

Wenn Sie das alles berücksichtigen, gehören Ihnen die letzten Minuten einer Gruppendiskussion, wobei diese nochmals besonders prägend für die Beobachter sind und damit auch für Ihre Beurteilung.

Sollte ein anderer Teilnehmer vor Ihnen das Wort ergreifen, können Sie ihn geschickt unterbrechen und die Zusammenfassung beenden oder ergänzen. Beispielsweise durch die Aussagen wie:

»Vielen Dank. Ich möchte gerne ergänzen, dass ...« oder
»Entschuldigen Sie bitte. Ich stimme Ihnen hier nicht ganz zu. Meiner Meinung nach ...«.

Ergebnisformulierung oder -darstellung
Spätestens in der letzten Phase einer Gruppenübung sollten Sie sich auf ein von allen getragenes Gruppenergebnis einigen. Falls dies nicht möglich ist, versuchen Sie wenigstens, die verschiedenen Positionen als Ergebnis

zusammenfassen. Sofern Sie das Ergebnis laut Aufgabenstellung aufbereiten sollen, findet dies ebenfalls in dieser Phase statt (siehe auch Kapitel 6 *Präsentation: Prägnantes Infotainment statt Langeweile* ab Seite 153).

In einigen Assessment-Centern dürfen nicht alle Gruppenmitglieder das Ergebnis präsentieren. Wir empfehlen Ihnen, sofern Sie annehmbar präsentieren können, sich an dieser Stelle durchzusetzen und Teile des Ergebnisses zu präsentieren. Teilnehmer unserer Assessment-Center-Vorbereitungstrainings meldeten uns zurück, dass sie sich als Gruppe über diese Einschränkung hinweggesetzt haben und in einigen Fällen sogar positive Rückmeldung diesbezüglich bekommen haben. Gleich wie Sie es schaffen: Sie sollten zu den Präsentatoren der Gruppe gehören.

Hinweis: Achtung! Die Gruppenübung ist häufig nicht vorbei, wenn sie vorbei ist. Damit meinen wir, dass Assessoren manchmal nach der Gruppenübung Fragen an die Gruppe stellen. Beispielsweise wird gefragt: »Wäre die Diskussion bei Ihnen in der Praxis auch so verlaufen?« oder »Wie zufrieden sind Sie mit dem Ergebnis?« Dabei achten die Assessoren erneut auf Ihr Verhalten. Wer in der Gruppenübung dominant war, sollte es auch jetzt sein und wer sich zuerst zu Wort gemeldet hat, sollte jetzt nicht der Letzte sein. Daher ist es wichtig, dass, falls Sie Ihr Verhalten leicht an die Situation angepasst haben, Sie das ähnlich im Anschluss tun. Achten Sie nochmals darauf, dass Sie Ihr Verhalten nur leicht anpassen und nicht zum zweifelhaften Schaumschläger werden.

Vorbereitungsphase richtig nutzen

Die individuelle Vorbereitungszeit beginnt idealerweise mit dem nochmaligen und genauen Klären der Aufgabenstellung und der Zielsetzung. Häufig haben wir erlebt, dass Kandidaten an dieser Stelle in Aktionismus verfallen sind und an der Aufgabenstellung vorbeigearbeitet haben. Nehmen Sie sich mindestens die erste Minute gezielt Zeit, um dies für sich in aller Ruhe zu klären und gegebenenfalls schriftlich festzuhalten (siehe auch Kapitel 4.5 *Effektiv Ziele setzen* ab Seite 78).

Beginnen Sie erst danach mit der inhaltlichen Ausarbeitung. Hier unterstützen Sie die Methoden aus Kapitel 4.4 *Argumentation* ab Seite 76.

Machen Sie sich neben der inhaltlichen Vorbereitung schon bewusst Gedanken darüber, wie Sie Ihre Ideen und Positionen vertreten und argumentativ stützen möchten. In der Gruppenübung selbst reicht es nicht, gute Impulse zu haben, Sie müssen diese für eine positive Bewertung vermitteln und durchsetzen können: Form schlägt Inhalt. Daher dürfen Sie gerne 25 bis 50 Prozent der Vorbereitungszeit für die methodische und strategische Vorarbeit nutzen. Fragen Sie sich hierzu:

• Was ist mein Minimal- und Maximalziel?
• Mit welchen Argumenten kann ich meine Position stärken?
• Welche Gegenargumente könnten aus der Gruppe kommen und wie kann ich diese entkräften?
• Wie kann ich einen direkten Mehrwert für die anderen Gruppenmitglieder schaffen?
• Was sind meine Schlagworte, die ich immer wieder platzieren möchte?
• Wie lautet mein Elevator Pitch und welchen Namen gebe ich meinem Projekt?
• Wann und wie möchte ich das erste Wort ergreifen?
• Was ist eine methodisch sinnvolle Struktur für die Gruppenübung?

Die letzten dreißig Sekunden der Vorbereitungszeit dürfen Sie für Ihr Stresslevel und State Management nutzen. Sie haben gute Chancen auf eine positive Beurteilung, wenn Sie eine dienliche innere und äußere Einstellung gewählt haben (siehe auch Kapitel 3.4 *Illusion Objektivität: Was wirklich im Assessment-Center zählt* ab Seite 53).

Basishaltung: Gruppen- und Ergebnisorientierung

Wenn Sie eine Gruppenübung erfolgreich absolvieren möchten, ist eines besonders wichtig: Ihre Haltung – sowohl zu sich selbst als auch zu den anderen Gruppenmitgliedern. Konkret heißt das, dass Sie Ihren kommunikativen Methodenkoffer im Assessment-Center voll einsetzten. Ganz gleich, ob Sie gewaltfreie Kommunikation, neurolinguistisches Programmieren, aktives Zuhören oder was auch immer gelernt haben. Ergänzen Sie Ihr Wissen mit den folgenden für Assessment-Center besonders relevanten Tools und Methoden. Dabei werden wir gleichsam mit ein paar Irrtümern, die Assessment-Center betreffen, aufräumen.

Mythos Moderatorenrolle

In einigen Vorbereitungsbüchern und -trainings auf Assessment-Center wird vermittelt, dass Sie die Moderatorenrolle um jeden Preis an sich reißen sollen. Denn dadurch könnten Sie sich positiv in Szene setzen, die Gruppe leiten und lenken und andere Führungsqualitäten zeigen. Dem stimmen wir auch uneingeschränkt zu, wenn Sie in der Gesprächsleitung geübt sind. Wer eloquent und schnell reagieren kann und dies am Flipchart unter Beweis stellt, wird häufig besser bewertet. Auf der anderen Seite ist ein Assessment-Center ein denkbar ungünstiger Ort, um solche Verhaltensweisen zu trainieren. Zu Ihrer Führerscheinprüfung sind Sie vermutlich auch erst angetreten, als Sie sich sicher gefühlt haben und einige Fahrstunden hinter sich hatten. Unglücklicherweise sehen wir das immer wieder in Assessment-Centern. Ergebnis dieser Bemühungen ist häufig, dass der Moderator inoffiziell von der Gruppe zu einem Protokollanten degradiert wird, der selbst mit dieser einfachen Aufgabe maßlos überfordert ist. Mit einem Hauch an Selbstreflexion wird das vom jeweiligen Kandidaten erkannt, was zu einer noch größeren Verunsicherung beiträgt. So ist weder ein inhaltliches noch ein methodisches Arbeiten möglich und nicht selten das Assessment-Center nicht bestanden. Überlegen Sie sich also sehr gut, ob Sie sich um diese Position bemühen möchten, zumal der Kampf um diese Rolle in der Regel recht groß ist, da viele Kandidaten ähnliche Tipps erhalten haben.

Wir empfehlen Ihnen, sich für eine sogenannte Moderation aus dem Hintergrund zu entscheiden. Was soll das heißen? Sie arbeiten dabei kontinuierlich mit ganz konkreten Vorschlägen – ganz gleich, ob es einen offiziellen Moderator gibt oder nicht. So starten Sie beispielsweise eine Gruppenübung mit:»Wenn ich die Aufgabenstellung richtig verstanden habe, sollen wir … ist unser Ziel … sehen Sie dies genauso?« Achtung: Dies funktioniert nur, wenn Sie sehr konkret werden. Mit Einleitungen wie »Wir sollten zu Beginn ein Ziel bestimmen.« werden Sie weder bei den anderen Teilnehmern noch bei den Beobachtern Sympathiepunkte gewinnen. Erinnern Sie sich jetzt an eine nicht enden wollende Methodendiskussionen aus Ihrem Berufsalltag – vermutlich werden Sie dabei keine Glückausbrüche erleben. Statt Methodendiskussionen entscheiden Sie sich für klare Vorschläge, die gut in der Gruppe abstimmbar sind. Wichtig: Werden Sie konkret und schließen Sie mit einer Nachfrage an die Gruppe ab. Dieses Verhalten der Moderation aus dem Hintergrund können Sie auch anwenden, wenn ein offizieller Moderator durch die Gruppe bestimmt wurde. Die Beobachter werden wahrscheinlich bemerken, wer den Prozess inoffiziell lenkt und gestaltet. Der große Vorteil besteht darin, dass Ihnen die Beobachter unbewusst viele positive Merkmale des Moderators zuschreiben werden und sogar noch ein bisschen mehr, da Sie ihn ja unterstützt oder korrigiert haben. Gleichzeitig haben Sie nicht offiziell die Verantwortung für den Gruppenprozess und können sich zeitweise wieder auf Ihre inhaltliche Position fokussieren. So haben Sie fast alle Vorteile einer offiziellen Moderation, ohne deren Nachteile zu haben.

Kein Unternehmen möchte gezielt intrigante Mitarbeiter einstellen. Daher raten wir Ihnen von der Moderation aus dem Hintergrund strikt ab, wenn der Moderator durch die Assessment-Center-Organisatoren bestimmt wurde. In diesem Fall hätte dieses Verhalten einen heimtückischen Beigeschmack, den Sie sicherlich vermeiden möchten.

Mythos »Es kommt nicht auf die Inhalte an«

Es kursieren immer wieder Gerüchte, dass es bei Gruppenübungen nicht auf den Inhalt ankomme und andere Kriterien viel gewichtiger wären. Doch in vielen Gruppenübungen stellt gerade die Ergebnis- oder Zielorientierung eine Beobachtungsdimension dar und entscheidet damit darüber, ob Sie bestehen oder nicht. Es wäre also eher töricht, diese Dimension zu vernachlässigen.

Auf der anderen Seite ist es richtig, dass von Ihnen in der kurzen Bearbeitungszeit keine inhaltlichen Meisterwerke erwartet werden, für die im realen Umfeld mehrere Mitarbeiter Monate benötigen. Verabschieden Sie sich in der Gruppenübung von perfektionistischen Zügen – diese werden Sie eh nicht befriedigen können. Gleichzeitig werden Sie häufig sehr wohl nach Ihrer Ergebnisorientierung beurteilt. Versuchen Sie daher, immer unternehmerisch in der Gruppenübung zu denken und zu agieren. Überlegen Sie sich genau, was für das Gesamtunternehmen in einer realen Situation das beste Ergebnis beziehungsweise Verhalten wäre und fokussieren Sie dies in der Gruppenübung. Rufen Sie sich aber immer wieder das gesamte Anforderungsprofil ins Gedächtnis und passen Sie Ihre Strategie an das Gesamtprofil an (siehe auch Kapitel 3.2 *Was Ihr Unternehmen von Ihnen erwartet* ab Seite 43).

Grundsätzlich werden flexible Teilnehmer, die phasenweise sowohl dominant als auch kooperativ und integrierend sind, besser bewertet. Finden Sie überdies einen Gleichklang zwischen Ihrer eigenen Position und einem guten Gruppenkompromiss. Treten Sie so lange für Ihre Position ein, wie Sie neue Argumente zur Verfügung haben, und geben Sie Ihre Position im weiteren Verlauf wohlüberlegt schrittweise für einen Gruppenkompromiss auf. Es gibt nur wenige Dinge, die nervender sind als ein Gruppenmitglied, das keinen Hauch von Kompromissbereitschaft hat, obwohl es auf verlorenem Posten steht. Das sich ärgernde Rumpelstilzchen wird vermutlich von keinem Unternehmen gesucht; auf der anderen Seite genauso wenig die liebevolle Hausmutter, die bei allem nachgibt. Finden Sie also einen flexiblen und wechselhaften Mittelweg – mal mehr und mal weniger durchsetzungsstark.

Argumente statt Meinungen

In Kapitel 4.4 *Argumentation* ab Seite 76 haben Sie gelesen, wie Sie Argumente aufbauen und anwenden. Ganz speziell in Gruppenübungen sollten Sie diese Grundsätze anwenden. Wir erleben immer wieder, dass mit Meinungen ohne Argumente diskutiert wird und dadurch die Bearbeitungszeit ungenutzt verstreicht. Diese erkennen Sie ganz leicht an Aussagen wie »Ich finde, wir sollten ...«, »Nein, ich habe mir ... aufgeschrieben.«, »Meiner Meinung nach könnten wir ...« und so weiter. Alle haben eins gemeinsam: Es fehlt das »weil«. Was sind die Gründe, die für die Position sprechen? Beantworten Sie diese Frage stets für die anderen Mitbewerber.

Zuhören

Wenn Sie eine Gruppenübung überdurchschnittlich absolvieren möchten, haben Sie neben hervorragenden Argumentationsfähigkeiten ein aufmerksames Gehör. Nur wenn Sie den anderen Gruppenmitgliedern zuhören, können Sie:

- deren Argumenten gezielt widersprechen,
- erahnen, wer noch überzeugt werden möchte,
- Kooperationen aufbauen,
- die Gruppe führen und moderieren,
- Störungsquellen identifizieren sowie
- ruhigere Teilnehmer integrieren.

Auch hier ist eine Balance wichtig. Wahrscheinlich hat noch nie ein Kandidat ein Assessment-Center bestanden, der zu 100 Prozent zugehört oder zu 100 Prozent gesprochen hat.

Anspruchsvolle Gruppenmitglieder

In unseren Seminaren werden wir immer wieder gefragt, wie man mit »schwierigen Mitbewerbern« umgehen solle. Grundsätzlich glauben wir nicht, dass es so etwas wie »schwierige Kandidaten« gibt. Gerade in der Gruppenkonstellation ist es vorteilhaft, zwischen Absicht und Verhalten zu unterscheiden.

Die Absicht ist das, was wir mit unserem Verhalten erreichen möchten. In einem Assessment-Center ist diese bei allen Kandidaten gleich – das Assessment-Center zu bestehen. Gegen diese Absicht kann von keinem etwas eingewendet werden. Auf der anderen Seite gibt es Verhalten, das wir sehr wohl kritisieren können, beispielsweise, wenn jemand keinen anderen aus der Gruppe ausreden lässt oder seine Redebeiträge unendlich erscheinen. Falls sich ein Teilnehmer so verhält, dann immer aus einer positiven Grundabsicht heraus: das Assessment-Center zu bestehen. Diese Trennung ermöglicht Ihnen, zwischen der Person und seinem Verhalten zu unterscheiden. So sind Sie eher in der Lage, kritisches Verhalten anzusprechen und konstruktiv zu lösen statt destruktiv und persönlich zu werden. Wir bedienen hier ein viel zitiertes Motto: Stell dir vor, es ist Krieg und keiner geht hin. Bleiben Sie in anspruchsvollen Situationen in einer guten inneren und äußeren Einstellung (siehe auch Kapitel 3.4 *Illusion Objektivität: Was wirklich im Assessment-Center zählt* ab Seite 53). Nur so können Sie einen bedachten und souveränen Eindruck bei den Beobachtern hinterlassen. Falls die innere und äußere Ruhe nicht ausreichend ist, finden Sie in der Tabelle ab Seite 298 hilfreiche Tipps für verschiedene Verhaltensweisen und Situationen.

In den meisten Fällen können Sie innerhalb der Gruppe eine Regel aufstellen, die das Fehlverhalten nicht mehr zulässt. Achten Sie darauf, dass Sie die Regel als Vorschlag einbringen und mit einem Mehrwert für die Gruppenmitglieder verknüpfen. Beschuldigen Sie dabei keine Mitbewerber. Versuchen Sie hier möglichst objektiv zu sein und beziehen Sie die Regel vielleicht auf sich selbst.

Ein Beispiel zur Verdeutlichung: Ein Mitbewerber redet ohne Punkt und Komma und lässt andere Teilnehmer nur schwer zu Wort kommen. Sie könnten zu der Gruppe sagen:

»Ich sehe gerade, dass die Hälfte unserer Bearbeitungszeit schon um ist. Ich habe beobachtet, dass unsere Redebeiträge an manchen Stellen deutlich zu lang sind und meines Erachtens nach einer gewissen Zeit keinen Mehrwert mehr generieren. Ich möchte mich hier gar nicht davon ausnehmen. Mein Vorschlag ist, dass wir unsere Redezeit auf maximal dreißig Sekunden beschränken und eine Rednerliste einführen, sodass auch jeder von uns zu Wort kommt. Sind Sie mit dem Vorschlag einverstanden?«

Die Gruppe wird Ihnen wahrscheinlich zustimmen, da sie sehr genau feststellen wird, gegen wen sich diese Regel richtet und jeder ein Interesse daran hat, dass die Diskussion mehr zu ihren Gunsten verlaufen soll. Auf der anderen Seite haben wir es noch nie erlebt, dass ein Kandidat eine Regel, die mit der Mehrheit beschlossen wurde, offen ablehnt. Der soziale Druck – vor allem unter der Beobachtung der Assessoren – führt daher sehr wahrscheinlich zur Akzeptanz der Regel, häufig mit dem Nebeneffekt, dass die entsprechende Person sauer wird und sich der Gruppendiskussion entzieht. Eine hervorragende Möglichkeit für Sie, den Teilnehmer später wieder in die Gruppe zu integrieren.

Sobald Sie Regeln als Tool einsetzen, müssen Sie strikt auf die Einhaltung der Regeln achten. Sprechen Sie einen Verstoß sofort, offen und wertschätzend in der Gruppe an. Wird ein Regelbruch einmal nicht gerügt, wird die Regel unbewusst außer Kraft gesetzt und Fehlverhalten können danach nur noch schwer zielführend gerügt werden.

Vielredner oder Mauerblümchen

Eine weitere ganz grundlegende Frage für jeden Teilnehmer in Gruppenübungen ist die Frage nach seinen persönlichen Redeanteilen. »Wie oft oder wie stark soll ich mich in Diskussionen einbringen?« ist eine Frage, die uns Teilnehmer in unseren Vorbereitungskursen zu Assessment-Centern oft stellen. Die Antwort lautet: Etwas mehr als der Durchschnitt.

Beachten Sie hierbei zwei Punkte: Beobachter können Sie nicht beobachten, wenn Sie sich hinter der Gruppe verstecken oder nur gedanklich an der Gruppenübung partizipieren. Was soll der Assessor auch notieren, wenn Sie nichts tun? Eine Gruppenübung hat hier vieles gemeinsam mit Talkshow-Runden im Fernsehen: Der stille Kandidat wirkt immer farblos und blass. Auf der anderen Seite gibt es wenige Berufe als Führungskraft, in denen es darauf ankommt, alle anderen ohne Erbarmen an die Wand zu reden. Diese Kandidaten werden dann vom Moderator aus dem Fernsehstudio verwiesen. Sie werden dann eben nicht aus dem Studio, sondern aus dem Bewerbungsprozess entlassen.

In Gruppenübungen erkennen wir fünf verschiedene Kandidatentypen: den Dauerperformer, den Vielredner, den Ruhigen, den Langsamstarter und den Nachlasser.

Beginnen wir mit dem Erfolg versprechendsten Typen: dem Dauerperformer. Streben Sie diese Position an. Das heißt, beteiligen Sie sich abwechselnd auf der Inhalts- und der Prozessebene und arbeiten Sie damit sowohl am Gruppenergebnis als auch am Gruppenprozess kontinuierlich mit. Wenn Sie gerade nicht sprechen, machen Sie sich Notizen und hören den anderen Kandidaten aufmerksam zu. Ihr Redeanteil liegt bei circa 120 bis 150 Prozent von einer prozentual gleichmäßig aufgeteilten Redezeit unter allen Bewerbern.

$$\text{Optimaler Redeanteil} = \frac{\text{Bearbeitungszeit}}{\text{Anzahl der Kandidaten}} \times 1,2 \text{ bis } 1,5$$

Beispielsweise bei einer sechzigminütigen Gruppenübung mit sechs Kandidaten bei circa zwölf bis fünfzehn Minuten.

Wenn Sie hier über das Ziel hinausschießen, werden Sie zu einem Vielredner. Vielleicht kennen Sie solche Typen, die sich durch häufige, ausgiebige und unstrukturierte Redebeiträge auszeichnen. Frei nach dem Motto: Wer viel sagt, hat auch viel zu sagen. Beobachter werden in der Regel jedoch dieses Verhalten als äußerst unproduktiv bewerten. Achten Sie in Ihrer Gruppenübung darauf, dass Sie nicht in dieses Raster fallen – gerade wenn Sie von Natur aus zu diesem Typus gehören. Sprechen Sie erst, wenn Sie über den Inhalt nachgedacht haben und diesen ansatzweise strukturiert haben. Versuchen Sie anschließend, Ihre Gedanken möglichst prägnant vorzutragen. Wie heißt es so schön: In der Kürze liegt die Würze.

Der Gegenpol des Vielredners ist der Ruhige. Wenn Sie hervorragende Argumente haben, vieles durchdacht haben und dann doch nichts sagen, gehören Sie zu dieser Gruppe. Zwingen Sie sich in diesem Fall im Assessment-Center zu Wortbeiträgen, sonst werden Sie in der Gruppenübung untergehen. Einige Kandidaten können diese Rolle nach einiger Zeit ablegen und werden damit zu den Langsamstartern. Häufig sind diese in der Anfangsphase durch das »Hemmnis des ersten Wortes« blockiert. Das erste Wort in einer neuen Gruppe ist für uns Menschen meistens auch das am schwersten auszusprechende Wort. Im Assessment-Center hilft hier nur eins: Überwindung. Falls Sie zu dieser Gruppe tendieren, versuchen Sie, möglichst schnell Ihre ersten Sätze in die Gruppe einzubringen. Sie werden feststellen, dass es dann immer leichter für Sie wird. Fake it till you make it!

Da einige Ratgeberkollegen empfehlen, sich auf jeden Fall das erste Wort und die Moderationsrolle zu sichern, können Sie davon ausgehen, dass die ersten ein bis zwei Minuten einer Gruppenübung hart umkämpft sind. Wenn Sie diese Phase als besonders anstrengend empfinden, empfehlen wir Ihnen ganz klar: Atmen Sie tief durch, hören Sie aktiv zu und planen Sie Ihren ersten Satz nach circa zwei Minuten. Überwinden Sie sich, zum nächstmöglichen Zeitpunkt in die Gruppenübung aktiv einzugreifen. Je früher Sie damit anfangen, desto besser wird Ihre Bewertung.

Kommen wir zum letzten und fünften Typen: dem Nachlasser. Er ist das Gegenteil vom Langsamstarter. Er beginnt vielversprechend und lässt im Verlauf der Gruppenübung immer weiter nach. Häufig werden diese Kandidaten wieder zum Ende aktiver. Vielleicht tun sie dies aus falsch verstandenem Kooperationswillen oder einfach aus Bequemlichkeit. Falls Sie zu diesem Verhalten tendieren, bietet es sich an, die Aktivitätspausen möglichst gering zu halten. Damit spiegeln Sie den Assessoren eine dauerhafte Konzentration, die auch von Ihnen erwartet wird.

Basiskommunikation: führungsorientierte Schlagfertigkeit

Viele der folgenden Taktiken leben von Ihrer Schlagfertigkeit. Trainieren Sie diese bereits mehrfach vor dem Assessment-Center, damit Sie unbewusst und schnell einen Zugang zu diesen Verhaltensweisen haben. Trainieren Sie laut und am besten vor anderen Personen, um einen optimalen Lernerfolg zu erreichen. Häufig sind es in stressigen Situationen nicht die fehlenden Ideen, sondern der fehlende Mut, die vorhandenen Gedanken auszusprechen. Durch das kontinuierliche laute Üben mit einem Partner erhöhen Sie die Erfolgschancen im Ernstfall deutlich.

Verhalten oder Situation	Verhaltensweise
Kandidat schweift vom Thema ab oder verzettelt sich in Details, die mit dem eigentlichen Ziel nicht mehr viel bis nichts mehr zu tun haben	Ignorieren Sie dieses Verhalten bei erstmaligem und kurzweiligem Auftreten. Sie müssen nicht immer gleich mit der Türe ins Haus fallen.
	Fragen Sie wertschätzend nach, inwieweit diese Information dem Ziel dient. Meisten geraten diese Kandidaten dann ins Stocken und korrigieren ihr Fehlverhalten eigenständig.
Kandidat redet ohne Punkt und Komma sowie sehr ausgiebig und zeitintensiv	Fassen Sie die Aussagen kurz und prägnant zusammen. Ihr Gegenspieler wird wahrscheinlich sehr schnell merken, dass er Gedanken nicht auf den Punkt bringt.
	Stellen Sie geschlossene Fragen. Beispielsweise »Heißt dies nun, dass Sie zustimmen oder nicht?«
	Sollte dies wirkungslos bleiben, können Sie eine Regel zur Begrenzung der Redezeit einführen. Beispielsweise maximal dreißig Sekunden pro Wortmeldung.
	Wirkt auch dies nach mehrmaligem Ermahnen nicht, können Sie ihm als Ultima Ratio gegebenenfalls das Wort entziehen. Holen Sie sich dafür die Zustimmung der Gruppe ein.
Kandidat weiß vermeintlich alles besser	Erkennen Sie kurz seine Erfahrung an und integrieren Sie die Gruppe. Beispielsweise »Wir wissen, dass Sie sich in diesem Gebiet bestens auskennen. Gleichzeitig möchte ich die Bedenken und Gegenargumente der anderen Teilnehmer erfahren.«
	Lassen Sie seine Behauptungen durch die Gruppe kritisieren. Beispielsweise »Interessant, wie sehen es denn die anderen in der Gruppe?«

Verhalten oder Situation	Verhaltensweise
Kandidat wechselt das Thema, ohne dass ein Ergebnis festgehalten wurde	Sprechen Sie dies sofort wertschätzend in der Gruppe an und geben Sie eine Zusammenfassung. Beispielsweise »Mir ist noch nicht ganz klar, welches Ergebnis wir in Punkt ... beschlossen haben. Darf ich festhalten, dass ...?« Bleiben Sie dabei ruhig, auch wenn es häufiger in einer Gruppenübung vorkommt. Das häufige Vorkommen ist verständlich, da jeder Teilnehmer seine Punkte in der kurzen Zeit einbringen möchte. Zusätzlich ist jedes Auftreten eine Chance für Sie, den Prozess zu steuern und Bonuspunkte bei den Beobachtern zu sammeln.
Kandidat ist pessimistisch und aus Prinzip gegen alles	Fassen Sie die Aussagen zusammen und stellen Sie eine lösungsorientierte Frage. Beispielsweise »Sie haben Bedenken, dass ... Welche Rahmenbedingungen müssen sich für Sie ändern, damit ...«.
Kandidat greift Sie persönlich an	Stellen Sie eine sachliche Frage. Beispielsweise sagt ein Mitbewerber nach Ihrer Ausführung: »Das ist doch lächerlich.« Sie können darauf erwidern: »Mit welchem Punkt konnte ich Sie noch nicht überzeugen?«
	Sprechen Sie den Angriff ruhig und sachlich an. Beispielsweise können Sie auf obigen Angriff erwidern: »Ich glaube, dies bringt uns inhaltlich nicht weiter und wir sollten uns wieder der Sache zuwenden. Gerne fasse ich noch mal die Kernaussagen zusammen ...«.
Kandidat greift einen anderen Kandidaten persönlich an	Fassen Sie die Aussage sachlich zusammen. Beispielsweise fällt in der Runde: »Das ist doch vollkommener Schwachsinn ...«. Daraufhin können Sie erwidern: »Wenn ich es richtig verstanden habe, haben Sie Zweifel an der Umsetzbarkeit der Idee von Herrn ...«.
	Weisen Sie auf den Gemütszustand hin. Beispielsweise: »Ich glaube, wir wurden gerade eher emotional und haben uns von einer sachlichen Ergebnisfindung entfernt. Ich schlage vor, wir widmen uns wieder unserem Ziel ...«.

Verhalten oder Situation	Verhaltensweise
Kandidat unterbricht Sie in Ihrer Ausführung	Fordern Sie sofort freundlich das Wort zurück. Beispielsweise »Entschuldigen Sie bitte. Ich war noch nicht fertig und möchte gerne meinen Satz beenden ...«. Falls Ihr Mitbewerber daraufhin nicht reagiert: Wiederholen Sie Ihren Satz eins zu eins mit neutralem Ton, jedoch nicht aggressiv oder gar verärgert.
Kandidat unterbricht andere Kandidaten	Bekunden Sie freundlich Ihr Interesse an den Ausführungen des unterbrochenen Kandidaten. Beispielsweise »Entschuldigen Sie bitte. Herr ... war, glaube ich, noch nicht am Ende und ich interessiere mich für seine Meinung.«
	Bei mehrfacher Wiederholung können Sie wertschätzend auf die Fairness verweisen. Beispielsweise »Ich glaube, Sie haben gerade zum dritten Mal Herrn ... unterbrochen. Ich kann gut verstehen, dass sich jeder hier in der Gruppe in ein gutes Licht setzen möchte. Gleichzeitig glaube ich nicht, dass wir deshalb einen wertschätzenden Umgang miteinander verlieren müssen.«
	Unterbrechen Sie ihn taktvoll, aber direkt. Beispielsweise: »Entschuldigen Sie, Herr ... war noch nicht fertig und Sie sind nicht an der Reihe.«
	Bei mehreren Vorkommnissen in der Gruppe können Sie ebenfalls eine Gruppenregel einführen. Beispielsweise eine Rednerliste, damit klar ist, wer nach wem spricht. Achten Sie auf die Regeleinhaltung. Beispielsweise »Entschuldigen Sie, aber Sie sind gerade nicht an der Reihe. Herr ... und Frau ... sind noch vor Ihnen an der Reihe. Soll ich Sie auf die Rednerliste setzen?«
Kandidat beteiligt sich nicht oder nur sehr gering	Stellen Sie offene Fragen. Beispielsweise »Welche Gedanken haben Sie sich zu ... gemacht?«
	Verknüpfen Sie dies gegebenenfalls mit einem Lob. Beispielsweise: »Sie sagten bei der Begrüßungsrunde, dass Sie ... sind. Was sagen Sie als Experte dazu?«

Verhalten oder Situation	Verhaltensweise
Kandidat prescht mit seiner Argumentation voraus und bringt seine Punkte und Argumente zu schnell ein. Damit überspringt er Agenda-Punkte oder die Zielklärungs- und Informations-gewinnungsphase	Wertschätzend auf die Agenda oder die Wichtigkeit eines gemeinsamen Arbeitsauftrages sowie eines Informations-austausches hinweisen.
	Die Gruppe fragen, ob sie mit dem Überspringen dieser Punkte einverstanden ist. Dies ist die Gruppe in aller Regel nicht.
Kandidat stellt unbegründete Thesen in den Raum	Fragen Sie nach den Gründen. Häufig geraten Kandidaten dadurch ins Stocken. Beispielsweise: »Worauf stützen Sie Ihre These ...?«
	Fragen Sie nach Definitionen. Auch hierdurch geraten Kandidaten häufig aus dem Konzept. Beispielsweise: »Was verstehen Sie genau unter ...«.
Kandidat stellt das aktuelle Vor-gehen infrage	Bitten Sie ihn um konkrete Vorschläge. Pauschalangriffe können so abgewehrt werden. Wenn Sie einen schlechteren Vorschlag erhalten, lassen Sie die Gruppe abstimmen. Wenn Sie einen besseren Vorschlag erhalten, nehmen Sie diesen dankend und wertschätzend an.

Verhalten oder Situation	Verhaltensweise
Kandidat verweigert am Ende seine Zustimmung zum Gruppenergebnis	Verweisen Sie auf gegebenenfalls vorher getroffene Vereinbarungen und Mehrheitsbeschlüsse. Beispielsweise »Wir waren uns zu Beginn einig, dass wir uns für eine gemeinsame Lösung entscheiden. Verstehe ich Sie richtig, dass Sie diese Vereinbarung jetzt brechen möchten?«
	Fragen Sie nach einem Kompromissvorschlag. Häufig geraten dann Teilnehmer, die sich von ihren Emotionen haben leiten lassen, unter Druck und geben nach. Beispielsweise: »Ich finde es wichtig, dass wir die Aufgabenstellung erfüllen und nicht kollektiv als Gruppe versagen. Was wäre für Sie ein Kompromissvorschlag, mit dem Sie leben können und den Sie fair finden?«
	Veranschaulichen Sie die Folgen der Verweigerung und stellen Sie klar, dass Sie sich nicht erpressen lassen. Beispielsweise: »Unser Auftrag war ... Dies werden wir durch Ihre Verweigerung nicht erreichen, obwohl sich die restliche Gruppe einig ist und wir das Ergebnis mit Mehrheitsbeschluss beschlossen haben. Ich möchte Sie hier nicht zu einem kooperativen Verhalten zwingen und lasse mich ebenfalls nicht erpressen. Sind Sie sich sicher, dass Sie der gesamten Gruppe so schaden möchten?«

 Weitere Tipps: Gruppenmitglieder mit Namen ansprechen. Dies erhöht die Aufmerksamkeit und zeigt eine wertschätzende Einstellung. Merken Sie sich hierzu am besten schon bei der Vorstellungsrunde die Namen. Bleiben Sie sachlich und vermeiden Sie persönliche Angriffe. Dadurch demonstrieren Sie ein souveränes Auftreten.

8.3 Anwendungsbeispiele

Anhand zweier klassischer Gruppenübungen werden wir die wichtigsten Elemente dieses Kapitels zusammenfassen und Ihnen Hilfestellungen für den Praxistransfer bieten. Zuerst werden wir eine kooperative Gruppendiskussion gemeinsam durcharbeiten, bevor wir uns der aggressiveren Form einer Gruppenübung zuwenden: der konfrontativen Gruppendiskussion.

Marketingkonzept in Gruppenarbeit entwickeln

Die Erstellung eines Konzepts ist eine gängige Aufgabe in einem Assessment-Center. Ihre Beobachter werden dabei analysieren, wie Sie mit anderen Teammitgliedern zusammenarbeiten und wie Sie die Gruppe beeinflussen. In unserem verkürzten Beispiel ist es Ihre Aufgabe, ein Marketingkonzept zu erstellen.

Aufgabenstellung:
Sie sind Abteilungsleiter Marketing in der Bali AG. Ihr Unternehmen möchte ein neues Produkt – das Kling 5000 – in den Markt einführen. Dazu wurde von Ihrem Bereichsleiter Herrn Müller ein Meeting einberufen, an dem er selbst nicht teilnehmen kann. An dem Meeting nehmen neben Ihnen noch drei weitere Abteilungsleiter teil.

Ihr Meeting beginnt in fünfzehn Minuten. Sie haben in der Gruppe insgesamt fünfundvierzig Minuten Zeit, ein wirkungsvolles Marketingkonzept zu entwickeln. Dieses soll drei Kriterien erfüllen: Innovation, Wirtschaftlichkeit und Wirksamkeit.

Produktmerkmale des Kling 5000: Das Kling 5000 ist das weltweit erste ...
Unternehmensdaten: Die Bali AG ist ...
Vergleichbare Produkte:
Eigenprodukt: Kling 2000, was folgende Produktmerkmale aufweist ...
Fremdprodukt: Schnipp der Firma Koli AG, was folgende Produktmerkmale hat ...

In einer realen Assessment-Center-Übung würden Sie mehrere Seiten mit Merkmalen verschiedener Produkte, Unternehmensdaten und Branchenübersichten zur Verfügung gestellt bekommen. Um die einzelnen Phasen einer kooperativen Gruppenübung zu verinnerlichen, sind diese Informationen nicht notwendig, weshalb wir uns direkt der Lösungsstrategie zuwenden.

Vorbereitungsphase optimal nutzen

Während Ihrer individuellen Vorbereitungszeit ist es wichtig, dass Sie erkennen, um welchen Aufgabentyp es sich handelt: kooperativ, ohne Gesprächsleiter, keine inhaltliche Position, vorgegebene Rolle (Abteilungsleiter Marketing), unternehmensnah, vermutlich ohne Schauspieler und ohne Kombination mit anderen Übungen. Daraus können Sie beispielsweise ableiten, dass

- es am Anfang der Gruppendiskussion ein Gerangel um die Moderatorenrolle geben wird, weshalb Sie sich eine entsprechende Taktik für diesen Fall zurechtlegen sollten,
- noch kein Kandidat am Anfang ein fertiges Konzept präsentieren kann, was Sie in der Informationsgewinnungsphase berücksichtigen müssen und
- Sie primär gemeinsam mit den anderen Teilnehmern arbeiten und dadurch kooperativ agieren können.

Hilfreiche Fragen, die Sie sich während Ihrer Vorbereitung stellen sollten, sind:
- Was ist die Aufgabe und was das Ziel?
- Was bedeuten die Kernbegriffe? Was verstehen Sie unter Innovation, Wirtschaftlichkeit und Wirksamkeit? Welche Kriterien liegen diesen zugrunde?
- Für wen könnte das Produkt interessant sein? Wie sieht die Zielgruppe aus?

- Was sind die Wettbewerbsvorteile des Kling 5000? Welcher Bedarf kann damit gedeckt werden?
- Wie sollte das Meeting strukturiert sein?
- Wann möchten Sie wie in die Diskussion einsteigen?
- Möchten Sie sich um die Moderatorenrolle bemühen? Wie möchten Sie das erreichen?

Das sollten Sie tun:
- Auftrag und Ziel niederschreiben, das schafft mehr Klarheit für Sie.
- Markt- und Produktdaten maximal fünf Minuten sichten. Sie brauchen nach Ihrer Vorbereitung noch kein fertiges Konzept.
- Sammeln Sie schon einmal Ideen in einem kurzen Brainstorming. Was fällt Ihnen spontan zu dem Produkt ein?

Gruppenarbeitsphase

Bis hier hin haben Sie nur die Übung vorbereitet, jetzt wird es ernst. Sie treffen auf die anderen drei Kandidaten und die Assessoren werden Sie von Beginn an beobachten: »Wie souverän agieren Sie?« und »Wie gehen Sie mit Ihren Mitbewerbern um?« sind zwei Fragen, die sich Ihre Beobachter von Anfang an stellen.

Achten Sie während der Bearbeitungsphase kontinuierlich auf ein flexibles Verhalten, das Sie den Beobachtern präsentieren. Beispielsweise mal ruhig und mal aktiv oder mal dominant und mal schlichtend. Dabei beachten Sie grundsätzlich:

- Sprechen Sie ruhig und souverän.
- Sprechen Sie andere Teilnehmer mit Namen an.
- Moderieren Sie offiziell oder aus dem Hintergrund.
- Kontrollieren Sie kontinuierlich die Zeiteinhaltung.
- Achten Sie auf eine kontinuierliche und aktive Gesprächsbeteiligung.
- Hören Sie aktiv anderen Teilnehmern zu.
- Integrieren Sie ruhige Kandidaten und zügeln Sie Übermütige.

- Achten Sie auf eine kontinuierliche Dokumentation – meist am Flipchart.
- Führen Sie die Diskussion immer wieder auf das Ziel zurück, wenn andere Kandidaten vom Thema abschweifen.
- Gehen Sie auf Argumente anderer Kandidaten ein und entwickeln Sie diese konstruktiv weiter.
- Wechseln Sie Ihr Verhalten. Seien Sie in einer Phase kooperativ und in einer anderen durchsetzungsstark.

In der Orientierungs- und Zielklärungsphase überzeugen

Jetzt steigen Sie in die Diskussion mit Ihren Kontrahenten ein. Erinnern Sie sich nochmals daran, dass eine Gruppenübung nur dann zielführend verlaufen kann, wenn Sie ein von allen getragenes Ziel haben und die Aufgabenstellung allen Kandidaten bewusst ist. Die folgenden Fragen sollten Sie für sich in dieser Phase beantworten:

- Sofern Sie sich gegen eine offizielle Moderation entschieden haben: Wie können Sie aus dem Hintergrund moderieren?
- Hat die Gruppe dasselbe Aufgaben- und Zielverständnis?
- Haben alle dasselbe Verständnis von den Schlüsselbegriffen? Was verstehen Sie unter Innovation, Wirtschaftlichkeit und Wirksamkeit?
- Sind alle Rollen in der Gruppe verteilt? Zeitnehmer, Protokollant, Moderator, ...
- Ist die erarbeitete Agenda realistisch und umsetzbar?

Das sollten Sie tun:
- Bremsen Sie die überaktiven Teilnehmer, die direkt mit der Bearbeitung beginnen möchten, und erklären Sie die Wichtigkeit einer gemeinsamen Grundlage.
- Notieren Sie nach Möglichkeit das Ziel am Flipchart. Dieses Verhalten wird häufig von Beobachtern übermäßig positiv bewertet.
- Vermeiden Sie bei allem langwierige Methodendiskussionen. Sein Sie in diesem Punkt sehr flexibel, solange Sie glauben, dass ein anderer Vorschlag auch zum Ziel führen kann.

Eine Musteragenda für diese Gruppenübung könnte so aussehen:

- Orientierungs- und Zielklärungsphase (fünf Minuten)
- Datensammlung aus der Aufgabenstellung (fünfzehn Minuten)
- Zielgruppendefinition (fünf Minuten)
- Ideensammlung mit Brainstorming (fünf Minuten),
- Auswertung der Ideen (drei Minuten)
- Konzepterstellung inklusive Argumentationsstrategie (zehn Minuten)
- Ergebnisformulierung (zwei Minuten)

Grundlage durch die Informationsphase schaffen

Idealerweise sind bis hier her nicht mehr als fünf Minuten der Zeit verstrichen, was jedoch ein klar strukturiertes Vorgehen während der ersten Minuten voraussetzt. In unserer Musteragenda benötigt diese Phase die meiste Zeit: Fünfundzwanzig Minuten für die Datensammlung, die Zielgruppendefinition und das Brainstorming. Während dieser drei Schritte sollten Sie sich fragen:

- Arbeitet die Gruppe effizient auf das Ziel hin?
- Sind alle Daten ausgetauscht?
- Ist die Zielgruppe realistisch definiert?

Die Daten können asymmetrisch unter den Gruppenmitgliedern aufgeteilt sein. Beispielsweise ist es bei dieser Aufgabenstellung möglich, dass kein Gruppenmitglied alle Informationen während der Vorbereitungsphase zur Verfügung hat. Meist wissen das die Teilnehmer nicht, weshalb es während der Gruppenübung zu Irritationen kommt.

Lösungen finden

Sie haben alle Informationen ausgetauscht, ausgewertet und neue gesammelt. Entscheiden Sie sich jetzt in der Gruppe für die vielversprechendste Idee und erstellen Sie ein passendes Konzept dazu. Fragen Sie sich dazu immer wieder:

- Wie aktiv sind Sie in der Gruppe? Können Sie sich gegen die anderen Mitglieder behaupten?
- Ist die Zielgruppe bei der Konzepterstellung im Fokus?
- Sind die besprochenen Schritte realistisch?

Darauf sollten Sie achten:
- Die Erfolg versprechendste Idee sollte schnell gefunden sein. Bilden Sie gegebenenfalls von Beginn an eine inoffizielle Allianz mit einem Mitbewerber und sprechen sich für seine Idee mit aus. Damit sind Sie schon 50 Prozent der Gruppe, die an einem Strang ziehen. Vergeuden Sie hier keine Zeit, die Sie für die Konzepterstellung benötigen.
- Die Ergebnisse sollten direkt am Flipchart notiert werden.
- Sie sollten sich kontinuierlich und aktiv sowohl auf der Inhaltsebene als auch auf der Prozessebene beteiligen.
- Zeigen Sie den Beobachtern verschiedene Seiten von sich. Unterstützen Sie mal einen Mitbewerber in einem Punkt, bevor Sie sich in einem anderen Punkt durchsetzen.

(Zwischen-)Ergebnisse festhalten
Neben vielen Zwischenergebnissen sollten Sie sich darum bemühen, das Endergebnis festzuhalten. Dadurch heben Sie sich häufig von der Masse anderer Kandidaten in einem Assessment-Center ab. Stellen Sie sich dafür immer wieder drei Fragen:

- Was wird gerade besprochen?
- Ist das zielführend?
- Was wurde schon besprochen, aber noch nicht festgehalten?

Ergebnisse formulieren und aufbereiten
In unserem Beispiel nimmt die Ergebnisformulierung eine unbedeutende Nebenrolle ein, die mit der Zusammenfassung des Endergebnisses abgeschlossen ist, da keine Dokumentation oder Präsentation verlangt wird.

Gegen Kollegen durchsetzen

Nachdem wir im vorherigen Kapitel eine kooperative Gruppenübung besprochen haben, widmen wir uns jetzt der schwierigeren Variante mit einer konfrontativen Gruppendiskussion. Hierbei müssen Sie sich klar gegen Ihre Mitbewerber durchsetzen. Unsere verkürzte Beispielaufgabe lautet:

»Sie sind Teamleiter der Bali AG. In Ihrem Unternehmen gibt es ein Förderprogramm für herausragende Praktikanten. Pro Abteilung und Zyklus kann nur ein Kandidat in das Programm aufgenommen werden. Sie treffen in fünfzehn Minuten auf fünf weitere Teamleiter, um zu besprechen, welcher Kandidat in das Programm aufgenommen wird.
Ihnen liegt viel daran, dass Ihr Kandidat, Herr Müller, in das Programm aufgenommen wird. Herr Müller ist ein ...
Sie haben in der Gruppe insgesamt fünfundvierzig Minuten Zeit, sich für einen Kandidaten zu entscheiden. Die Entscheidung muss einstimmig getroffen werden. Andernfalls erhält kein Kandidat aus Ihrer Abteilung die Zusage für das Förderprogramm, was Ihren Abteilungsleiter sehr verärgern würde.«

In einem realen Assessment-Center hätten Sie eine ausführliche Beschreibung über die Vorzüge Ihres Kandidaten erhalten.

Vorbereitungsphase optimal nutzen

Identifizieren Sie während Ihrer individuellen Vorbereitungszeit zuerst den Aufgabentyp. Es sich handelt sich um eine konfrontative Übung, ohne Gesprächsleiter, mit inhaltlicher Position, mit vorgegebener Rolle (Teamleiter), unternehmensnah, vermutlich ohne Schauspieler und ohne Kombination mit anderen Übungen. Daraus können Sie beispielsweise ableiten, dass:

• es am Anfang der Gruppendiskussion ein Gerangel um die Moderatorenrolle geben wird, weshalb Sie sich eine entsprechende Taktik für diesen Fall zurechtlegen sollten,

- es einen harten Konkurrenzkampf in der Gruppe geben wird, weshalb es wichtig wird, dass Sie sachlich und neutral bleiben,
- die meisten Mitbewerber bemüht sein werden, sofort ihren Praktikanten in ein gutes Licht zu rücken, wodurch einige Teilnehmer vermutlich direkt mit ihrer Argumentation beginnen sowie in Aktionismus verfallen werden und
- die Chance groß ist, dass die meisten Kandidaten sich auf die Inhaltsebene stürzen werden und kaum einer auf der Prozessebene arbeiten wird, was Sie ausnutzen können.

Hilfreiche Fragen, die Sie sich während Ihrer Vorbereitung stellen sollten, sind:
- Was ist die Aufgabe und was das Ziel?
- Was ist der Hauptmehrwert Ihres Praktikanten für das Unternehmen?
- Was könnten Gegenargumente zu Ihrem Praktikanten sein und wie können Sie diese entkräften?
- Wie sollte das Meeting strukturiert sein?
- Wann möchten Sie wie in die Diskussion einsteigen?
- Möchten Sie sich um die Moderatorenrolle bemühen? Wie möchten Sie das erreichen?

Das sollten Sie tun:
- Auftrag und Ziel niederschreiben, das schafft mehr Klarheit für Sie.
- Einen Elevator Pitch für Ihren Kandidaten vorbereiten.

Gruppenarbeitsphase

Vermutlich werden bei dieser Übung die Kandidaten deutlich angespannter sein als es bei einer kooperativen Gruppenübung der Fall ist. Jeder Kandidat weiß, dass es nur einen Gewinner geben kann. Um sich den Assessoren gut zu präsentieren, sollten Sie zusätzlich zu den Tipps der kooperativen Gruppenübung ...

- einen Fokus auf einen wertschätzenden Umgang legen. Bei konfrontativen Themenstellungen verlieren einige Kandidaten ihre guten Manieren.
- auf Ihre Sympathie in der Gruppe achten. Sie sollten hart für Ihren Praktikanten argumentieren und gleichzeitig an andere Stelle Sympathien in der Gruppe aufbauen, beispielsweise indem Sie abgeschlagene Kandidaten etwas unterstützen.
- so lange für Ihren Praktikanten kämpfen, wie Sie noch neue und unverbrauchte Argumente haben, die für ihn sprechen.
- nicht auf verlorenem Posten kämpfen, wenn Sie keine Chance mehr sehen, Ihren Kandidaten durchzusetzen. Engagieren Sie sich stattdessen für den Praktikanten, der Ihrem am nächsten kommt. Einige Kandidaten begehen nach ihrem De-facto-Ausscheiden den Fehler und beteiligen sich nicht mehr an der Diskussion.

Vorgehen während der Diskussion

Im grundsätzlichen Vorgehen ändert sich im Vergleich zu unserem Beispiel mit der kooperativen Marketingkonzepterstellung nichts. Eine mögliche Agenda für dieses Beispiel könnte wie folgt aussehen:

- Orientierungs- und Zielklärungsphase (fünf Minuten)
- Vorstellung der Kandidaten durch Elevator Pitches (acht Minuten, eine Minute pro Kandidat plus zwei Minuten für Wechsel)
- Fragen zu den Praktikanten (achtzehn Minuten, drei Minuten pro Kandidat)
- Vorentscheidung mittels Punktabfrage auf zwei Kandidaten (fünf Minuten)
- Fragen zu den zwei verbleibenden Kandidaten (sechs Minuten, drei Minuten pro Kandidat)
- Abstimmung für Endkandidat und Ergebnisformulierung (drei Minuten)

8.4 Spezialfall Meeting und Moderation

 Fassen wir noch einmal zusammen: In Gruppenübungen sind Sie maximal gefordert und sollen dem idealtypischen Bild einer Führungskraft möglichst nahekommen. Neben guter Argumentation und starker Durchsetzungsfähigkeit sollen Sie ebenfalls kooperativ und hilfsbereit sein. Bei Meeting- oder Moderationsübungen wird diese Erwartungshaltung nochmals etwas verschärft. Sie sind hierbei Leiter mit einer festen Rollenvorgabe – meist Führungskraft. Damit können Sie nicht mehr aus dem Hintergrund moderieren, sondern müssen sich Ihrer Verantwortung für den Gruppenprozess stellen. Die Gruppe ist hier im Vergleich zu anderen Gruppenübungen meist etwas kleiner und umfasst drei bis fünf Teilnehmer. Diese können sich, wie auch bei den anderen Gruppenübungen, aus Schauspielern oder anderen Kontrahenten zusammensetzen. Für die Durchführung haben Sie meist nur zwischen zehn und fünfundvierzig Minuten Zeit, wodurch sich Ihr Stresslevel vermutlich nochmals steigern wird.

Die Struktur gewinnt in Meetings und Moderationen eine noch viel größere Rolle. Durch einen strukturierten und transparenten Prozess können Sie vielen potenziellen Einwänden und Unklarheiten vorbeugen. So können Sie sich vermehrt auf den gruppendynamischen Prozess konzentrieren und sind weniger von Störungen abgelenkt. Falls dennoch eine Störung auftritt, wird von Ihnen als Leiter erwartet, dass Sie diese zuerst beseitigen und erst danach im Prozess fortfahren. Sobald Schauspieler als Teilnehmer vertreten sind, können Sie recht sicher mit Störungen rechnen. Ein klassischer Anfängerfehler im Assessment-Center besteht darin, dass Schauspieler von Beginn an besonders hart zur Brust genommen werden. Stattdessen sollten Sie die Schauspieler wie jeden anderen Kandidaten behandeln und bedacht die möglichen Sanktionen langsam steigern – selbst wenn Sie wissen, dass der Schauspieler die Situation eskalieren lassen möchte. Sollte die Unterbrechung dadurch länger andauern, müssen Sie flexibel und ergebnisorientiert handeln, indem Sie für alle Teilnehmer transparent Ihren zeitlichen Vorgehensplan anpassen.

Die funktionale Grundstruktur bleibt für Meetings und Moderationen bestehen.

Vorbereitungsphase

Wie bei jeder Gruppenübung sollten Sie sich die Aufgabenstellung und das Ziel nochmals bewusst machen. Es lohnt sich in dieser Phase, die eigene Rolle klar zu definieren. Agieren Sie als Moderator, der ausschließlich den Prozess steuert, beteiligen Sie sich als Gesprächsleiter zusätzlich auch inhaltlich oder sind Sie Präsentator und verkünden vorher festgelegte Ergebnisse? Wird von Ihnen verlangt, sich in der Sandwich-Position des Gesprächsleiters zu etablieren, sind Sie besonders gefordert. Neben der Prozesssteuerung sollen Sie auch inhaltlich am Ergebnis mitarbeiten. Diese Doppelrolle überfordert viele Kandidaten im Assessment-Center. Sie können dieses Dilemma für sich lösen, indem Sie die zwei Rollen auch getrennt voneinander behandeln. Nehmen Sie in jedem Prozessabschnitt zuerst die Rolle des reinen Moderators ein und beteiligen Sie sich unter keinen Umständen inhaltlich. Wenn Sie dies tun, hemmen Sie jegliche aktive Mitarbeit in der Gruppe und machen sich zusätzlich inhaltlich angreifbar. Viel geschickter gehen Sie vor, wenn Sie zuerst Ideen und Ansätze aus der Gruppe einholen und diese anschließend gemeinsam mit der Gruppe ergänzen: Also erst Moderator und dann Gesprächsleiter. Diese Trennung ist in der Vorbereitung sehr wichtig, da sich dadurch Ihre Methodik und Agenda ändern wird. Wenn Sie hingegen als Präsentator beispielsweise schlechte Nachrichten verkünden sollen, raten wir Ihnen strikt davon ab, sich als Gesprächsleiter oder gar Moderator vor die Gruppe zu stellen. Denken Sie auch hier an eine langfristige Zusammenarbeit, die im Assessment-Center natürlich nur fiktiv gegeben ist. Intrigen und Manipulationen im ganz großen Stil sind wohl noch nie im Assessment-Center aufgegangen. Sie sind besser beraten, wenn Sie sich in dieser Situation als souveräne und zuverlässige Führungskraft präsentieren.

Orientierung und Zielklärung

Auch wenn die Zeit in diesen Übungen immer knapp bemessen ist, sollten Sie sich ausreichend Zeit für diese Phase nehmen. Hier legen Sie das Fundament für die restliche Übungszeit. Wenn Sie hier patzen, werden Sie es im weiteren Verlauf schwer haben. Daher sollten Sie diese Phase in Ihrer Vorbereitungszeit gut planen und ihr die nötige Zeit im Assessment-Center schenken. Begrüßen Sie hierzu als Erstes Ihre Teilnehmer herzlich. Stellen Sie sich zu Beginn kurz und prägnant vor, wenn die Teilnehmer Sie meistens laut Aufgabenstellung noch nicht kennen. Im Anschluss können Sie die anderen Teilnehmer dazu auffordern. Achten Sie dabei auf die Zeit, gerade wenn Sie eine sehr kurze Bearbeitungszeit haben. Beispielsweise können Sie die Teilnehmer auffordern, sich in nur einem Satz vorzustellen. Die Vorstellungsrunde wird in manchen Assessment-Centern durch die Aufgabenstellung getilgt. Halten Sie sich in diesem Fall zwingend an die Aufgabenstellung.

Sie können Aufgabenpakete direkt im Anschluss an die Vorstellungsrunde vergeben – beispielsweise Zeitnehmer oder Protokollant. Dadurch haben Sie weniger Aufgaben, auf die Sie gezielt achten müssen und können sich auf den Gruppenprozess und die Inhalte konzentrieren. Gleichzeitig haben Sie diese Aufgaben noch im Hinterkopf und verlassen sich nicht vollständig darauf, dass diese auch ordnungsgemäß erfüllt werden.

Präsentieren Sie danach den Teilnehmern den Anlass der Sitzung sowie deren Hintergründe. Schließen Sie unmittelbar mit dem Vorgehensplan inklusive einer groben Zeiteinteilung und dem Sitzungsziel an. Hierbei sollte deutlich werden, ob es sich um eine reine Information, um eine Diskussion oder eine Ergebnisfindung handelt. Dadurch wird auch Ihre Rolle den Teilnehmern etwas klarer und sie wissen, woran sie sind. Legen Sie also für jeden Besprechungspunkt fest, ob es sich um eine reine Information, eine Diskussion oder eine Ergebnisfindung handelt.

Wir empfehlen Ihnen, diese Punkte in Ihrer Vorbereitungszeit zu visualisieren. Damit erleichtern Sie sich die Präsentation und können im Prozess immer wieder darauf zurückgreifen.

Je nach Anlass und Sitzungsziel ist es sinnvoll, Verhaltensregeln für das Meeting zu vereinbaren oder nach den Erwartungen der Teilnehmer zu fragen. Wenn Sie darin nicht geübt sind, raten wir Ihnen von diesen Alternativen ab – sofern diese nicht explizit in der Aufgabenstellung gefordert sind.

Informationsgewinnung und -austausch

Alle bereits vorgestellten Methoden können Sie in Meetings und Moderationen gleichermaßen anwenden. Wir erinnern Sie noch einmal daran, dass Sie Ihre eigene Meinung in der Anfangsphase zurückhalten sollen, sofern es sich nicht um eine reine Präsentation handelt. Ideen und Informationen erhalten Sie von den Teilnehmern viel wahrscheinlicher, wenn Sie diese nicht gleich zu Beginn mit Ihrer Meinung überrollen. Als Gesprächsleiter können Sie im Anschluss Ihren Standpunkt vertreten. Pseudofragerunden oder -informationssammlungen, in denen Sie so lange nachfragen, bis Sie Ihre vorher festgelegten Antworten erhalten, sind kontraproduktiv. Diese heimtückischen Manipulationsversuche werden auch meist von den Beobachtern im Assessment-Center durchschaut. Daher sollten Sie dieses Verhalten auch meiden.

Lösungsgenerierung

Jetzt gilt es, Ergebnisse zu produzieren. Fokussieren Sie sich hierzu auf den Gruppenkonsens und die Zielorientierung. Gerade, wenn Sie Schauspieler in Meeting- oder Moderationsübungen haben, welche den Gruppenprozess gezielt sabotieren möchten. Damit Sie auch diese Aufgaben meistern, finden Sie für die häufigsten Assessment-Center-Fallen hilfreiche Verhaltensmuster in der folgenden Tabelle.

Verhalten oder Situation	Verhaltensweise
Die Teilnehmer kennen sich noch nicht	Fragen Sie dies zu Beginn der Sitzung nach und starten Sie mit einer kurzen Vorstellungsrunde.
Ein Teilnehmer versteht die Zielsetzung oder Aufgabenstellung (bewusst) falsch	Korrigieren Sie dies wertschätzend und prägnant. Nehmen Sie hierbei an, dass keine böse Absicht hinter dem Missverstehen steckt und der Teilnehmer die Aufgabenstellung wirklich nicht verstanden hat.
	Falls noch nicht geschehen: Notieren Sie die Aufgabe und das Ziel auf einem Flipchart und platzieren Sie dies sichtbar im Raum.
Teilnehmer tragen verdeckte oder offene persönliche Nebenkonflikte aus	Leiten Sie unauffällig und ruhig zum Thema zurück. Beispielsweise »Wir haben bis jetzt ... besprochen. Als Nächstes ...«.
	Stellen Sie eine sachliche Frage an den Hauptaggressor. Beispielsweise »Welche Bedenken haben Sie ganz konkret gegen den Vorschlag von Herrn ...?«
	Verweisen Sie auf den ungeeigneten Rahmen. Beispielsweise »Ich glaube, dass dies uns unserem Ziel ... nicht näher bringt. Ich bitte Sie, für die restliche Sitzung Ihren Streit zur Seite zu schieben und sachlich mitzuarbeiten ...«.
	Verschieben Sie die Klärung auf ein persönliches Gespräch mit Ihnen. Beispielsweise »Ich habe das Gefühl, dass hier etwas anderes dahintersteckt. Ich bitte Sie, Herrn ... und Herrn ..., nach der Sitzung noch im Raum zu bleiben, damit wir gemeinsam eine Lösung finden können.«
Teilnehmer schieben die Schuld auf dritte, unbeteiligte Personen	Nehmen Sie die Information ernst und lassen Sie sich gleichzeitig nicht auf eine Lästerei ein. Leiten Sie sofort auf das heutige Sitzungsziel zurück und zeigen Sie auf, dass Sie dem nachgehen werden und jetzt das getan wird, was ohne diese Information möglich ist.

Verhalten oder Situation	Verhaltensweise
Ein Teilnehmer lehnt ein Aufgabenpaket ab, da er überfordert ist	Achten Sie hier auf das Signal, was an die anderen Teilnehmer gesendet wird. Nehmen Sie diese Äußerung gleichzeitig ernst. Bieten Sie dazu ein Folgegespräch an, in dem Sie gemeinsam die Ursachen klären und Lösungen suchen. Gleichzeitig bleiben Sie bei Ihrer Entscheidung und verweisen nochmals auf die Wichtigkeit. Beispielsweise »Das kann ich sehr gut nachvollziehen, dass bei Ihnen gerade viel zu tun ist. Gleichzeitig ist diese Aufgabe sehr wichtig, weil ... Ich schlage vor, wir vereinbaren nach dem Meeting einen gemeinsamen Termin, in dem wir eine Lösung für die Gesamtsituation suchen und in der Sie diese Aufgabe erledigen können.«
Teilnehmer verweigert die Mitarbeit	Stellen Sie nochmals die Wichtigkeit des Themas dar und verweisen Sie darauf, dass dieses Verhalten inakzeptabel ist und Konsequenzen haben wird. Beispielsweise »Ich glaube, Ihnen ist nicht klar, wie wichtig dieses Thema ist, da es ... Dieses Verhalten werde ich so nicht akzeptieren. Ich bitte Sie jetzt, konstruktiv weiter an der Sitzung mitzuwirken und im Anschluss hier im Raum bei mir zu bleiben. Alternativ können Sie die Sitzung gerne verlassen.«
	Bei nochmaligem Vorkommen verweisen Sie den Teilnehmer des Raumes. Beispielsweise »Ich sagte Ihnen schon, dass ich dies nicht tolerieren werde. Ich bitte Sie, jetzt den Raum zu verlassen. Ich werde mich nach dem Meeting bei Ihnen melden, damit wir dieses Verhalten unter vier Augen besprechen können. Bitte packen Sie jetzt Ihre Sachen zusammen und verlassen den Raum.«
	Achten Sie bei beiden Varianten darauf, dass Sie wieder in einen guten inneren Zustand kommen und Ihre Aufregung ablegen, bevor Sie mit der restlichen Gruppe weiterarbeiten.

(Zwischen-)Ergebnisprüfung sowie Ergebnisformulierung

Die letzten beiden Phasen fassen wir hier zusammen, da sie nahtlos ineinander übergehen. Das Besprochene soll im Meeting und auch danach nicht verloren gehen. Fassen Sie deshalb das Besprochene oder Beschlossene spätestens nach jedem Sitzungspunkt zusammen. Vergewissern Sie sich, dass es auch so vom Protokollanten festgehalten worden ist. Falls Sie sich gegen einen Protokollanten entschieden haben, sollten Sie das Ergebnis für alle Teilnehmer sichtbar dokumentieren. Das Flipchart bietet sich hierfür an. Achten Sie darauf, dass das Dokumentieren nicht lange dauert. Es ist äußerst unangenehm für die Gruppe, wenn sie lange und schweigsam auf Sie warten muss und das kann nicht in Ihrem Interesse als Führungskraft sein.

Bedanken Sie sich am Ende bei allen Teilnehmern für die Zusammenarbeit und verabschieden Sie diese.

8.5 Spezialfall Indoor- und Outdoorübung

Indoor- und Outdoorübungen kennen Sie aus Teambuilding-Maßnahmen oder Kommunikationsseminaren. Vielleicht fragen Sie sich, was das mit einem Assessment-Center zu tun hat. Nun, nicht ohne Grund finden Sie in den obigen Seminaren Einzug. Sie können den Umgang innerhalb der Gruppen und verschiedene Kommunikationsverhalten offenlegen – genau das, was auch in einem Assessment-Center beobachtet werden soll. Die Gefahr von diesen Übungen liegt in ihrem spielerischen Charakter, da wir sie aus entspannter Seminaratmosphäre kennen. Bei einigen Teilnehmern fehlt dadurch jeglicher Ernst, wenn sie beispielsweise einen Turm aus Papier in der Gruppe bauen sollen. Halten Sie sich immer vor Augen, dass diese Übung identisch mit den anderen Übungen gewichtet wird und ebenso über Ihr Bestehen oder Scheitern mitentscheidet. Ganz gleich, ob Sie diese Übung sinnvoll finden oder nicht.

In den meisten Fällen handelt es sich bei diesem Format um eine kooperative Gruppenübung ohne vorgegebene Rollen und ohne inhaltliche Positionen. Sie können daher alle generellen Tools und Strukturen, die wir bisher gelernt haben, eins zu eins anwenden. Mit einer Ausnahme: Die Ergebnisformulierungsphase wird zur Ergebnisumsetzungsphase und nimmt deutlich mehr Zeit ein. Hier können Sie zeigen, dass Sie nicht nur reden können, sondern auch Dinge praktisch umsetzen. Wenn Sie dabei noch den Gruppenprozess geschickt steuern, haben Sie gute Aussichten auf Erfolg.

8.6 Spezialfall Kochevent

Sicherlich fragen Sie sich, was Kochen mit Ihrer Qualifikation als Führungskraft zu tun hat. Schließlich bewerben Sie sich nicht als Küchenchef. Sicherlich lässt es sich auf eignungsdiagnostischer Ebene ausgiebig diskutieren, ob dies sinnvoll ist oder nicht. Aber für Sie spielt das keine Rolle. Wenn Sie ein Kochevent im Rahmen Ihres Assessment-Centers bestreiten, dann hat dies vermutlich den gleichen Stellenwert wie Ihr Interview oder Ihr simuliertes Mitarbeitergespräch und entscheidet darüber mit, ob Sie bestehen oder ohne Job nach Hause gehen.

Das Wichtigste vorweg: Es geht nicht um Ihre Kochkünste oder feinen Geschmacksknospen. Für diesen Teil stehen Ihnen professionelle Köche zur Seite, die in der Regel auch schon Ihren Kochplatz eingerichtet haben und für Sie einkaufen waren. Die Assessoren beurteilen viel eher, wie Sie mit den anderen Teammitgliedern zusammenarbeiten, wie Sie in der Gruppe kommunizieren und sich durchsetzen oder wie Sie den Kochprozess einhalten und Ihre Ergebnisse erreichen.

Mit zwei bis acht anderen Kandidaten kochen Sie in der Regel zusammen. Dazu stehen Ihnen für die Organisation und die Zubereitung der Gerichte zwischen zwei und vier Stunden zur Verfügung. Im Anschluss können Sie nicht selten Ihre eigenen Gerichte essen, weshalb diese Übung häufig vor dem Mittagessen oder Abendessen stattfindet. Beim Essen können Ihre Tischmanieren ebenfalls unter Beobachtung stehen, weshalb Sie Ihre professionelle Haltung für das Assessment-Center erst dann ablegen, wenn Sie wieder zu Hause oder in Ihrem Hotelzimmer sind. Eine individuelle Vorbereitungsphase entfällt in der Regel bei diesem Übungstypus und Sie starten direkt mit den anderen Teilnehmern in die Übung.

Die funktionale Grundstruktur einer Gruppenübung findet hier gleichermaßen Anwendung. Um diese mit hilfreichen Tipps und Tricks zu untermauern, haben wir mit dem Eventkoch und Küchenchef der TEAMWELT im Südschwarzwald, Swen Golling, gesprochen. Er hat uns die verschiedenen Fallstricke eines Kochevents für Sie verraten. Diese Tipps und Tricks werden wir anhand eines vereinfachten Beispiels in die entsprechenden Phasen der funktionalen Grundstruktur einpflegen.

Beispiel: Zubereitung eines schmackhaften Drei-Gänge-Menüs
Ihre Aufgabe besteht in der Zubereitung eines schmackhaften Drei-Gänge-Menüs. Achten Sie dabei auf einen minimalen Ressourceneinsatz. Ihre Gruppe besteht aus drei Teilnehmern.

Die benötigten Kochutensilien finden Sie an Ihrem Kochplatz, an dem Ihnen auch ein Koch für fachliche und technische Fragen zur Verfügung steht. Lebensmittel können Sie an einem Marktstand im Raum einkaufen. Ihnen steht dazu ein maximales Budget von 50 Euro zur Verfügung.

Ihr Drei-Gänge-Menü besteht aus:

__Vorspeise__ (zwanzig Minuten Zubereitungszeit): Norwegischer Räucherlachs auf Kartoffelpuffer und Salatbouquet

__Hauptspeise__ (vierzig Minuten Zubereitungszeit): Pochierte Hühnerbrust auf Gemüse mit Basmatireis und Currysoße

Nachspeise (zehn Minuten Zubereitungszeit): Weinschaumcreme mit warmen Früchten

Rezepte zu den einzelnen Gerichten finden Sie auf Ihrem Kochplatz.

Neben dem Ressourcen-Einsatz und dem Geschmack wird auch auf das ansprechende und kreative Anrichten der Speisen geachtet. Sie kochen jeweils für sechs Personen.

Bevor Sie mit der Zubereitung beginnen, haben Sie fünfzehn Minuten, um sich im Team zu besprechen.

Zielklärung und Orientierung

Aufgaben und Ziele gibt es bei einem Kochevent gleichermaßen, wie es sie auch bei jeder anderen Gruppenübung gibt. In unserem Beispiel sollen Sie ein schmackhaftes Essen zubereiten und dabei so wenige Ressourcen wie möglich verbrauchen. Das heißt, Sie arbeiten nach dem ökonomischen Minimalprinzip: ein schmackhaftes Essen mit möglichst geringen Mitteln. Also sollten Sie am Ende der Übung möglichst viel Budget übrig haben.

Nachdem Sie sich auf Ihre Aufgabe und Ihr Ziel geeinigt haben, besprechen Sie als Nächstes, wer für welche Aufgaben zuständig ist. In unserem Beispiel braucht es

- einen Budgetverantwortlichen, der die Kosten im Blick behält und die Lebensmittel einkauft,
- einen Ablaufkoordinator, der die einzelnen Kochschritte überwacht und auf die Zeit achtet,
- einen Kreativen, der sich um das Anrichten der Speisen kümmert und
- Köche, die das Essen zubereiten, wobei diese Rolle von allen besetzt werden soll.

Bei diesen Rollen gelten die gleichen Ratschläge wie auch bei der Moderatorenrolle. Wenn Sie sich eine Rolle zutrauen und glauben, dass Sie in dieser Rolle überzeugen können, dann setzen Sie sich vehement mit allen Tricks für diese Rolle ein. Andernfalls versuchen Sie, die Rolle abzulehnen. Treten Sie hartnäckig für Ihre Position ein. Kochevents dauern verhältnismäßig lange und Sie werden es enorm schwer haben, lange Zeit eine Rolle auszufüllen, in der Sie sich unwohl fühlen, besonders, wenn Ihnen das Kochen an sich schon schwerfällt.

Nachdem Sie die Rollen besprochen haben, können Sie Ihr weiteres Vorgehen planen. Unser Eventkoch hat uns verraten, dass eine gute Vorbereitung das A und O sei, was erfolgreiche von unfruchtbaren Gruppen unterscheidet. Bei der Planung ist große Achtsamkeit gefragt. Beim Kochen müssen viele Arbeitsschritte parallel erledigt werden. Am besten beginnen Sie Ihre Planung am Ende des Prozesses – mit dem Anrichten des Essens. Arbeiten Sie sich dann chronologisch rückwärts durch die Gerichte. Planen Sie dabei besonders für das Anrichten des Essens Pufferzeiten ein. Wenn Sie nicht regelmäßig kochen, wird es Ihnen enorm schwerfallen, Zeiten richtig einzuschätzen. Unserem Experten zufolge wird besonders häufig der Zeitaufwand für die Vorbereitung der Lebensmittel unterschätzt. Vermutlich fehlt Ihnen die Erfahrung, wie lange Sie zum Schälen von fünf Karotten oder acht Kartoffeln benötigen. Lösen Sie dieses Dilemma mit der Mittelwert-Methode, bei der jedes Gruppenmitglied einen Zeitwert schätzt und die Gruppe anschließend den Mittelwert aus allen Schätzungen für die Planung verwendet. Seien Sie sich gewiss, dass Sie die Planung während des Kochens kontinuierlich anpassen müssen und der Ablaufkoordinator hier voll gefordert ist.

Kochprofis berücksichtigen, dass Kochphasen ineinander übergehen. Sie können nicht stupide ein Rezept nach dem anderen kochen. Dazu wird Ihnen bei einem Kochevent im Auswahlprozess schlicht die Zeit fehlen. Kombinieren Sie geschickt verschiedene Arbeitsprozesse. Beispielsweise brauchen Sie bei unserem Rezept sowohl bei der Vorspeise als auch beim

Hauptgang Karotten, die zusammen vorbereitet werden können. Ebenso ist in unserem Beispiel die Zubereitungszeit des Desserts sehr knapp bemessen, weshalb Sie dieses schon während des Hauptgangs vorbereiten müssen. Dies könnten Sie in unserem Beispiel während des Garens der Hühnerbrust und des Gemüses tun. Diese dauert circa fünfundzwanzig Minuten, wobei in dieser Zeit auch der Reis zwanzig Minuten kocht. Sie haben dadurch Zeit, sich neben der Currysoße schon um das Dessert zu kümmern.

Die Kochutensilien sollten Sie bei diesem Schritt ebenfalls mitberücksichtigen. Es kann gut sein, dass Sie bei einem Schritt vier Herdplatten benötigen, aber nur zwei zur Verfügung haben. Hier gilt es zu planen, welche Speisen gut warm gehalten werden können und welche wirklich frisch zubereitet sein müssen.

Informationsgewinnung und -austausch

Die Rezepte für Ihr Kochevent werden vermutlich recht schwammig formuliert sein und viel Handlungsfreiraum lassen. Damit soll bezweckt werden, dass Sie vermehrt im Team kommunizieren und weitere Probleme lösen müssen. Klären Sie zuerst alle Begrifflichkeiten, sofern Sie das noch nicht getan haben. Nicht jeder weiß, was ein Bouquet ist oder wie man etwas pochiert.

Arbeiten Sie im Anschluss alle Zutaten aus den drei Rezepten heraus. Das ist manchmal gar nicht so einfach. Beispielsweise könnte bei unserem Salatbouquet absichtlich kein Rezept für das Dressing abgedruckt sein, wodurch Sie selbst ein kleines Rezept erstellen müssen. Bei einigen Gerichten werden auch keine Mengenangaben gemacht, beispielsweise bei unserem Hauptgericht für den Reis. Sie müssen also in der Gruppe abschätzen, wie viel Reis Sie pro Portion benötigen. Zusätzlich sind einige Schritte gar nicht in den Rezepten aufgeführt, beispielsweise die Vorbereitung der Dekoration.

Lösungsgenerierung

Jetzt wird gekocht. Doch bevor Sie die Kochplatten heiß werden lassen, sollten Sie erst alle Zutaten soweit wie möglich vorbereiten. Das heißt für Sie, dass zuerst gewaschen und geschnitten wird. Selbst wenn Sie beim Kochen zwei linke Hände haben, können Sie Ihr Team unterstützen, besonders, wenn Sie Budgetverantwortlicher oder Ablaufkoordinator sind. Andernfalls können Sie helfen, die Zutaten zu organisieren oder kleinere Aufgaben zu erledigen. Beispielsweise können Sie den Salat waschen, Tomaten schneiden und andere leichte Aufgaben erledigen. Trauen Sie sich gleichzeitig auch mal zu, etwas zu tun, was Sie vorher noch nicht getan haben, und springen Sie über Ihren Schatten. Ihre Beobachter können Sie nur positiv beurteilen, wenn Sie auch etwas tun. Arbeitsverweigerungen à la »Ich kann halt einfach nicht kochen« werden vermutlich nicht gut bei Ihren Assessoren ankommen. Wie gesagt, es geht nicht um Ihre Kochkünste, sondern um die restliche Arbeitsweise und darum, wie Sie mit für Sie ungewohnten Situationen umgehen. Die Beobachter möchten vielleicht gerade beobachten, wie sich eine zukünftige Führungskraft verhält, wenn sie mal nicht Experte ist oder auf der anderen Seite, wie eine Führungskraft jemanden anweist, der eine Aufgabe noch nie erledigt hat.

Damit das Team in dieser Phase gut harmoniert, muss jeder genau wissen, wer für was und wann verantwortlich ist. Swen Golling dazu: »Es kommt immer wieder vor, dass einzelne Schritte doppelt bearbeitet werden und gleichzeitig andere Aufgaben gar nicht erledigt werden. Wir Köche müssen an diesen Stellen immer wieder eingreifen, damit das Kochevent nicht ganz im Chaos versinkt.«

(Zwischen-)Ergebnisprüfung

Unser Chefkoch hat uns verraten, dass kontinuierliche Prozessüberwachung ein Erfolgsgeheimnis für Kochevents sei. Demnach sollte der Ablaufkoordinator alle zwei bis drei Minuten kurz zusammenfassen, wo das Team gerade steht und was als Nächstes zu tun ist. Das mag Ihnen vielleicht zu engmaschig und übertrieben vorkommen, doch so umgehen Sie, dass Sie etwas vergessen, was im Eifer des Gefechts schnell passieren kann. Bei-spielsweise wird häufig vergessen, dass der Reis noch im Wasser kocht. Der Reis köchelt zwanzig Minuten vor sich hin und wird in dieser Zeit nicht beachtet. Da wird er auch schnell ganz vergessen und Sie müssen total verkochten Reis servieren.

Ergebnisformulierung oder -darstellung

Jetzt heißt es: »Anrichten bitte!« Planen Sie für diesen Prozessschritt ge-nügend Zeit ein, so haben Sie noch etwas Zeitpuffer, falls etwas schief gehen sollte. In unserem Beispiel sollten Sie dabei auf eine ansprechende Präsentation achten. Hierfür haben Sie im Vorfeld Gemüse schön zuge-schnitten oder etwas anderes, was dem kreativen Part in der Gruppe ein-gefallen ist. Guten Appetit!

Dos and Don'ts in Gruppenübungen

Kandidaten verhalten sich zu einseitig und unflexibel in ihrem Handlungsrepertoire.	Zeigen Sie verschiedene Facetten von sich, beispielsweise mal kompromissbereit und mal durchsetzungsstark.
Teilnehmer reißen die Moderationsrolle an sich, obwohl sie nicht moderieren können.	Moderieren Sie lieber aus dem Hintergrund, wenn Sie in der Gesprächsleitung nicht geübt sind.
Die Gruppe beginnt mit der Bearbeitung, ohne den Rahmen und das Ziel geklärt zu haben.	Klären Sie erst das Ziel und das Vorgehen in der Gruppe, damit Sie ergebnisorientiert arbeiten können.
Teilnehmer halten zu starr an ihrem eigenen Vorgehensplan fest.	Berücksichtigen Sie die Interessen der anderen Mitglieder und seien Sie flexibel in der Prozessgestaltung.
Bewerber reden zu viel oder zu wenig in der Gruppenübung.	Beteiligen Sie sich quantitativ durchschnittlich, dafür qualitativ hochwertig.
Kandidaten arbeiten mit Meinungen und nicht mit Argumenten.	Untermauern Sie Ihre Aussagen mit mindestens einem Argument.
Störungen durch Quertreiber werden in der Gruppe ignoriert.	Störungen haben Vorrang. Achten Sie auf die Arbeitsfähigkeit der Gruppe.

9.
Postkorbübungen:
Planungstalente und Multitasker

In diesem Kapitel

• lernen Sie verschiedene Arten von Postkorbübungen kennen,

• erfahren Sie, warum Postkorbübungen durchgeführt werden und was Unternehmen hierbei über Sie als Teilnehmer erfahren möchten und

• lernen Sie generelle Strategien kennen, die Ihnen helfen, jeden Postkorb besser zu lösen.

»Wenn man guten Gebrauch von seiner Zeit machen will, muss man wissen, was am wichtigsten ist.«

Lee Iacocca (* 1924), amerikanischer Topmanager

Der Name dieser Übung leitet sich von einem Posteingangskorb ab, in dem viele verschiedene Informationen, Aufgaben und Anfragen unsortiert enthalten sind. Ihre Aufgabe besteht im Assessment-Center darin, diesen Postkorb in begrenzter Zeit abzuarbeiten.

Die Zeit für die Bearbeitung dieser Aufgabe ist fast immer so knapp bemessen, dass Sie nicht alle Aufgaben ausführlich durchlesen und bearbeiten können. Dadurch werden Sie immer unter maximalem Zeitdruck arbeiten. Gleichzeitig haben Sie durch eine strategische und strukturierte Vorgehensweise beste Chancen, diesem Stress standzuhalten und diese Übung souverän zu meistern.

9.1 Das sollten Sie über Postkorbübungen wissen

Eine Postkorbübung erkennen Sie an der großen Anzahl an Aufgaben, die in kürzester Zeit abgearbeitet werden sollen. Sie können damit rechnen, dass Sie bei diesem Übungstypus sehr viele Schriftstücke erhalten und nicht mehr als etwa zwei bis vier Arbeitsminuten pro Schriftstück zur Bearbeitung zur Verfügung haben. Weiterhin haben Sie in der Regel keine Vorbereitungszeit und sind von der ersten Minute an voll gefordert.

Die wichtigsten Postkorbübungen

Bei diesem Übungstypus verfolgt jedes Unternehmen unterschiedliche Ziele, weshalb die individuelle Ausgestaltung Ihrer Postkorbübung in Ihrem Assessment-Center sehr facettenreich sein kann. Die häufigsten Aufgaben, die Sie bei dieser Übung ableisten müssen, sind:

- eine Terminplanung erstellen,
- verschiedene Aufgaben an unterschiedliche Personen delegieren,
- Vorgänge priorisieren,
- knappe Ressourcen aufteilen,
- diverse Aufgaben effizient bearbeiten,
- Entscheidungen treffen und
- Wegstrecken berechnen.

Durch die unterschiedlichen Aufgabenstellungen kann es gut sein, dass Sie die Übung unter einem anderen Namen in Ihrem Assessment-Center wiederfinden, wie beispielsweise Ressourcenplanung oder Zeitmanagement-Übung. Doch wenn Sie viele Schriftstücke in kurzer Zeit bearbeiten müssen, dann wissen Sie, dass Sie de facto einen Postkorb zu absolvieren haben und Ihnen die Methoden aus diesem Kapitel weiterhelfen.

Was wollen Unternehmen erfahren?

Unternehmen möchten in der Regel einen Eindruck davon gewinnen, wie Sie unter Zeitdruck arbeiten. Je nach Branche und zu besetzender Position unterscheiden sich die genauen Beurteilungsdimensionen jedoch voneinander. Doch grundsätzlich geht es um Fragen wie »Können Sie Anforderungen schnell erfassen?«, »Wie priorisieren Sie Aufgaben?«, »Lassen Sie sich durch Zeitdruck ablenken?«, »Was ist Ihnen bei der Delegation von Aufgaben wichtig?« oder »Anhand welcher Kriterien treffen Sie Ihre Entscheidungen?«

Die Beurteilungsdimensionen einer Postkorbübung sind im Verhältnis zu anderen Übungstypen recht homogen. Grundsätzlich geht es um Ihre Prioritätensetzung, Ihr Organisationsgeschick und Ihre Multitaskingfähigkeit. Je nach individueller Aufgabenstellung werden diese unter anderem durch folgende Beobachtungsdimensionen ergänzt oder ersetzt:

- Arbeitsorganisation
- Analysefähigkeit
- Auffassungsgabe
- Belastbarkeit
- Delegationsfähigkeit
- Einfühlungsvermögen/Empathie
- Entscheidungsorientierung
- Entscheidungsfreude
- Erkennen von Zusammenhängen
- Fachliches Wissen
- Flexibilität
- Handlungsorientierung

- Informationspolitik
- Kooperationsfähigkeit
- Lesegeschwindigkeit
- Prioritätenbildung
- Selbstdisziplin
- Selbstwertgefühl
- Soziale Kompetenz
- Textverständnis
- Überzeugungskraft
- Unternehmerisches Denken
- Zielorientierung

Aufbau und Ablauf von Postkorbübungen

In der Regel bearbeiten Sie Ihren Postkorb alleine in einem Raum. Das heißt, es beobachten Sie auch keine Assessoren. Dabei stehen Ihnen für die Durchführung meist zwischen dreißig und hundertzwanzig Minuten zur Verfügung, in denen Sie in der Regel zwischen fünfzehn bis fünfzig Schriftstücke bearbeiten müssen.

Achtung: In einigen Fällen erhalten Sie während der Bearbeitung weitere Aufgaben, sodass Sie beispielsweise mit fünfzehn Aufgaben beginnen und Ihnen nach dreißig Minuten unangekündigt fünf neue Aufgaben übergeben werden.

Planen Sie bei der Durchführung etwas Pufferzeit für unerwartete Zusatzaufgaben ein.

In besonders modernen Assessment-Centern werden die Postkörbe digital bearbeitet. So bekommen Sie keine ausgedruckten Schriftstücke, sondern bearbeiten beispielsweise einen E-Mail-Eingang in Outlook. Häufig wird dabei eine möglichst realistische Bürosituation simuliert und Sie erhalten bei der Bearbeitung beispielsweise zusätzliche E-Mails und Erinnerungen. In einigen Fällen haben wir es auch schon erlebt, dass ein bereitstehendes Telefon klingelt oder eine fiktive Sekretärin den Raum mit einem Anliegen betritt.

Die Methodik, wie Sie die Bearbeitung Ihrer Postkorbübung dokumentieren sollen, unterscheidet sich zwischen den einzelnen Assessment-Centern. Möglich ist, dass Sie

- Ihre Ergebnisse schriftlich frei formulieren,
- Ihre Gedanken in einem vorgefertigten Fragebogen festhalten,
- einen Terminkalender, eine Ressourcenplanung, eine Fahrtroute oder Ähnliches erstellen oder
- Ihre Ergebnisse im Anschluss präsentieren.

Je nach vom Unternehmen gewählter Methodik bekommen Sie unterschiedliche Materialien für Ihre Ergebnisauswertung. In der Regel sind diese intuitiv anwendbar und benötigen keine besondere Erklärung.

9.2 Funktionale Grundstruktur

Fassen wir zusammen: Die Aufgabenstellungen und Themenschwerpunkte variieren zwischen unterschiedlichen Postkorbübungen stark. So müssen Sie beispielsweise in einem Unternehmen eine Routenplanung für einen Vertriebsmitarbeiter erstellen, während Sie in einem anderen Assessment-Center Ihre Schriftstücke lediglich nach Wichtigkeit und Dringlichkeit priorisieren oder in einem dritten Auswahlverfahren Ihre Terminplanung für die nächsten Wochen überarbeiten.

Egal wie verschieden diese Aufgabenstellungen auch sind, Sie können sich immer an einer einfachen Grundstruktur orientieren, die aus vier Phasen besteht:

1. Überblick verschaffen,
2. Hilfsmittel erstellen,
3. Material auswerten und
4. Ergebnisse festhalten.

Jedes Mal, wenn Sie neue Informationen von den Assessoren bekommen, beginnt dieses Schema von vorne, wobei die einzelnen Schritte meist deutlich schneller bearbeitet oder sogar teilweise übersprungen werden können.

Die letzten beiden Phasen werden dabei häufig im Wechsel absolviert. Beispielsweise ist es in vielen Fällen sinnvoll, dass Sie direkt nach der Auswertung eines Schriftstücks eine entsprechende Maßnahme ableiten und erst danach eine weitere Aufgabe inhaltlich auswerten.

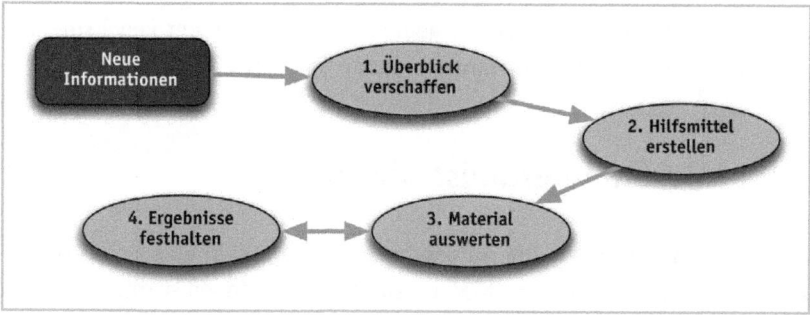

Abbildung 9: Ablaufschema

Überblick verschaffen

Zu Beginn eines jeden Postkorbs und jedes Mal, wenn Ihnen neue Informationen zugehen, sollten Sie sich zuerst einen Überblick über die verschiedenen Materialien verschaffen. Einige Kandidaten begehen an dieser Stelle den Fehler und verfallen in Aktionismus und beginnen, die Aufgaben chronologisch abzuarbeiten. Doch häufig finden sich unter den letzten Schriftstücken in Ihrer Sammlung Informationen, die die ganze Aufgabe beeinflussen. Beispielsweise ist es möglich, dass sich ein Mitarbeiter krankgemeldet hat, an den Sie sonst Aufgaben delegiert hätten oder dass Ressourcen spontan nicht mehr verfügbar sind, die Sie andernfalls eingeplant hätten.

Wer diese Informationen nicht von Beginn an berücksichtigt, muss nach der Entdeckung große Teile seiner bisherigen Arbeit erneut erledigen. In der beruflichen Praxis ist das ärgerlich, im Assessment-Center unmöglich, da Sie die dafür benötigte Zeit nicht haben.

Aus diesem Grund sollten Sie am Anfang der Bearbeitung Informationen kurz überfliegen. Dabei haben Sie nicht die Zeit, diese vollständig zu lesen. Orientieren Sie sich an den Absendern der Nachricht, den Überschriften oder Betreffzeilen und lesen Sie nur kurze Auszüge aus dem Schriftstück. Wir empfehlen Ihnen, direkt danach zu entscheiden, ob das Schriftstück relevant ist oder nicht. Verlassen Sie sich dabei auf Ihr Bauchgefühl. Für eine ausführliche Analyse wird Ihnen schlicht die Zeit in einem Assessment-Center fehlen.

Bilden Sie dabei drei Stapel:
• einen für wichtige Schriftstücke,
• einen für unwichtige Informationen und
• einen für Informationen, bei denen Sie sich unsicher sind.

Der letzte Stapel sollte jedoch der mit Abstand kleinste Stapel sein. Im Idealfall benötigen Sie diesen überhaupt nicht und arbeiten mit nur zwei Stapeln.

Dabei können Sie die unwichtigen Schriftstücke direkt zur Seite legen und erst wieder beachten, wenn Sie alle anderen Aufgaben abgeschlossen haben. In der Regel werden Sie dazu in einem Assessment-Center nicht mehr kommen.

Hilfsmittel erstellen

In vielen Assessment-Centern erhalten Sie bereits mit der Aufgabenstellung unterschiedliche Hilfsmittel zur Bearbeitung der Aufgabenstellung. Wenn dies bei Ihnen nicht der Fall ist, sollten Sie sich selbst schnell Hilfestellungen anfertigen. Die wichtigsten sind:

• Vorgangstabelle,
• Strukturdiagramm und
• Wegstrecke oder Kalender.

Vorgangstabelle

Für eine strukturierte Bearbeitung der Aufgabenstellung ist eine Vorgangstabelle in vielen Fällen eine enorme Erleichterung. Dazu zeichnen Sie sich eine einfache Tabelle, die mindestens folgende Spalten enthält:

• Nummer des Schriftstücks,
• kurze Bezeichnung des Schriftstücks,
• Priorität des Schriftstücks und
• Verbindung zu anderen Schriftstücken.

Nummerieren Sie Ihre Schriftstücke, das erleichtert Ihnen die Bearbeitung der Aufgabe in der Regel enorm. Dadurch haben Sie stets einen besseren Überblick und sparen Zeit, wenn Sie bei der Ergebnisformulierung lediglich auf eine Nummer verweisen müssen und nicht Aufgaben langwierig umschreiben müssen. Nummerieren Sie gleichzeitig nur die Schriftstücke, die Sie als wichtig eingestuft haben. Alle anderen Schriftstücke sollten Sie zunächst ignorieren.

Damit Sie die Nummer direkt einem Schriftstück zuordnen können, empfehlen wir Ihnen, in einer zweiten Spalte die Schriftstücke mit einer kurzen Beschreibung in der Tabelle zu ergänzen. Versuchen Sie, sich dabei so kurz wie möglich zu fassen, aber so lang, dass Sie das Schriftstück gerade noch zuordnen können. Beispielsweise können Sie ein Beschwerdeschreiben von Greenpeace, in dem sie Ihre Produktionsweise kritisieren und mit einer Klage sowie einer Pressemitteilung drohen, einfach mit der Bezeichnung »Greenp.« abkürzen.

Ihre als wichtig eingestuften Schriftstücke sollten Sie nochmals priorisieren. Vergeben Sie dazu Werte, beispielsweise von eins bis fünf. Achten Sie darauf, dass Sie sich dabei nicht von der Dringlichkeit eines Schriftstücks leiten lassen. Häufig erscheinen Schriftstücke als sehr wichtig, da durch eine kurze Zeitspanne scheinbar Druck aufgebaut wird. Beispielsweise kann ein Vertreter einer anderen Firma einen Termin in den nächsten zwei Tagen von Ihnen verlangen. Wenn der Vertreter für Sie jedoch nicht wichtig ist und dieser Ihnen nur etwas verkaufen möchte, sollten Sie dieses Schriftstück trotz der hohen Dringlichkeit niedrig priorisieren.

Halten Sie in einer vierten Tabellenspalte fest, ob bestimmte Schriftstücke sich direkt beeinflussen, beispielsweise Krankmeldungen und humane Ressourcen oder Entscheidungen, die einen Einfluss auf andere Aufgaben haben. Vermerken Sie sich diese mit der Nummer des Schriftstücks in Ihrer Tabelle.

Je nach Aufgabenstellung sollten Sie Ihre Tabelle noch durch weitere Spalten ergänzen: Beispielsweise um Wegstrecken, Maßnahmenableitungen, geschätzten Zeitkontingenten oder Ähnlichem.

Verwenden Sie Ihr Blatt im Querformat. In der Regel benötigen Sie für die vielen Spalten viel Platz.

Nr.	Bezeichnung	Priorität	Verbindung	Strecke Zeitbedarf Delegation an	Maßnahme Betrifft es mich?

Strukturdiagramm

Sobald viele Stakeholder in Ihrer Aufgabe vorkommen, kann es hilfreich sein, sich die Beziehungen kurz aufzuzeichnen. So haben Sie immer einen Überblick zur Hand. Achten Sie darauf, dass Sie nicht viel Zeit für die Erstellung verwenden und die Aufgabe auch parallel zur Materialauswertung erfolgen kann.

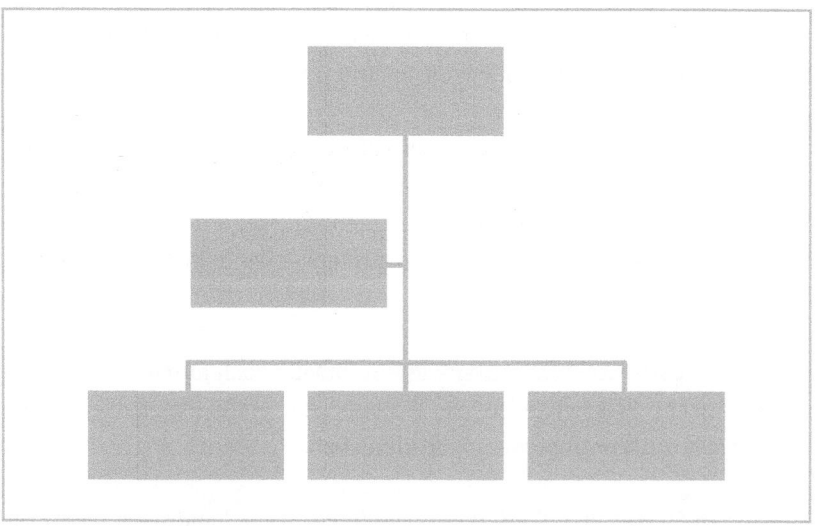

Abbildung 10: Strukturdiagramm

Wegstrecke oder Kalender

Wenn Sie mit vielen Entfernungen oder Terminen arbeiten müssen, empfiehlt es sich, wenn Sie sich dazu eine geeignete Hilfestellung kurz skizzieren. Den meisten Menschen hilft eine visuelle Unterstützung, die eigenen Gedanken zu strukturieren. Gleichzeitig können Sie sich darauf Notizen als Erinnerungen vermerken, wodurch Sie im Verlauf der Übung weniger durch Ihre Schriftstücke blättern müssen und so Zeit sparen.

Material auswerten

In dieser Phase sollten Sie die einzelnen Schriftstücke genau auswerten. Dazu bearbeiten Sie diese einzeln, beginnend mit dem am höchsten Priorisierten.

Dabei sollten Sie die Unternehmensinteressen berücksichtigen. Versetzten Sie sich in die Rolle, die Sie laut Aufgabenstellung innehaben. Vor allem, wenn Sie bisher noch nicht als Führungskraft tätig waren, sollten Sie die entsprechenden Rollenanforderungen bewusst verinnerlichen. Es wird einen großen Unterschied ausmachen, ob Sie aus der Sichtweise eines Mitarbeiters Entscheidungen fällen oder aus der einer Führungskraft. Von dieser wird erwartet, dass sie ganzheitlicher und unternehmerischer denkt.

In einigen Postkorbübungen erhalten Sie Schriftstücke, die private Themen beinhalten, beispielsweise eine Erinnerung an den Hochzeitstag, eine Einladung zum Vorspiel Ihres Kindes oder ein Pokerabend mit Freunden. Wir empfehlen Ihnen, in diesen Fällen die Schriftstücke so zu priorisieren, wie Sie es auch im realen Leben tun würden – vielleicht tendenziell etwas arbeitgeberfreundlicher. So werden Sie vermutlich einen Hochzeitstag nicht wegen einer eher unwichtigen Kundenbesprechung absagen, dafür den Pokerabend mit Freunden für ein sehr wichtiges Meeting überdenken. In vielen Postkorbübungen müssen Sie Aufgaben delegieren. Dazu können Sie gegebenenfalls Mitarbeiter oder Freunde erfinden, an die Sie einzelne Aufgaben delegieren. Diese sollten jedoch realistisch sein.

Grundsätzlich können Sie jede Aufgabe delegieren, ausgenommen Strategie-, Personal- oder Budgetentscheidungen beziehungsweise -aufgaben. Diese sollten Sie als Führungskraft selbst treffen beziehungsweise durchführen. So ist es beispielsweise in den meisten Firmen ein absolutes Tabu, wenn Sie ein Mitarbeitergespräch oder eine Verabschiedung eines langjährigen Mitarbeiters an einen Stellvertreter delegieren. Grundsätzlich gilt: Je wichtiger eine Aufgabe ist, desto eher sollten Sie sie selbst erledigen.

Ergebnisse festhalten

Versuchen Sie, wenn Sie Ihre Ergebnisse festhalten, Ihre Gedankengänge zu dokumentieren. Für viele Postkorbübungen gibt es keine Musterlösung, die Sie erreichen müssen, sondern es kommt viel eher auf den Prozess Ihrer Entscheidungsfindung und Ihre spätere Argumentation an. Kriterien für Ihre Entscheidungsfindung können Sie in der Regel Ihrer Aufgabenstellung entnehmen, in der ebenfalls genau beschrieben sein wird, wie Sie die Ergebnisse festzuhalten haben.

9.3 Praxisaufgabe

Die folgenden Seiten stellen Ihnen eine stark verkürzte Postkorbübung vor. Eine vollständige Postkorbübung finden Sie auf der beigefügten CD-ROM zum Ausdrucken. Wie empfehlen Ihnen, sich die Übung auszudrucken und in der vorgegebenen Zeit von dreißig Minuten zu bearbeiten. Für einen optimalen Übungseffekt ist es empfehlenswert, die spätere Situation im Assessment-Center möglichst realistisch abzubilden. Arbeiten Sie daher nur mit den angegebenen Arbeitsmaterialien und nehmen Sie zur Lösung das Buch nicht mehr zur Hilfe. So erfahren Sie, wo bei Ihnen eventuelle Schwachpunkte liegen und können gezielt daran arbeiten.

Gekürzte Beispielaufgabe von der CD-ROM:

Sie sind seit einer Woche Teamleiter im Qualitätsmanagement in einem internationalen Unternehmen der Nahrungsmittelindustrie. Davor haben Sie bei einem Mitbewerber gearbeitet.

Heute ist Freitag, der 8. April und Sie haben nun dreißig Minuten Zeit, die nächste Arbeitswoche zu planen und Ihre E-Mails zu beantworten. Direkt im Anschluss müssen Sie in ein Meeting. An diesem Wochenende haben Sie den zehnten Hochzeitstag mit Ihrer Frau, weshalb Sie heute Abend direkt nach dem Meeting verreisen und erst am Montag wieder Zugang ins Firmennetz haben.

Aufgabenstellung
Planen Sie Ihre nächste Arbeitswoche. Tragen Sie dazu alle Termine in das beiliegende Kalenderblatt (Anhang 1) ein und verschieben Sie gegebenenfalls bestehende Termine. Tragen Sie zusätzlich in die Bearbeitungstabelle (Anhang 2) stichwortartig ein, was Sie inhaltlich auf die E-Mails antworten würden und beschreiben Sie stichwortartig Ihre Überlegungen.

Mit der Anrede Frau/Herr XXX sind immer Sie gemeint.

Von: Dr. med. dent. Siegfried Varwig

An: XXX

Betreff: Ihr Engagement gegen Umweltverpestung

Liebe/r Frau/Herr XXX,

wie wir bereits schon Ihrem Vorgänger Herrn Vogel mitgeteilt haben, findet am 12. April um 16:00 Uhr die öffentliche Diskussionsrunde zum geplanten Biogaskraftwerk im Gemeindehaus statt.

Noch können wir diese Dreckschleuder gemeinsam verhindern. Wir freuen uns, wenn Sie uns stellvertretend für Ihr Unternehmen bei unserem Kampf unterstützen.

Ich zähle auf Ihr Kommen!

Mit freundlichen Grüßen,

Siegfried Varwig

Von: Adam Apple, Abteilungsleiter Qualitätsmanagement

An: XXX

Betreff: Terminverschiebung

Sehr geehrte/r Frau/Herr XXX,

können wir bitte unseren Termin zum Lunch von Mittwoch auf Donnerstag verschieben?

Beste Grüße

Adam Apple

Schriftstück Nr. 3

Von: Paul Pfeifer, Personalentwicklung
An: XXX
Betreff: Einführung Prozessprogramm

Guten Tag Frau/Herr XXX,

ich konnte nun mit Herrn Maier bezüglich der Einführung in das Prozessdarstellungsprogramm Rücksprache halten. Er kann Ihnen die Programmeinführung am kommenden Donnerstag um 13:00 Uhr in seinem Büro A318 geben. Er hat zwei Stunden Zeit für Sie reserviert.

Das ist der einzige freie Termin bis zum 28.04., da er ab übernächster Woche für 14 Tage im Urlaub ist.

Sie sagten ja, dass dies sehr wichtig für Sie ist.

Darf ich den Termin Herrn Maier bestätigen?

Beste Grüße
Paul Pfeifer

Schriftstück Nr. 4

Von: Gunar Grün, Greenpeace Germany
An: XXX
Betreff: Stellungsnahme genmanipulierter Reis

Sehr geehrte/r Frau/Herr XXX,

Sie wurden uns von Frau Fischer als Ansprechpartner für das Qualitätsmanagement bei Maisprodukten genannt.

Aus zuverlässigen Quellen haben wir erfahren, dass Sie durch den Anbau von genmanipuliertem Mais gegen geltendes deutsches Recht beim Anbau verstoßen. Wir bieten Ihnen am kommenden Montag um 09:00 Uhr die Möglichkeit, telefonisch zu den Vorwürfen Stellung zu beziehen. Andernfalls werden wir uns direkt an die Öffentlichkeit wenden.

Hochachtungsvoll
Gunar Grün

Kalenderblatt KW 16 (11. bis 15. April)

	Montag 11.04.	Dienstag 12.04.	Mittwoch 13.04.	Donnerstag 14.04.	Freitag 15.04.
06:00					
07:00					
08:00					
09:00	Datenschutz-schulung Alpha-Raum				
10:00		Team-besprechung Raum B112			
11:00					
12:00			Mittagessen, Adam Apple, Abteilungs-leiter QM, Restaurant Bill		
13:00					
14:00					
15:00					
16:00					
17:00				Friseur	
18:00					
19:00					

Bearbeitungstabelle

Schriftstück	Inhaltliche Antworten	Überlegungen
Nr. 1		
Nr. 2		
Nr. 3		
Nr. 4		

Dos and Don'ts bei Postkorbübungen

Bewerber beginnen sofort mit der Bearbeitung der einzelnen Aufgaben.	Verschaffen Sie sich zu Beginn zuerst einen Überblick über die verschiedenen Aufgabenstellungen.
Kandidaten bearbeiten die Aufgaben unstrukturiert.	Nutzen Sie die vorgestellten Techniken und gehen Sie systematisch bei der Bearbeitung vor.
Aspiranten delegieren Führungsaufgaben.	Erledigen Sie selbst alle Aufgaben, welche die Personalführung oder Budgetverantwortung betreffen.
Teilnehmer arbeiten ohne Unterstützungsmaterialien und verlieren den Überblick.	Achten Sie in regelmäßigen Abständen auf das große Ganze und nutzen Sie dazu Materialen, die dies erleichtern.
Kandidaten agieren aus ihrer aktuellen beruflichen Rolle heraus.	Versetzten Sie sich zu Beginn der Bearbeitung in die Rolle, die in der Aufgabenstellung beschrieben ist.
Bewerber verplanen zu Beginn ihre komplette Arbeitszeit.	Planen Sie sich stets etwas Pufferzeit ein. Häufig kommen weitere Aufgaben während der Bearbeitungszeit hinzu.
Teilnehmer halten getroffene Annahmen nicht fest.	Halten Sie alle relevanten Entscheidungen für die Ergebnispräsentation fest.

10.

Fallstudien: analytisches und strategisches Denken

In diesem Kapitel

- lernen Sie verschiedene Arten von Fallstudien kennen,

- erfahren Sie, warum Fallstudien durchgeführt werden und was Unternehmen hierbei über Sie als Teilnehmer erfahren möchten und

- lernen Sie Methoden, die Ihnen helfen, jede Fallstudie erfolgreich zu bearbeiten.

»Leben ist die Kunst, taugliche Schlussfolgerungen aus unzureichenden Prämissen zu ziehen.«

Samuel Butler (1835 bis 1902), britischer Gelehrter und Philologe

Bei einer Fallstudie bearbeiten Sie ein komplexes Problem in einer begrenzten Zeit. Dazu analysieren Sie eigenständig die Ausgangssituationen, treffen basierend auf dieser Analyse Entscheidungen und erarbeiten Lösungen für dieses Szenario.

Bei den meisten Fallstudien gibt es mehr als eine richtige Lösung. Dies hat, wie wir noch sehen werden, einen großen strategischen Vorteil für Sie.

In einem Auswahlprozess müssen Sie meist sehr umfassende Fallstudien unter hohem Zeitdruck bearbeiten. Sie werden dadurch kaum die Möglichkeit haben, alle Informationen und Hintergründe der Aufgabenstellung zu verstehen und müssen teilweise bei der Bearbeitung stark improvisieren. Dies erfordert von Ihnen eine strategische und strukturierte Vorgehensweise, wenn Sie diese Übung mit Bravour meistern möchten.

10.1 Das sollten Sie über Fallstudien wissen

Fallstudien können als Ein-, Zwei- oder Mehrpersonen-Übung konzipiert sein. Beispielsweise kann eine Fallstudie – oder auch Case Study genannt – in ein Interview eingebettet, als Gruppenübung durchgeführt oder als Einzelarbeit entworfen sein. Jeder dieser Übungstypen bedarf spezieller Tipps und Methoden. In diesem Kapitel fokussieren wir uns auf das Bearbeiten von Fallstudien in Einzelarbeit.

 Hinweise, um eine Fallstudie in einem Interview zu lösen, finden Sie im Interviewkapitel (ab Seite 91) – besonders im Abschnitt *Interviewfragen: worauf es ankommt* ab Seite 115 finden Sie hilfreiche Tipps und Tricks.

Gruppenfallstudien ähneln stark einer kooperativen Gruppendiskussion. Die Methoden und Strategien aus Kapitel 8 *Gruppenübungen: im direkten Vergleich überzeugen* ab Seite 263 werden Ihnen die Bearbeitung dieser Aufgabe erleichtern.

Die wichtigsten Fallstudien

Bei diesem Übungstypus verfolgt jedes Unternehmen unterschiedliche Ziele, weshalb die individuelle Ausgestaltung Ihrer Fallstudie in Ihrem Assessment-Center sehr facettenreich sein kann. Besonders häufig setzen Unternehmen folgende Aufgabenstellungen ein:

- die Erstellung von Konzepten in unterschiedlichen Bereichen,
- die Analyse von Standorten, Märkten, Produkten oder Ideen,
- die Auswertung von Daten, Statistiken oder Bilanzen mit anschließender Erarbeitung von Handlungsmaßnahmen,
- die Planung von Ressourceneinsparungen und
- die Optimierung von Prozessen.

Dabei ist es durchaus möglich, dass Sie eine Kombination von verschiedenen Aufgabenstellungen zu absolvieren haben. Etwa ist es denkbar, dass Sie für die Einführung eines neuen Produktes ein Marketing-Konzept erstellen müssen, wofür Sie Marktdaten und die Ergebnisse einer Fokusgruppe analysieren müssen.

Bei bereichs- oder stellenübergreifenden Assessment-Centern ist die Chance groß, dass die Themen der Fallstudie nur einen indirekten Bezug zum Unternehmen haben. So soll kein Kandidat durch stellenspezifisches Fachwissen einen Vorteil gegenüber seinen Mitbewerbern erlangen. Beispielsweise erstellten potenzielle Führungskräfte in der Automobilbranche einen Businessplan für einen Lieferservice.

Bei Assessment-Centern für eine spezielle Stelle ist es hingegen wahrscheinlich, dass Fach- und Branchenkenntnisse für die Bearbeitung der Fallstudie zwingend notwendig sind. Beispielsweise mussten Aspiranten für die Stelle als Social-Media-Teamleiter eine Facebook-Kampagne auf Grundlage realer Unternehmensdaten erstellen. Übrigens finden Sie die Fallstudie in Ihrem Assessment-Center unter verschiedenen Namen, etwa Prozessoptimierung, Planspiel oder Business Simulation.

Was wollen Unternehmen erfahren?

Unternehmen möchten einen Eindruck gewinnen, wie Sie Probleme erkennen und strategische Lösungen erarbeiten. Es geht also um Ihre kognitiven Kompetenzen und Fragen wie »Erkennen Sie elementare Probleme?«, »Wie stark sind Ihre analytischen und strategischen Fähigkeiten ausgeprägt?«, »Denken Sie unternehmerisch?«, »Arbeiten Sie ergebnisorientiert?«, »Erkennen Sie Zusammenhänge?« oder »Können Sie konzeptuell bei der Bearbeitung vorgehen?«

Die Beobachtungsdimensionen einer Fallstudie drehen sich grundsätzlich um die Problemanalyse und Lösungserarbeitung. Dabei stehen kognitive Prozesse wie analytisches, strategisches oder unternehmerisches Denken meist besonders im Fokus der Beobachter. Abhängig von der konkreten Aufgabenstellung werden diese unter anderem durch folgende Beobachtungsdimensionen ergänzt oder ersetzt:

- Analytisches Denkvermögen
- Auffassungsgabe
- Belastbarkeit
- Branchenwissen
- Ergebnisorientierung
- Entscheidungsmanagement
- Fachwissen
- Kreativität

- Konzentrationsfähigkeit
- Konzeptionelles Denken
- Organisationstalent
- Prioritätensetzung
- Problemlösekompetenz
- Strategisches Denken
- Unternehmerisches Denken
- Zeitmanagement

Aufbau und Ablauf von Fallstudien

Fallstudien bearbeiten Sie in der Regel alleine in einem gesonderten Raum und stehen dabei selten unter der Beobachtung von Assessoren. Das heißt, Ihre Ergebnisse sind meist ausschlaggebend für Ihre Beurteilung, während Ihre Arbeitsweise nicht bewertet wird.

Für die Durchführung stehen Ihnen meist zwischen dreißig und sechzig Minuten zur Verfügung, in Ausnahmefällen jedoch bis zu vier Stunden.

Klassischerweise bearbeiten Sie Ihre Fallstudie anhand von Ausdrucken. In besonders modernen Assessment-Centern werden Case Studies hingegen als Computersimulationen an einem PC durchgeführt. An den grundlegenden Methoden ändert sich dadurch für Sie nichts.

Die gewünschte Ergebnisaufbereitung variiert von Unternehmen zu Unternehmen. Möglich ist, dass Sie

• Ihre Ergebnisse schriftlich frei formulieren,
• Ihre Gedanken in einem vorgefertigten Fragebogen festhalten,
• oder Ihre Ergebnisse im Anschluss präsentieren.

Die häufigste Variante in Führungskräfte-Assessment-Centern ist die Ergebnispräsentation vor den Assessoren. Beachten Sie dafür zusätzlich die Tipps und Methoden aus Kapitel 6 *Präsentation: Prägnantes Infotainment statt Langeweile* ab Seite 153.

10.2 Funktionale Grundstruktur

Am Anfang des Buches schrieben wir, dass Sie fast alle Methoden im realen Berufsalltag eins zu eins umsetzen können. Das »fast« bezog sich auf die Fallstudienbearbeitung, da es hier zwei Strategien gibt, die Ihre Performance im Assessment-Center steigern, jedoch im Alltag auch schädlich sein können. Sie sollten diese daher nur während des Auswahlverfahrens einsetzen. Diese zwei Strategien werden auf den folgenden Seiten ausführlich erklärt und in eine funktionale Grundstruktur integriert. Sie lauten verkürzt:

- Treffen Sie Ihre finale Entscheidung in der ersten Hälfte der Bearbeitungszeit und
- planen Sie mindestens 25 Prozent der Bearbeitungszeit für die Ergebnisaufbereitung ein.

Die funktionale Grundstruktur bildet für die Bearbeitung von Fallstudien ein generelles Vorgehensgerüst, an dem Sie sich bei der Bearbeitung stets orientieren können. Dieses besteht aus den fünf folgenden Phasen:

1. Aufgaben- und Zielklärung
2. Dokumentensichtung und/oder Ideengenerierung
3. Entscheidungsfindung
4. Entscheidungsbegründung
5. Ergebnisaufbereitung

Aufgaben- und Zielklärung

Zu Beginn Ihrer Bearbeitungszeit sollten Sie sich bewusst zwei bis drei Minuten Zeit nehmen, um die Aufgabenstellung sowie die Zielsetzung zu reflektieren. Wir erleben in Assessment-Centern immer wieder, dass im Eifer des Gefechts von einzelnen Kandidaten an dem vorgegebenen Ziel vorbeigearbeitet wird. Leider merken diese Kandidaten den Fehler erst bei der Ergebnispräsentation vor den Assessoren, wenn es schon zu spät ist. Aus diesem Grund ist es auch möglich, dass eigentlich gute Kandidaten bei dieser Aufgabe scheitern.

 Hinweis: Hilfreiche Informationen zur Zielsetzung finden Sie in Kapitel 4.5 *Effektiv Ziele setzen* ab Seite 78.

Dokumentensichtung und/oder Ideengenerierung

Auch wenn Unternehmen eine Vielzahl an unterschiedlichen Fallstudien mit vielfältigen Zielsetzungen einsetzen, gibt es nur zwei Hauptaufgabentypen bei Fallstudien:

- Kreative Ideengenerierung
- Analytische Datenauswertung

Je nach konkreter Aufgabenstellung müssen Sie daher in der Anfangsphase entweder vorhandene Dokumente sichten und interpretieren oder neue Ideen generieren.

Dazu stellen wir Ihnen die unterschiedlichen Übungstypen vor und reichern diese mit hilfreichen Methoden an.

Kreative Ideengenerierung

Bei diesem Aufgabentypus haben Sie von den Assessoren keine Daten erhalten, die Sie auswerten können, und müssen auf Ihr Fach- und Branchenwissen zurückgreifen. Unternehmen achten bei diesen Aufgabenstellungen überwiegend auf Ihre kreativen und konzeptuellen Fähigkeiten.

Beispielaufgabe

Sie sind Leiter Marketing und sollen eine Social-Media-Kampagne für das Unternehmen erstellen. Dazu werden Ihnen keine Daten zur Verfügung gestellt.

Zur Ideenfindung können Sie neben dem klassischen Brainstorming auch unterschiedliche Kreativitätstechniken einsetzen, die Sie kennen. Eine Methode – die Mentoren-Technik – stellen wir Ihnen vor:

Überlegen Sie sich in einem ersten Schritt, welchen Experten Sie zur Lösung der Aufgabenstellung gerne als Mentor an Ihrer Seite hätten. Dies kann ein realer Mensch aus Ihrem Leben sein, ein Prominenter oder eine abstrakte Person wie etwa eine Märchenfigur. In einem zweiten Schritt fragen Sie sich, welchen Tipp oder Ratschlag Ihnen dieser Mentor geben würde. Bei unserer Beispielaufgabe könnten Sie sich etwa fragen: »Was wäre Steve Jobs bei der Social-Media-Kampagne für das Unternehmen besonders wichtig?«

Einige Teilnehmer, denen wir diese einfache Technik vorstellten, fanden diese anfangs albern und waren umso überraschter, als sie dadurch auf neue und bessere Gedanken kamen.

Analytische Datenauswertung

Bei dem Fallstudientyp müssen Sie eine Entscheidung auf der Grundlage von vorhandenen Zahlen, Daten und Fakten treffen. Dazu müssen Sie diese analysieren und auswerten.

Beispielaufgabe
Ihr Unternehmen möchte gerne in die Schweiz und nach Österreich expandieren. Ihre Aufgabe besteht in der begründeten Aussprache von Standortempfehlungen. Dazu werden Ihnen mehrere Seiten mit Datenmaterial für zehn verschiedene Standorte ausgehändigt.

In manchen Fallstudien erhalten Sie neben hilfreichen Daten zusätzlich unnötiges oder gar irreführendes Material. Unternehmen möchten Sie dadurch irritieren und zusätzliche Dimensionen wie beispielsweise Entscheidungs- oder Prioritätenmanagement testen.

Gerade bei großen Datenmengen werden Sie nicht in der Lage sein, alle Informationen genau zu studieren. Sie sollten sich daher zu Beginn der Bearbeitungszeit einen Überblick über die verschiedenen Materialien verschaffen. Überfliegen Sie dazu alle Dokumente und legen Sie direkt fest, ob ein Schriftstück relevant ist oder nicht. Beachten Sie dabei folgende Tipps:

- Achten Sie auf das Datum der Schriftstücke. Veraltete Materialen können Sie meist ignorieren.
- Achten Sie auf die Überschriften. Häufig erkennen Sie daraus schon die Relevanz für Ihre Aufgabenstellung.
- Lesen Sie bei langen Texten zuerst nur die Überschriften. Für vollständige Texte fehlt Ihnen meist die Zeit.
- Bei vielen Texten haben Sie am Beginn oder Ende eine Zusammenfassung. Lesen Sie diese zuerst, wenn die Überschrift relevant klang.
- Tabellen und Diagramme zeigen häufig gebündelt Informationen und ersetzen das Lesen langer Texte.

Um die Schriftstücke zu selektieren, legen Sie sie direkt nach der ersten oberflächlichen Begutachtung auf einen von drei Stapeln:

- einen für wichtige Schriftstücke,
- einen für unwichtige Informationen und
- einen für Informationen, bei denen Sie sich unsicher sind.

Der letzte Stapel sollte jedoch der mit Abstand kleinste Stapel sein. Im Idealfall benötigen Sie diesen überhaupt nicht und arbeiten mit nur zwei Stapeln: relevant und irrelevant.

Häufig hören wir von Teilnehmern, dass nach einer kurzen Durchsicht noch keine tragfähige Entscheidung getroffen werden könne. Dem stimmen wir zu. Jedoch werden Sie in vielen Assessment-Centern schlicht nicht die Zeit haben, alle Unterlagen genau zu sichten und müssen sich deshalb auf Ihr Bauchgefühl verlassen.

Mischform kreative Ideengenerierung und analytische Datenauswertung

Häufig treffen Sie bei einer Fallstudie auf eine Mischform zwischen beiden Typen, bei der Sie erst Material auswerten, um anschließend neue Ideen oder Konzepte auszuarbeiten. Dabei sollten Sie beide Aufgabenteile getrennt voneinander bearbeiten und die jeweiligen Tipps und Tricks berücksichtigen.

Beispielaufgabe
Sie sind Vertriebsleiter einer Fast-Food-Kette und sollen ein Konzept zur Steigerung der Marktanteile erarbeiten. Dazu stehen Ihnen Daten zum Unternehmen, dem Markt, der aktuellen Zielgruppe, ... zur Verfügung.

Entscheidungsfindung

Diese Phase ist die erste große Ausnahme, zu der wir Ihnen nur im Assessment-Center raten, die hier jedoch große Vorteile mit sich bringt: Treffen Sie möglichst früh Entscheidungen!

Gerade, wenn Sie während der Bearbeitungszeit Ergebnisse aufbereiten müssen, sollten Sie eine finale Entscheidung nach spätestens 50 Prozent der zur Verfügung stehenden Zeit getroffen haben. Rufen Sie sich dazu ins Gedächtnis, dass Ihre Assessoren nicht sehen, wie Sie gearbeitet haben. Es zählt lediglich das Endergebnis und dies sollte gut aufbereitet sein.

In der Regel schneiden nicht-perfekte Ergebnisse, die gut aufbereitet sind, deutlich besser bei den Assessoren ab als bessere Ergebnisse, die jedoch unzureichend präsentiert werden.

Die früh getroffene Entscheidung sollten Sie auch nur dann ändern, wenn Sie gravierende Defizite im weiteren Verlauf der Bearbeitung feststellen. Denken Sie daran, dass Sie bei einem Entscheidungswechsel immer knappe Zeit verschenken. Bleiben Sie daher ruhigen Gewissens auch bei einer etwas schlechteren Entscheidung, wenn Sie für diese schon gute Argumente gesammelt haben.

Entscheidungsbegründung

Wenn Sie früh eine Entscheidung getroffen haben, haben Sie in dieser Phase ausreichend Zeit, diese zu begründen. Hilfreiche Tipps zur Argumentation finden Sie in Kapitel 4.4 *Argumentation* ab Seite 76.

Achten Sie bei diesem Schritt kontinuierlich auf die Plausibilität Ihrer Ergebnisse. In einem Assessment-Center kommt es immer wieder zu Ergebnissen von Bewerbern, die extrem unrealistisch sind. Hätten sich diese Kandidaten immer wieder gefragt, ob die aktuellen Bearbeitungsschritte realistisch sind, wären ihnen diese Fehler sicherlich aufgefallen.

Wenn Sie feststellen, dass Ihr Ergebnis unrealistisch wird, sollten Sie es nicht direkt verwerfen. Häufig reicht es, wenn Sie eine getroffene Annahme abändern.

Bei der Bearbeitung von Fallstudien können Sie in der Regel Annahmen treffen. Diese sollten jedoch realistisch sein und der Realität nicht widersprechen.

Am Ende dieser Phase sollten Sie sich auch auf mögliche Gegenargumente Ihrer Assessoren vorbereiten. Versuchen Sie, Ihr eigenes Konzept kritisch zu hinterfragen und so mögliche Schwachstellen aufzudecken. Erarbeiten Sie sich anschließend eine Verteidigungsstrategie, die Schwächen beseitigt oder mildert.

Ergebnisaufbereitung

Für die Aufbereitung der Ergebnisse sollten Sie ausreichend Zeit einplanen. Wir empfehlen Ihnen, mindestens ein Viertel bis ein Drittel der Bearbeitungszeit dafür aufzuwenden, vor allem, wenn Sie die Ergebnisse vor den Assessoren präsentieren müssen. Dies erscheint Ihnen vielleicht recht hoch gegriffen. Bedenken Sie jedoch, dass Sie durch eine gute Präsentation inhaltliche Schwachpunkte kaschieren können.

Hinweis: Für Präsentationen siehe auch Kapitel 6 *Präsentation: Prägnantes Infotainment statt Langeweile* ab Seite 153.

10.3 Praxisaufgabe

 Die folgenden Seiten stellen Ihnen eine stark verkürzte Postkorbübung vor. Eine vollständige Postkorbübung finden Sie auf der beigefügten CD-ROM zum Ausdrucken. Wie empfehlen Ihnen, sich die Übung auszudrucken und in der vorgegebenen Zeit von dreißig Minuten zu bearbeiten. Für einen optimalen Übungseffekt ist es empfehlenswert, die spätere Situation im Assessment-Center möglichst realistisch abzubilden. Arbeiten Sie daher nur mit den angegebenen Arbeitsmaterialien und nehmen Sie zur Lösung das Buch nicht mehr zur Hilfe. So erfahren Sie, wo bei Ihnen eventuelle Schwachpunkte liegen und können gezielt daran arbeiten.

Gekürzte Beispielaufgabe

Aufgabenstellung:
Der Regionalflughafen Mönchfeld konnte in den letzten drei Jahren seinen Umsatz um circa 40 Prozent steigern. Die Geschäftsführung hat Sie als Berater engagiert. In den kommenden zwei Jahren soll der Umsatz nochmals um 20 Prozent gesteigert werden. Die Geschäftsführung geht davon aus, dass die Passagierzahlen im nächsten Jahr auf 1,8 Millionen Passagiere ansteigen und ab diesem Wert stagnieren. Die Gebühr kann nicht angehoben werden, da sonst Airlines abspringen. Erarbeiten Sie geeignete Maßnahmen.

	2013	2014	2015
Passagiere in Tausend	1250	1450	1750
Gebühr pro Person in Euro	17	15	14,5
Auslastung in Prozent	80	92,8	70
Parkplätze	2000	2500	4000
Parkgebühr/Tag/Platz in Euro	8	8	10
Parkplatzauslastung in Prozent	80	85	70
Mieteinnahmen für Verkaufsflächen in Tausend Euro	300	300	305
Einnahmen für fünf Werbeflächen in Tausend Euro	–	80	80
Sonstige Einnahmen (selbst betriebene Shops und Automaten) in Tausend Euro	–	1.110	1.100

Dos and Don'ts bei Fallstudien

Teilnehmer verfallen in Aktionismus und arbeiten am Ziel vorbei.	Halten Sie das Aufgabenziel zu Beginn schriftlich fest und orientieren Sie sich kontinuierlich daran.
Bewerber analysieren vorhandene Unterlagen zu ausgiebig.	Verlassen Sie sich auf Ihr Buchgefühl und achten Sie auf zeitsparende Visualisierungen.
Aspiranten sehen in bereits aussortierten Unterlagen erneut nach.	Greifen Sie nur in Ausnahmefällen auf bereits aussortierte Unterlagen zurück.
Kandidaten treffen ihre Entscheidung zu spät, um eine zielführende Argumentation aufzubauen.	Planen Sie ausreichend Zeit für Ihre Ergebnisargumentation ein.
Kandidaten verlieren die Zeit aus den Augen.	Achten Sie kontinuierlich auf Ihr Zeitmanagement.
Aspiranten vernachlässigen die Ergebnisaufbereitung.	Bereiten Sie Ihre Ergebnisse mit großer Sorgfalt auf. Diese beeinflussen maßgeblich Ihre Bewertung.
Bewerber achten nicht auf realistische Ergebnisse.	Achten Sie kontinuierlich auf die Plausibilität Ihrer Ergebnisse.

11.
Testverfahren: systematische Auswertung

In diesem Kapitel

- lernen Sie die wichtigsten Testverfahren kennen,
- erfahren Sie, wie Sie sich auf diese vorbereiten können und
- erhalten Tipps und Tricks, um Ihre Testverfahren bestmöglich zu meistern.

»Die meisten wissen gar nicht, was sie für ein Tempo haben könnten, wenn sie sich nur einmal den Schlaf aus den Augen rieben.«

Christian Morgenstern (1871 bis 1914), deutscher Dichter und Schriftsteller

Durch Testverfahren versuchen einige Unternehmen, an Zusatzinformationen über ihre Bewerber zu gelangen. Häufig werden Tests onlinebasiert als zusätzlicher Baustein in ein Auswahlverfahren zwischen der ursprünglichen Bewerbung und dem Assessment-Center integriert. Gerade bei Unternehmen, die eine hohe Anzahl an Bewerbungseingängen zu bearbeiten haben, ist die Wahrscheinlichkeit groß, dass Kandidaten ein Testverfahren vor dem Assessment-Center durchlaufen müssen. Doch auch live vor Ort können Testverfahren mit Kandidaten durchgeführt werden.

11.1 Das sollten Sie über Testverfahren wissen

Die Testverfahren in einem Auswahlprozess sollten Sie nicht mit jenen aus Zeitschriften verwechseln. Eignungsdiagnostische Tests genügen meist strengen wissenschaftlichen Kriterien und werden kontinuierlich überprüft und weiterentwickelt. Grundsätzlich gibt es zwei verschiedene Arten von Testverfahren:

• Leistungstests sowie
• Persönlichkeitstests.

Im Leistungstest werden Ihre kognitiven Kompetenzen untersucht. Beispielsweise wird Ihr Wissensstand in einem speziellen Bereich überprüft oder Sie werden auf Ihre Intelligenz, Lernfähigkeit oder Konzentrationsfähigkeit hin getestet.

Bei Persönlichkeitstests versuchen Unternehmen, etwas über Ihr Wesen herauszufinden. Beispielsweise sollen durch solche Testverfahren Charaktereigenschaften, Motive oder Werte ermittelt werden, die in einem Zusammenhang zu der vakanten Stelle stehen.

Grundsätzlich kann jede Beurteilungsdimension aus einem Anforderungsprofil auch durch einen Test ermittelt werden. Bei der Testauswertung gibt es zwei verschiedene Verfahren. Entweder muss ein Kandidat einen im Vorfeld festgelegten Minimalwert erreichen, um diese Übung zu bestehen oder die Kandidaten werden direkt untereinander verglichen (dann bestehen beispielsweise nur die besten 30 Prozent).

Versierte Personalabteilungen können heutzutage auf eine große Anzahl an verschiedenen Testverfahren zugreifen, die von wenigen Minuten bis hin zu mehreren Stunden dauern können.

11.2 Generelle Lösungswege für Leistungstests

Leistungstests erfordern von Ihnen volle Konzentration. In einem knapp bemessenen Zeitfenster müssen Sie in der Regel eine Fülle an Aufgaben lösen. Dabei sind es häufig so viele Aufgaben, dass nicht einmal der beste Kandidat alle Aufgaben in der zur Verfügung stehenden Zeit lösen kann. Seien Sie daher beruhigt, falls dies bei Ihnen auch nicht der Fall ist.

Durch eine gute Vorbereitung und die Anwendung von speziellen Strategien werden Sie mit etwas Übung schnell bessere Ergebnisse in kürzerer Zeit erreichen. Genau diese Leistungssteigerung kann über Ihren Erfolg oder Misserfolg im Auswahlverfahren entscheiden.

Vorbereitung

Wenn Sie Leistungstests vor Ihrem Assessment-Center trainieren, stellen sich schnell Übungseffekte ein. Jedes Mal, wenn Sie eine neue Aufgabenstellung bearbeiten, werden Sie sich intuitiv eine eigene Lösungsstrategie erarbeiten. Auf diese können Sie wiederum bei zukünftigen Aufgaben schnell zurückgreifen. Mit der Zeit werden Sie sich so ein Repertoire an Lösungsmustern erarbeiten, mit dem Sie die meisten Aufgaben zeiteffizient lösen können.

Wir empfehlen Ihnen, möglichst viele Probetests von unterschiedlichen Anbietern zu absolvieren. Wenn Sie im Vorfeld herausfinden können, welcher exakte Test bei Ihnen eingesetzt wird, gilt dies natürlich nicht. In diesem Fall sollten Sie sich nur auf den eingesetzten Test vorbereiten.

Eine riesige Sammlung an kostenfreien Testangeboten finden Sie im Internet. Geben Sie dazu beispielsweise »kostenloser Intelligenztest« oder »kostenloser Konzentrationstest« in Ihre präferierte Suchmaschine ein.

Auch professionelle Testanbieter, bei denen Unternehmen Tests einkaufen, bieten mittlerweile kostenfreie Probetests an, beispielsweise unter *www.eligo.de* oder *www.cebglobal.com/shldirect*.

Falls Sie gerne unterwegs für Ihr Assessment-Center trainieren möchten, finden Sie in Ihrem App Store ebenfalls für Ihr Smartphone Angebote, mit denen Sie Ihre kognitive Leistung auf unterschiedliche Art und Weise trainieren können.

Durchführung von Leistungstests

Bei der Erklärung der Aufgabenstellung sollten Sie besonders aufmerksam sein. Versuchen Sie sich dabei auch an gleichartige, bereits gelöste Trainingsaufgaben zu erinnern. Vielleicht fallen Ihnen wieder Lösungsstrategien ein, die Ihnen die Bearbeitung der Aufgabe erleichtern. Einige Kandidaten überspringen diese Phase leichtfertig, um Zeit einzusparen. Doch in der Aufgabenstellung finden Sie häufig wichtige Detailinformationen über den Inhalt oder den Ablauf, die Ihnen die Bearbeitung der folgenden Aufgaben erleichtern.

Falls Sie die Aufgabenstellung nicht genau verstehen, sollten Sie sich trauen und beim Moderator nachfragen, sofern dies möglich ist. Bedenken Sie, dass die Ergebnisse standardisiert ausgewertet werden und Ihnen durch Nachfragen in der Anfangsphase wahrscheinlich keine Nachteile entstehen.

Bei der Bearbeitung der Aufgaben gilt es für Sie, eine Balance zwischen Schnelligkeit und Gründlichkeit zu finden. Dabei sollten Sie getroffene Entscheidungen nicht mehr hinterfragen oder kontrollieren. Ihnen wird dazu schlicht in den meisten Verfahren die Zeit fehlen.

Wenn Sie bei einer Aufgabe nicht weiterkommen, dann sollten Sie diese frühzeitig überspringen und nicht zu viel Zeit an diese Aufgabe vergeuden.

Bei Multiple-Choice-Aufgaben können Sie gut mit der Ausschlussmethode arbeiten. Wenn Sie nicht direkt die richtige Antwort auf eine Frage kennen, hilft es häufig, wenn Sie einfach die falschen Antworten streichen und dann gegebenenfalls unter den verbleibenden Optionen aus dem Bauch entscheiden.

Bei vielen Testverfahren hilft es zu raten, wenn Sie eine Antwort nicht kennen, denn bei den meisten Tests gibt es für falsche Antworten keine Minuspunkte. Das heißt für Sie, dass es keinen Unterschied macht, ob Sie falsch oder gar nicht antworten. Jedoch haben Sie beim Raten noch die Chance auf die richtige Antwort. Sie sollten deshalb, bevor Sie mit der Bearbeitung beginnen, das Bewertungssystem herausfinden.

Und das Wichtigste: Bleiben Sie ruhig bei der Bearbeitung. Ein gehetzter oder gestresster Gemütszustand bringt Ihnen keine Vorteile. Versuchen Sie, möglichst konzentriert und fokussiert zu arbeiten. In vielen Fällen helfen die Stressmanagement-Techniken aus Kapitel 4.6 *Professionelles Stressmanagement* ab Seite 81.

Besonderheiten bei einem Onlinetest

Wenn Sie von Zuhause aus einen Onlinetest durchführen müssen, sollten Sie auf einen guten Rahmen achten. Sie sollten beispielsweise dafür sorgen, dass Sie nicht von Kindern oder Tieren gestört werden, Ihr Smartphone sowie Haustelefon abgestellt sind, Sie einen Block mit Stift vor sich liegen haben und ausreichend Flüssigkeit zum Trinken bereitsteht.

Ebenfalls sollten Sie gesund und ausgeschlafen sein. Wir raten Ihnen, einen vereinbarten Onlinetermin lieber abzusagen als den Test beeinträchtigt auszufüllen. Durch die maschinelle Auswertung bekommen Sie keine Sonderpunkte, wenn Sie krank waren. Es zählen nur die Antworten, die Sie abgegeben haben. Wenn diese wegen einer Krankheit nicht ausreichend sind, bekommen Sie in der Regel keine zweite Chance. In manchen Firmen sind Sie nach erfolglosen Testteilnahmen sogar über mehrere Jahre für weitere Bewerbungen gesperrt.

Onlinetests verleiten den einen oder anderen Bewerber dazu, sich bei der Bearbeitung von andern Personen assistieren zu lassen. Davon raten wir Ihnen ab. Es kann gut sein, dass Sie später in Ihrem Assessment-Center ähnliche Aufgaben durchlaufen müssen. Sollten dabei größere Unterschiede zu Ihrem Ursprungsergebnis auffallen, kommen Sie vermutlich in Erklärungsnot.

11.3 Generelle Lösungswege für Persönlichkeitstests

Persönlichkeitstests sind heutzutage so ausgetüftelt, dass sie nicht so leicht ausgetrickst werden können, wie Sie vielleicht vermuten. Beispielsweise werden Kontrollfragen in die Tests integriert, die eigentlich von allen ehrlichen Bewerbern mit einem »Ja« beantwortet werden müssten. Zum Beispiel die Fragen »Manchmal komme ich zu einem Termin zu spät.« oder »Manchmal ärgere ich mich über andere Menschen.«

Wenn viele dieser Fragen bei einem Test verneint werden, macht sich ein Kandidat unglaubwürdig. Während einige Unternehmen diesen Abweichungen beispielsweise in einem Interview nachgehen, sortieren andere Organisationen diese Kandidaten bereits direkt aus.

Um diese Testsituation gut meistern zu können, sollten Sie wissen, welche Persönlichkeitseigenschaften für die ausgeschriebene Stelle vorausgesetzt werden. Erst dann können Sie den Test strategisch beantworten.

Wir raten Ihnen jedoch dazu, dies nur in einem geringen Umfang zu tun. Selbst wenn Sie sich erfolgreich durch einen Persönlichkeitstest mogeln, arbeiten Sie vermutlich später auf einer Stelle, die nicht zu Ihrem Profil passt. Ihr späterer Erfolg und Ihre Zufriedenheit werden dadurch vermutlich nicht besonders hoch sein. Schätzen Sie sich daher tendenziell positiv, aber realistisch ein.

Dos and Don'ts bei Testverfahren

Teilnehmer antworten unreflektiert in Persönlichkeitstests.

Kandidaten verstricken sich bei Persönlichkeitstests in Lügen, um einem vermeintlichen Ideal zu entsprechen.

Vergegenwärtigen Sie sich bei der Beantwortung der Fragen das Anforderungsprofil der Stelle und antworten Sie strategisch, ohne sich selbst zu verbiegen.

Aspiranten werden bei der Beantwortung der Fragen unkonzentriert und leichtsinnig.

Halten Sie möglichst lange die Konzentration und Anspannung auf einem idealen Niveau.

Teilnehmer verschenken die Chance von Lerneffekten.

Trainieren Sie vor Ihrem Assessment-Center Leistungstests.

Bewerber lassen Fragen unbeantwortet.

Raten Sie, bevor Sie gar nicht antworten. In den meisten Fällen gibt es für falsche Antworten keinen Abzug.

Kandidaten verfallen in Hektik.

Keep cool. Agieren Sie immer konzentriert und gelassen.

Bewerber versuchen, jede Aufgabe perfekt zu lösen.

Überspringen Sie lieber eine Aufgabe, als zu viel Zeit für eine einzige Aufgabe zu vergeuden.

12.
Selbstreflexionsübungen: positive Selbstkritik

In diesem Kapitel

• lernen Sie, was Selbstreflexionsübungen sind und

• wie Sie diese am besten meistern.

»Man führt nicht mehr genug Selbstgespräche heutzutage. Man hat wohl Angst, sich selbst die Meinung zu sagen.«

Jean Giraudoux (1882 bis 1944), Diplomat und Schriftsteller

Die Fähigkeit zur Selbstreflexion wird heute als eine entscheidende Kompetenz einer erfolgreichen Führungskraft angesehen. Einige Unternehmen testen diese Fähigkeit bei Ihnen, indem Sie sich selbst in unterschiedlichen Kompetenzen bewerten müssen. Ihre Selbsteinschätzung wird dann mit dem Ergebnis Ihres Assessment-Centers verglichen.

12.1 Das sollten Sie über Selbstreflexionsübungen wissen

Unternehmen setzen Selbstreflexionsübungen an unterschiedlichen Zeitpunkten im Auswahlprozess ein. Bei einigen Unternehmen müssen Sie diese Übung schon vor dem eigentlichen Assessment-Center zu Hause absolvieren. Das Verfahren ähnelt hierbei sehr dem von klassischen Persönlichkeitstests (siehe auch Kapitel 11.3 *Generelle Lösungswege für Persönlichkeitstests* ab Seite 365).

In den meisten Fällen werden Sie hingegen am Ende Ihres Assessment-Centers Ihre Tagesperformance beurteilen müssen. Sie übernehmen dabei quasi selbst die Rolle eines Assessors. Den Unternehmen ist wichtig zu sehen, wie selbstreflektiert Sie Ihr eigenes Verhalten im Nachhinein beurteilen können. Wenige Unternehmen achten dabei zusätzlich auf weitere Beurteilungsdimensionen wie Ihr Selbstvertrauen oder Ähnliches.

In solchen Übungen bekommen Sie meist einen Fragebogen ausgehändigt, anhand dessen Sie sich selbst einschätzen sollen. Typischerweise erfolgt dies durch Skalierungsfragen, beispielsweise:

Ich bin fair und respektvoll mit anderen Kandidaten umgegangen.	trifft voll zu	O O O O O	trifft nicht zu

In anderen Fällen müssen Sie Ihre Selbsteinschätzung zusätzlich durch konkrete Beispiele belegen.

Der Fragebogen zur Selbstreflexion kann von wenigen Fragen bis hin zur Abfrage von mehreren Hundert Items reichen, wodurch die Bearbeitungszeit ebenfalls von einigen Minuten bis hin zu zwei Stunden variieren kann. In der Regel wird der Zeitrahmen jedoch zwischen fünfzehn und dreißig Minuten liegen.

12.2 Generelle Lösungswege

Grundsätzlich dürfen und sollten Sie bei Ihrer Selbsteinschätzung ein positives Bild von sich vermitteln. Selbst wenn Sie glauben, dass Ihr Assessment-Center nicht ideal verlaufen ist, sollten Sie taktisch vorgehen und sich dennoch tendenziell positiv einschätzen. Wenn Sie sich schlecht einschätzen und damit Recht behalten, haben Sie Ihr Assessment-Center ohnehin nicht bestanden, womit Ihnen eine realistische Wiedergabe Ihrer Wahrnehmungen zur Selbsteinschätzung nicht weiterhilft.

In unzähligen Auswahlverfahren konnten wir aber beobachten, dass viele Kandidaten nur selbst dachten, dass Ihre Performance unzureichend war, während die Assessoren diese ganz anders einschätzten. Sollten Sie sich in diesem Fall negativ beurteilen, sammeln Sie Minuspunkte und müssen sich gegebenenfalls vor Ihren Assessoren rechtfertigen. Sie sehen, durch eine positive Beurteilung haben Sie nichts zu verlieren und können nur gewinnen.

Gleichzeitig sollte Ihre Beurteilung nicht zu positiv ausfallen. Wer sich in allen Dimensionen erstklassig einschätzt, spricht sich fast immer die Fähigkeit zur Selbstreflexion ab. Finden Sie deshalb eine gute Balance zwischen einem selbstbewussten Eigenbild und einer realistischen Selbstbeurteilung.

Dazu empfehlen wir Ihnen, Schwächen auch als solche in der Bewertung anzugeben, jedoch nicht mit schlechten Werten, sondern mit mittleren Werten: beispielsweise bei einer Skala von eins bis fünf mit einer Drei. Greifen Sie dazu überwiegend auf offenkundige Schwächen zurück, denen Sie davon ausgehen, dass sie den Beobachtern ebenfalls aufgefallen sein müssten.

Mittlere und gute Leistungen sollten Sie hingegen im oberen Bereich der Skala beurteilen. Wir empfehlen Ihnen, sich in der Summe aller Fragen mit gut bis sehr gut zu beurteilen. Das heißt für Sie, dass Sie sich bei einigen Dimensionen auch mit Maximalwerten beurteilen sollten.

So können Sie dem Unternehmen vermitteln, dass Sie selbstbewusst sind und sich selbst für einen geeigneten Kandidaten halten. Gleichzeitig zeigen Sie, dass Sie eigene Schwachstellen selbst identifizieren und einschätzen können.

Kandidaten schätzen sich (im Vergleich zu anderen Kandidaten) schlecht ein.	Schätzen Sie sich immer (selbstkritisch) positiv ein und platzieren Sie sich im direkten Vergleich auf den Topplätzen.
Bewerber schätzen sich ausschließlich positiv ein und gestehen sich keine Fehler ein.	Zeigen Sie Ihre Fähigkeit zur Selbstreflexion. Achten Sie dabei darauf, dass Sie sich nicht selbst abwerten.
Teilnehmer verweigern die Antwort, da sie andere Bewerber oder sich selbst nicht beurteilen möchten.	Absolvieren Sie diese Übung souverän und selbstsicher. Achten Sie dabei auf einen wertschätzenden Umgangston.

Dos and Don'ts bei der Selbstreflexion

Anhang

In diesem Kapitel finden Sie

- Übersicht über den Inhalt der CD-ROM,
- das Literaturverzeichnis,
- und das Stichwortverzeichnis.

Übersicht: Inhalt der CD-ROM

255	Mitarbeiter ausleihen	✓	
257	Verkaufsgespräch: Kaffee	✓	
257	Reklamationsgespräch: Unverschämtheit	✓	
259	Wirres Feedbackgespräch	✓	

Kapitel 8

Seite	Titel des Dokuments	PDF	Word
264	Gruppenübung: Geldsegen	✓	
264	Gruppenübung: Leben retten	✓	

Kapitel 9

Seite	Titel des Dokuments	PDF	Word
339	Postkorb: schnelle Durchsicht	✓	

Kapitel 10

Seite	Titel des Dokuments	PDF	Word
347	Fallstudie: Finanzstark-AG	✓	

Literaturverzeichnis

Allhoff, Dieter W. und Allhoff, Waltraud (2006): Rhetorik & Kommunikation. Ein Lehr- und Übungsbuch. Ernst Reinhardt Verlag.

Eisele, Daniela und Emrich, Martin (2005): Persönlichkeitstest mit Perspektive. In: Personalwirtschaft – Magazin für Human Resources, 6/2005, Seite 46 – 48.

Eck, Claus D.; Jöri, Hans und Vogt, Marléne (2010): Assessment-Center. Entwicklung und Anwendung. Springer-Verlag.

Emrich, Martin und Schwarz, Florian (2010): Praxis-Know-how. Themenfeld 7: Schriftliche Tests – systematisch auswählen. In Cramer, G.; Dietl, F.; Schmidt, H.; Wittwer, W. (Hrsg.) PersonalAusbilden. Juni 2010. Deutscher Wirtschaftsdienst. Wolters Kluwer Deutschland GmbH, Seite 1 – 22.

Emrich, Martin und Diehl, Michael (2007): Flexibel versus charakterstark: Welche Kandidaten schneiden besser im Assessment-Center ab? In: S. Etzel und A. Etzel (Hrsg.): Managementdiagnostik in der Praxis. Aktuelle Themen und Projektbeispiele. Band 2.

Emrich, Martin und Diehl, Michael (2007): Flexibel versus charakterstark: Die Effekte situativen und dispositionellen Self-Monitorings im Assessment-Center. Zeitschrift für Personalpsychologie, 6 (1), 2–11. Göttingen: Hogrefe Verlag.

Emrich, Martin (2004): Schauspielerei oder Authentizität? Der Einfluss des Self-Monitoring auf das Verhalten der Teilnehmer im Assessment-Center. Lengerich: Pabst-Science Publishers.

Emrich, Martin (2002): Assessment-Center Interkulturelle Kompetenz. In P. Druckrey (Hrsg.) XENOS: Der Vielfalt eine Chance (pp. 1–53). RAA Essen und IMBSE Moers.

Emrich, Martin (2000): Evaluation der Personalentwicklungsmaßnahme »PQN – Praxisqualifizierung für Nachwuchskräfte« bei der DaimlerChrysler AG. Diplomarbeit betreut von Prof. Dr. Michael Diehl, Eberhard-Karls-Universität Tübingen. August 2000. DaimlerChrysler Druckstelle Untertürkheim.

Eßmann, Elke (2005): 111 Arbeitgeberfragen im Vorstellungsgespräch. Absichten erkennen. Pluspunkte sammeln. Stolpersteine vermeiden. Wilhelm Goldmann Verlag.

Fisseni, Hermann und Preusser, Ivonne (2006): Assessment-Center. Eine Einführung in Theorie und Praxis. Hofgrefe Verlag.

Grießbach, Thomas und Lepschy, Annette (2015): Rhetorik der Rede. Ein Lehr- und Arbeitsbuch. Röhrig Universitätsverlag.

Hesse, Jürgen und Schrader, Christian (2010): Vorstellungsgespräch. Vorbereitung. Fragen und Antworten. Körpersprache und Rhetorik. Stark Verlagsgesellschaft mbH.

Hüther, Gerald (2012): Biologie der Angst. Wie aus Stress Gefühle werden. Vandenhoeck & Ruprecht.

Kaluza, Gert (2015): Stressbewältigung. Trainingsmanual zur psychologischen Gesundheitsförderung. Springer-Verlag.

Kanning, Uwe Peter; Pöttker, Jens und Klinge, Katharina (2008): Personalauswahl. Leitfaden für die Praxis. Schäffer-Poeschel.

Kleinmann, Martin (2013): Assessment-Center (Praxis der Personalpsychologie, Band 3). Hofgrefe Verlag.

Lang-von Wins, Thomas; Triebel, Class und Buchner, Ursula Gisela (2008): Potenzialbeurteilung. Diagnostische Kompetenz entwickeln – die Personalauswahl optimieren. Springer-Verlag.

Laufer, Hartmut (2009): Sprint-Meetings statt Marathon-Sitzungen. Besprechungen effizient organisieren und leiten. GABAL Verlag.

Maier, Nobert (2011): Erfolgreiche Personalgewinnung und Personalauswahl. Von der Personalsuche über die Kandidatenanalyse und Einstellung, bis zur Einführung mit zahlreichen Arbeitshilfen und Vorlagen. PRAXIUM-Verlag.

Meier, Tobias (2014): Erfolgreich durchs Vorstellungsgespräch. Die perfekte Gesprächsvorbereitung. Alle Fragen, Antworten und Tipps. Market Match Marketing Dienstleistungen.

Moosbrugger, Helfried und Kelava, Augustin (2011): Testtheorie und Fragebogenkonstruktion. Springer-Verlag.

Obermann, Christof (2013): Assessment-Center. Entwicklung, Durchführung, Trends. Springer Gabler.

Passus, Peter (2014): Im Vorstellungsgespräch überzeugen. Alles Wichtige und die 200 häufigsten Fragen. Gundula Carl.

Pawlowski, Klaus (2015): Du hast gut reden! Ein Spiel und Trainingsbuch zur praktischen Rhetorik. Ernst Reinhardt Verlag.

Püttjer, Christian und Schnierda, Uwe (2007): Assessment-Center-Training für Führungskräfte. Die wichtigsten Übungen – die besten Lösungen. Campus Verlag.

Recht, G. (2014): Allgemeines Gleichbehandlungsgesetz (AGG). CreateSpace Independent Publishing Platform.

Rohrschneider, Uta; Haarhaus, Hanna; Friedrichs, Sarah und Lohmer, Marie-Christine (2013): Erfolgserprobte Einstellungsinterviews. Wie Sie mit professionellen Fragen die passenden Mitarbeiter finden. BusinessVillage.

Schneider, Arthur (2013): Mit den besten Interviewfragen die besten Mitarbeiter gewinnen. PRAXIUM-Veralg.

Schmidt-Atzert, Lothar und Amelang, Manfred (2012): Psychologische Diagnostik. Springer-Verlag.

Schröder, Daniel (2005): Der rote Faden im Verkaufsgespräch. Angebot – Argumentation – Abschluss. Signum.

Schulz v. Thun, Friedemann; Ruppel, Johannes und Stratmann, Roswitha (2003): Miteinander reden. Kommunikationspsychologie für Führungskräfte. Rowohlt.

Seifert, Josef W. (2015): Besprechungen erfolgreich moderieren. Kommunikationstechniken für Leiter und Teilnehmer. GABAL Verlag.

Stärk, Johannes (2012): Erfolgreich im Vorstellungsgespräch und Jobinterview. Das Standardwerk für Führungs- und Nachwuchskräfte. GABAL Verlag.

Sünderhauf, Katrin; Stumpf, Siegfried und Hoeft, Stefan (2004): Assessment-Center. Von der Auftragsklärung bis zur Qualitätssicherung. Pabst Science Publishers.

Thiele, Alber (2006): Die Kunst zu überzeugen. Faire und unfaire Dialektik. Springer-Verlag.

Thiele, Alber (2015): Argumentieren unter Stress. Wie man unfaire Angriffe erfolgreich abwehrt. Deutscher Taschenbuch Verlag.

Weisbach, Christian-Rainer und Sonne-Neubacher, Petra (2013): Professionelle Gesprächsführung. Ein praxisnahes Lese- und Übungsbuch. Deutscher Taschenbuch Verlag.

Zitelmann, Rainer (2014): Zetze dir größere Ziele. Die Geheimnisse erfolgreicher Persönlichkeiten. Redline Verlag.

Stichwortverzeichnis

Die 157 wichtigsten Arbeitgeberfragen im Vorstellungsgespräch

Ute Blindert
Die 157 wichtigsten Arbeitgeberfragen im Vorstellungsgespräch
Was Unternehmen wissen wollen, wo Stolpersteine lauern, wie Bewerber punkten

ca. 196 Seiten; 2017; 9,95 Euro
ISBN 978-3-86980-384-5; Art-Nr.: 1031

Ganz gleich ob es um Berufseinstieg, Umstieg oder Karriereaufstieg geht – das gelungene Vorstellungsgespräch ist eine anspruchsvolle Hürde, die es zu nehmen gilt. Denn es gibt keine zweite Chance für den ersten Eindruck. Und wer den Arbeitgeber von sich überzeugen will, muss dessen Fragen sicher und gewinnend beantworten.

Die Expertin für Karrierefragen Ute Blindert weiß, worauf es ankommt. Sie verrät, welche üblichen und unerwarteten Fragen Arbeitgeber immer wieder stellen, welche Absicht sie verfolgen und wie man die beste Antwortstrategie entwickelt.

Die ideale Vorbereitung für ein sicheres und souveränes Vorstellungsgespräch.

www.BusinessVillage.de

Ad hoc visualisieren

Malte von Tiesenhausen
Ad hoc visualisieren
Denken sichtbar machen
1. Auflage 2015

ca. 192 Seiten; Broschur; 24,80 Euro
ISBN 978-3-86980-298-5; Art.-Nr.: 930

Wünschst du dir, deine Ideen verständlicher und auf den Punkt zu vermitteln? Du möchtest beim Arbeiten an Lösungsstrategien die Potenziale aller Teilnehmer voll ausschöpfen? Oder du möchtest bei Vorträgen oder Präsentationen Inhalte so vermitteln, dass deine Zuhörer den Informationsfluten nicht durch geistige Abwesenheit trotzen? Dann ist dieses Buch die Lösung ...

... denn ein Bild sagt mehr als tausend Worte.
Das gilt für die immer komplexer werdende Welt mehr denn je. Wer das Visualisieren beherrscht, findet schnell eine gemeinsame Ebene und einen gemeinsamen Zugang, der nicht durch Worte verdeckt ist.

Du kannst gar nicht zeichnen? Du hast kein Talent? Falsch!
Mit diesem Buch wirst du den Zeichner in dir entdecken. Nutze die Visualisierung, um nachhaltiger zu erklären, und als ganz neue Ressourcen bei der Ideenentwicklung. Der Cartoonpreisträger und Visualisierungsexperte Malte von Tiesenhausen inspiriert dich in diesem Buch, selbst den Stift in die Hand zu nehmen und ihn nicht wieder loszulassen. In unterhaltsamer und aufgelockerter Art und Weise stellt er Methoden und Techniken vor, wie du selbst die Kraft der Bilder nutzt und deinen Fokus auf die Welt erweiterst.

Schlau statt perfekt

Stefan Fourier
Schlau statt perfekt
Wie Sie der Perfektionismusfalle entgehen
und mit weniger Aufwand mehr erreichen

208 Seiten; 2015; 19,80 Euro
ISBN 978-3-86980-328-9; Art-Nr.: 983

Überforderung im Job und im Privatleben ist allgegenwärtig und eines der drängendsten Probleme unserer Zeit. Es gibt immer Menschen, die diesem Druck mit Leichtigkeit standhalten. Was ist das Geheimnis dieser Menschen? Ganz einfach: Sie vermeiden Perfektionismus und folgen der 80-Prozent-Regel. Sie schaffen mit 80 Prozent ihrer Ressourcen 100 Prozent Leistung und mehr.

Dr. Stefan Fourier liefert in seinem neuen Buch Denkanstöße, wie Sie mit der 80-Prozent-Regel erfolgreich Ihr Lebens- und Arbeitsumfeld gestalten. Der Schlüssel besteht darin, die Funktionsweisen Ihres sozialen Umfelds genauer zu verstehen und deren Möglichkeiten effektiver zu nutzen. So werden Sie immer besser. Nicht perfekt, aber immer besser!

Der Autor weiß aus eigenem Erleben, wovon er spricht und untermauert seine originellen Vorschläge mit zahlreichen Beispielen und konkreten Handlungsanleitungen. Er bricht mit Klischees und bietet interessante und pragmatische Alternativen. Schlau statt perfekt!